中国通信学会普及与教育工作委员会推荐教材

21世纪高职高专电子信息类规划教材

21 Shiji Gaozhi Gaozhuan Dianzi Xinxilei Guihua Jiaocai

数据通信技术

（第3版）

李斯伟 胡成伟 编著

人民邮电出版社

北京

图书在版编目（ＣＩＰ）数据

数据通信技术 / 李斯伟，胡成伟编著. -- 3版. --
北京：人民邮电出版社，2011.12
21世纪高职高专电子信息类规划教材
ISBN 978-7-115-25723-9

Ⅰ. ①数… Ⅱ. ①李… ②胡… Ⅲ. ①数据通信—通
信技术—高等职业教育—教材 Ⅳ. ①TN919

中国版本图书馆CIP数据核字(2011)第165011号

内 容 提 要

本书从先进性和实用性出发较全面地介绍了数据通信的基本概念、基本理论和有关技术。全书共 7
章，内容包括：数据通信概论、数据传输、数据通信协议、数据交换、IP 路由、数据通信设网和数据
通信宽带接入技术。

本书在介绍了"必需、够用"的基础理论知识的同时，还介绍了大量的最新的通信网络新技术。
内容深入浅出，条理清晰，并配有大量的实例与部分学习案例，便于自学和理解。

本书可以作为高等职业学院和高等专科学校的通信技术类专业、电子类专业、自动化类专业、计
算机类专业以及相关专业的教材；也可作为通信专业的培训教材，并可供广大 IT 技术人员参考。

◆ 著　　　　李斯伟　胡成伟
　　责任编辑　贾　楠
◆ 人民邮电出版社出版发行　　北京市丰台区成寿寺路 11 号
　　邮编　100164　电子邮件　315@ptpress.com.cn
　　网址　http://www.ptpress.com.cn
　　北京天宇星印刷厂印刷
◆ 开本：787×1092　1/16
　　印张：17.5　　　　　　　　2011 年 12 月第 3 版
　　字数：447 千字　　　　　　2025 年 1 月北京第 18 次印刷

ISBN 978-7-115-25723-9

定价：36.00 元

读者服务热线：(010)81055256　印装质量热线：(010)81055316
反盗版热线：(010)81055315

第 3 版前言

《数据通信技术》教材于 2004 年首次出版，迄今已整整 7 年了。值得庆幸的是，该书为多所高职院校采用，受到了许多高职院校师生的肯定和好评。本书还作为 2006 年和 2007 年的职业技能鉴定参考用书。

数据通信是计算机和通信技术高度融合交叉，并相互渗透的专业技术。数据通信本身就是一个不断逐步发展和变化的术语。在传送数据的网络上，以 TCP/IP 为核心的通信网占据了通信网越来越重要的位置。有一种趋势——谈数据通信就是谈 IP 通信。其实，数据通信一直在解决 IP 自身存在的诸多问题，如服务质量（QoS）、安全性、地址编号不足等问题。可以说 IP 通信是数据通信的重要分支。因此，本次修订的原因有二：一是顺应数据通信技术的发展，增加与 IP 通信相关的内容；二是参考读者反映的问题和建议，进一步完善本书。

本次修订的主要工作如下。

- 继续保持第 2 版的风格，紧紧围绕当今网络通信及其发展，覆盖所需的数据通信知识。
- 压缩了第 2 版第 2 章和第 3 章的内容。
- 增加 IP 技术的相关内容。
- 对本书第 2 版的部分章节进行了细致的加工，同时更新内容，做到经典内容与新增内容有机结合。
- 为方便读者学习，提供了较多的案例学习材料。

本书旨在全面阐述数据通信的基本概念和基本技术；刻意于取材的新颖，力求反映数据通信技术的进展；注重理论与实际相结合，尽可能介绍数据通信的相关实用技术。同时考虑到部分技术人员和没有通信专业技术背景的学生的基础，书中介绍了数据传输方面的通信知识。

本教材覆盖了数据通信课程的主要内容，全书共 7 章。第 1 章是概述，简明扼要地介绍数据通信的发展，数据通信的相关概念，并分析了数据通信与计算机网络的关系，以及数据通信与数字通信之间的关系。第 2 章是数据传输，讲述了数据编码和典型的数据编码技术，介绍了数据传输模式以及多路复用技术和差错控制等技术。第 3 章是数据通信协议，协议是数据通信的重要内容，本书全面地介绍数据通信协议的概念、OSI 参考模型、物理层接口、数据链路规程、TCP/IP。第 4 章是数据交换，讲述了电路交换、分组交换、帧中继、ATM 交换等交换技术，还介绍了软交换等新技术的特点。第 5 章是 IP 路由，介绍了 IP 路由的概念和相关技术，并结合实例讲解 IP 路由协议。第 6 章是数据通信网，讲述了数据通信网的基本概念、网络类型，重点介绍了以太网、DDN 网、分组交换网等典型的局域网和广域网的组成及特点。第 7 章是宽带用户接入技术，它是当前数据通信的瓶颈和热点，在讨论其背景、需求等的基础上，讲述了当今一些实用的用户宽带接入技术，如 XDSL、EPON 接入技术等的特点及应用。

本书由李斯伟任主编。新版中第 3 章的 3.4 节、第 5 章、第 6 章的 6.3 节和第 7 章由胡成伟编写，其余内容由李斯伟编写。全书由李斯伟统稿、定稿。

为便于教学，本书配有免费电子课件、习题答案等，读者可登录 www.ptpedu.com.cn 下载相关资料。

本书在编写过程中，参考了许多专家、学者和技术人员的技术专著和论文，得到了多位专业技术人员的帮助。在本书出版之际，对给予我们帮助、鼓励、支持的老师表示衷心的感谢。

限于编者水平，书中不妥甚至错误之处，恳请广大读者指正。

编　者
2011 年 5 月

再版前言

《数据通信技术》一书自 2004 年出版以来，受到了许多高职院校师生的肯定。结合多年来本课程的教学改革与实践，作者对原书进行了全面的审阅。

根据读者提出的各种建议，对本书进行了修订，这次修订的主要工作如下。

- 保持第一版的原有特色，紧紧围绕当今网络通信及其发展，覆盖所需的数据通信知识。
- 对本书第一版的部分章节进行了较为细致的加工，同时更新内容，做到经典内容与新增内容的有机结合。
- 增加了适合数据通信的实验建议及要求。
- 为方便教师教学和学生学习参考，本书还精选了两套数据通信综合试题。

数据通信课程对通信类专业学生而言应作为一门主要专业课来学习，在深度和广度上都有较高要求，要求学生有较好的数学基础和对通信原理的了解。数据通信课程与计算机网络（或计算机通信网）、现代交换技术等课程中涉及的交换原理、数据信号的传输以及有关规程和协议密切相关，学习数据通信课程是学习这些后续课程的基础。对于计算机类专业或其他专业的学生来说，学习数据通信的目的在于更好地学习计算机网络及通信子网的各层协议与接口，通常将其作为计算机网络基础课程来学。相对于通信类专业学习的程度来说，计算机类专业或其他专业的学生由于知识结构所限，只需从宏观上了解数据通信的概念、结论和原理，了解数据通信设备及接口的功能、特性和规程，了解主要的通信处理与控制技术，了解数据通信的发展趋势与应用即可。

本教材覆盖了数据通信课程的主要内容，总课时为 72 学时，其中实验学时数为 14 学时，书中带有"*"的内容可视专业要求选学。

全书共分 9 章，其中第 1 章、第 2 章、第 3 章、第 4 章、第 6 章、第 7 章、第 8 章和附录内容由李斯伟编写，第 5 章、第 9 章由雷新生编写；全书由李斯伟统稿。本书第一版由李转年教授主审。

编者在此感谢家人的全力支持，在本书修订过程中，还要感谢王秀丽老师做了大量的校对工作，同时感谢负责本书出版的多位人士，他们为本书做了极为出色的工作。

限于编者水平有限，书中难免存在不妥甚至错误之处，恳请广大读者指正。

李斯伟

2006 年 9 月

第一版前言

　　数据通信技术是当今发展最为迅速的技术之一，数据通信技术正不断地与计算机技术相融合，这种不断融合的发展趋势，引领着世界进入信息与网络时代。数据通信的最大追求目标是：统一在 IP 之下的能够同时提供语音、数据、视频的宽带多媒体通信网络，即"三网合一"。合并已成为不争的事实，任何对数据通信领域的研究都必须在这一新的背景下进行。

　　编写本书的主要目的是向高职高专类院校提供数据通信类专业教材，由于高职高专教育不同于普通高等教育，它有其自身的特点，高职高专培养的是一种面向生产、管理、服务等第一线的技术应用型人才。目前有关数据通信方面的教材很多是针对大学本科层次的，其中涉及数据通信原理及其分析，高职层次的学生理解起来很困难，实用性不强。因此，编写适合于高职高专层次的数据通信教材是非常必要的。

　　本书是在十多年积累的数据通信教学经验的基础上吸收外文原版教材和本科教材的优点，通过广泛深入的调查，充分听取专家学者意见编写而成的。

　　本书具有以下特点。

　　● 打破原有数据通信学科型教材编写的格局，紧紧围绕当今网络通信及其发展，涵盖所需的数据通信知识，内容较系统全面。

　　● 数据通信理论部分以"必需、够用"为度，做到深入浅出，避开烦琐的数学推导。

　　● 突出数据通信技术的先进性和实用性。

　　● 概念清晰准确，图文并茂，易于理解，便于自学。

　　● 注重数据通信领域准确而统一的专业词汇的理解。

　　本教材参考学时范围为 72 学时，书中带有"*"的内容可视专业要求选学。

　　全书共分 9 章，其中第 1 章、第 2 章、第 3 章、第 4 章、第 6 章、第 7 章、第 8 章由李斯伟编写，第 5 章、第 9 章由雷新生编写。全书由李斯伟统稿。本书由李转年教授主审。

　　由于编者水平有限，书中难免存在不妥甚至错误之处，敬请读者批评指正。

编　者

2003 年 1 月

目 录

第1章

数据通信概述

引言

我们现在所处的时代是一个信息与网络的时代，人们每天花费大量的时间通过 Internet 通信和收集信息，数据通信已经进入人们的日常生活。面对诸如波特率、比特率、调制解调器、蜂窝电话、TCP/IP、ATM 之类的术语，我们很有必要了解这些术语背后的知识及应用。要了解数据通信技术，就必须先对它的背景技术和基础知识有一定的了解。本章主要介绍数据通信的基本概念、与数据通信有关的标准及世界主要的标准化组织等，是学习数据通信技术的基础。

学习目标

- 初步理解数据通信的概念
- 举例说明数据通信业务的应用
- 定义数据通信系统的组成，画出数据通信系统的模型
- 讨论数据通信的特点
- 描述数据通信的传输代码
- 讨论数据通信系统的性能指标，并能进行相关的运算
- 了解数据通信的传输信道及其特点
- 了解数据通信的标准化组织

1.1 数据通信的发展及数据通信业务

1.1.1 数据通信的发展历史

数据通信的发展较晚，它是从 20 世纪 50 年代开始，随着计算机网络的发展而发展起来的一种新的通信方式。早期的计算机网都是一些面向终端的网络，以一台或几台主机为中心，通过通信线路与多个远程终端相连，构成一种集中式的网络，这就是数据通

信的初级形式。20 世纪 60 年代末，以美国著名的 ARPAnet（尖端研究项目管理局网络）的诞生为起点，出现了计算机与计算机之间的通信方式，实现了资源共享，从此开辟了计算机技术的一个新领域——网络化与分布处理技术。自 20 世纪 70 年代开始，计算机网络与分布处理技术的飞速发展推动了数据通信技术的快速发展，到了 20 世纪 70 年代中后期，基于 X.25 协议的分组交换数据通信得到广泛应用，并进入了商用化时代。此后，数据通信就日益蓬勃发展，所采用的技术越来越先进，所提供的业务越来越多，传输速率也越来越高。

数据通信具有许多不同于传统的电报和电话通信的特点。数据通信主要是"人（通过终端）与机（计算机）"的通信或"机与机"的通信，因而提出了一系列新的要求，要求数据通信向用户提供及时、准确的数据，通信控制过程应自动实现，在传输中发生差错时要能自动校正。另外，这种通信方式总是与数据传输、数据加工和存储相结合的，对通信的要求会有很大的差别。例如，对通信中的终端类型、传输代码、响应时间、传输速率、传输方式、系统结构和差错率等多方面的要求都与系统的应用及数据处理方式有关。因此，在实现数据通信时，需要考虑的因素比较复杂。

需要指出的是，数据通信的发展离不开原有的通信网基础，从许多国家发展数据通信的过程来看，数据通信网主要是利用原有的电话交换网和用户电报网来开展数据通信业务；或向用户提供租用电路，由用户自己组成专用的数据通信网；为适应数据通信业务的大量增长，还出现了面向公众的公用数据网。

今天，数据通信已遍及各行各业，金融、保险、商业、教育、科研乃至军事部门都在使用数据通信。

表 1-1 按时间线索列出了数据通信的发展历史。

表 1-1　　　　　　　　　　　　　　　　　　　数据通信发展历史表

1840 年	Samuel Morse 发明了电报发送机。这是第一台电子通信设备，广泛用于铁路运输，防止火车撞车
1874 年	Emil Baudot 发明了用 5 个符号表示一个字符的定长代码，这个代码是很多数据处理代码的前身
1876 年	Alexander Graham Bell 发明了电话
1890 年	Gugliemo Marconi 发明了无线电报。这是广播通信发展的一个突破
1910 年	邮局电报系统开始使用自动电报设备，电传打字电报交换机和自动电传打字电报是最出名的
1934 年	建立了联邦通信委员会（FCC），调控美国各州之间电话通信的责任从州际商业委员会移交给联邦通信委员会
1944 年	Mark I 计算机在哈佛大学问世，这是第一台可操作计算机
1947 年	晶体管，这个计算机和通信系统的主要元件由贝尔实验室发明
1958 年	发射了美国第一颗卫星，第一个数据通信网络（半自动地面防空系统）由美国国防部投入使用
1964 年	SABRE 投入使用，这是由 IBM 和美国航空公司开发的飞机订票系统
1969 年	ARPAnet 投入运行，这个网络包括大量的研究和教育网络、电视电话业务
1972 年	Xerox 颁布了以太网络的标准
1974 年	IBM 发布系统网络结构（SNA），其中 IBM 公司使用了大型机通信标准
1976 年	开始使用个人计算机
1981 年	IBM 推出个人计算机，BITNET 网络开始运行，连接美国的各所大学
1983 年	互联网（Internet）开始运行，它将世界各地的不同网络互相连接
1985 年	推出 Ballistic 晶体管，美国电报电话公司使用了这些比原来器件快 1 000 倍的晶体管
1990 年	ARPAnet 退役，主要是由美国国家科学基金会网络（NSFNET）取代
1992 年	实行了综合业务数字网（ISDN）的第一个标准
1994 年	Internet 已经有 2 000 000 多台计算机互相连接

中国早在1987年就由中国科学院高能物理研究所首先通过X.25租用线实现了国际远程联网，并于1988年实现了与欧洲和北美地区的E-mail通信。1994 年 6 月，中国教育与科研计算机网（CERNET）正式连接到 Internet。1996 年 6 月，中国电信的 CHINANET 也正式投入运营。到目前为止，中国共有如下所述 9 大计算机网。

① 中国教育和科研计算机网（CERNET）。

② 中国科技网（CSTNET）。

③ 中国公用计算机互联网（CHINANET）。

④ 中国金桥网（GBNET）。

⑤ 中国长城互联网（GWNET）。

⑥ 中国联合通信网（UNINET）。

⑦ 中国网通通信网（CNCNET）。

⑧ 中国移动通信网（CMNET）。

⑨ 中国对外经济贸易网（CIENET）。

1.1.2　数据业务

数据通信技术的发展是离不开它所支持和提供的业务的。从信息载体的角度说，数据业务就是由计算机进行运算、处理和存储的数据为信息载体的业务。按照业务是否增值，数据业务可分为基础数据业务和增值数据业务；按照用户活动状态，它又可分为固定数据业务和移动数据业务；按照传送速率，则可分为低速、中速和高速数据业务。在信息产业部发布的《电信条例》中，数据业务分为基础数据业务和增值数据业务两大类。

1. 基础数据业务

基础数据业务主要指公共数据传送业务和移动数据业务。公共数据传送业务是利用电路交换、分组交换或租用电路组成的固定公共数据通信网开发的以传送数据为目的的业务。按照所用技术的不同，公共数据传送业务包括分组交换、数字数据网（DDN）、综合业务数字网（ISDN）、帧中继、异步传送方式（ATM）业务和IP业务等，其中，分组交换、帧中继和 ATM 业务都采用面向连接的分组交换技术，具有统计复用、用户共享网络带宽等功能，但它们所用的通信协议、能提供的接入速率、控制能力和综合能力有所不同，部分有基本业务和用户选用的业务。基本业务是指向所有网上的用户提供的基本服务功能，包括永久虚电路（PVC）和交换虚电路（SVC）业务。用户选用业务是为了满足用户的特殊要求而向用户提供的特殊业务功能。

利用公用陆地移动蜂窝通信网作为承载网提供的数据业务称为移动数据业务，具体可以包括短消息业务、速率可达 64kbit/s 的中速移动数据业务、速率在 128kbit/s 以上的移动多媒体业务。移动数据业务也可以采用电路交换和分组交换方式来实现。

中国电信为提供上述数据传送业务，先后建立了覆盖全国的各种数据通信网络，包括中国公用计算机互联网（CHINANET）、中国公众多媒体通信网（CNINFO）、中国公用分组交换数据网（CHINAPAC）、中国公用数字数据网（CHINADDN）、中国公用帧中继宽带业务网（CHINAFRN）和移动数据网。

2. 增值数据业务

增值数据业务的概念最开始就是从数据业务引入的。它在原基础网络设施的基础上增加必要的设备构成增值网后，向用户提供新的业务，大大提高原基础网络设施的使用价值。在公共数据网（不包括 Internet）上开发的增值业务很多，主要有电子邮件（E-mail）、可视图文（Videotex）、电子数据交换（EDI）、传真存储转发（S/F Fax）、在线信息库存储和检索以及在线数据处理和交易处理等。由于 Internet 的广泛应用，上面提到的电子邮件、可视图文和电子数据交换这些增值业务已逐渐被 Internet 上的类似业务所取代。

1.2　数据通信系统

1.2.1　数据的概念

数据，人们几乎每天都要接触到它，例如各种实验数据、各类统计报表等。尽管人们经常处理数据，但对数据并没有统一的定义。**通常意义上的"数据"在传输时可用离散的数字信号逐一准确表示的，并赋予一定的意义，可以代表文字、符号和数码等。**数据的来源、内容相当广泛，几乎涉及一切最终以离散数字信号表示的可被送到计算机中进行处理的信息，例如一份资料、一篇论文、一些图纸，甚至人的思维、语音及活动图像等都包括在内。因此，数据的概念逐渐从狭义过渡到广义的理解和应用。再如，语音和图像等模拟信号经过数字化处理后用数字序列来表示，这种过程称为"信源编码"。这样，不管是什么消息，只要最终能用数字序列表示，并作为计算机的处理对象，都可以认为其是数据。

在数据通信中所说的"数据"，可以认为是预先约定的、具有某种含义的任何一个数字或一个字母（符号）以及它们的组合能被计算机所接收的形式。因此，**数据就是能被计算机处理的一种信息编码（或消息）形式。**这样像二进制编码的字母/数字符号、软件处理中的操作代码、控制代码、用户地址、程序数据或数据库信息等都是数据，因此，数据是被处理、加工和存储的信息，也是消息的一种表达形式。

1.2.2　数据通信的概念

1.　什么是数据通信

电报电话的出现，使得人们在异地之间可以借助于电信网进行书面的和实时的信息交流。计算机的出现和广泛应用，使得计算机与计算机之间或计算机与其终端之间需要进行信息的沟通。计算机中的信息是以二进制数 1 和 0 表示的，它代表着文字、符号、数码、图像和声音等，这就是数据信息。简单地说，数据通信通常是以传送数据信息为主的通信。数据通信传递数据的目的不仅是为了交换，而主要是为了能够利用计算机对数据进行处理。

"数据通信"一词是在**远程联机系统**出现时才开始使用的，就是在计算机上设置一个通信装置，使其增加通信功能，将远程用户的输入输出装置通过通信线路（模拟或数字的）直接与计算机的通信控制装置相连，如图 1-1 所示；最后的处理结果也经过通信线路直接送回远程的用户终端设备，这是较早的计算机与通信结合的例子。从这个意义上讲，数据通信是计算机终端与计算机主机之间进行数据交换的通信。

数据通信可以这样定义：依照通信协议，利用数据传输技术在两个功能单元之间传递数据信息，实现计算机与计算机、计算机与终端以及终端与终端之间的数据信息传递。数据通信发展到今天，它的概念在内涵和外延上，都已经扩展到计算机与计算机之间进行数据交换的通信。

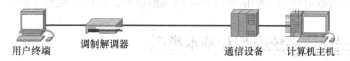

图1-1 最简单的远程联机数据通信

2．与数据通信相关联的几个概念

（1）数据通信与数据传输

为了传递数据信息，首先需要将二进制数据用一定的信号形式来描述，例如采用不同极性的电压或电流脉冲表示，如图1-2所示；然后将这样的数据信号加到数据传输信道上传输，到达接收点后再正确地恢复出发送的原始数据信息。

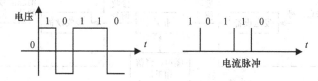

图1-2 二进制数据的信号表示

需要指出的是，实际上存在的任何数据信道都不可避免地会使数据信号产生失真，同时还可能引入外来的噪声干扰。为了对差错进行控制，同时也为了使整个数据通信过程能按一定的规则有顺序地进行，通信双方必须建立一定的协议或约定，并且具有执行协议的功能，这样才能实现有意义的数据通信。从某种意义上说，数据通信的内容比单纯的数据传输更广泛。数据传输仅涉及传输的内容，而数据通信除包括数据传输外，还涉及数据交换等。因此，可以认为数据传输是实现数据通信的基础，但是单纯的数据传输达不到有效地进行数据通信的目的。这一点，通过后面章节的学习会理解得更清楚。

（2）数据通信与计算机通信

广义地讲，数据通信是指两个数据终端设备（DTE）之间的通信。计算机属于智能化程度较高的数据终端，因此计算机通信应归入数据通信的范畴。从概念上讲，数据通信应包含计算机通信。由于计算机是目前应用最普遍的数据终端，有许多人又将数据通信与计算机通信等同起来，因此，在许多地方数据通信与计算机通信几乎成了同义语。狭义地讲，数据通信仅指计算机通信中的通信子网的具体实现，它完成通信协议中的下三层功能，主要解决两个数据终端之间的通信传输问题；而计算机通信着重于数据信息的交互，即更侧重于计算机内部进程之间的通信。

从电信的角度来讲，数据通信是一种新的业务，完全不同于现在的电话通信，具有许多新的概念和思想，是一种新的通信技术。简单地说，数据通信是计算机应用开发的产物。由于计算机的大量存在，而单个计算机在使用中不能充分地发挥其潜力，人们自然地想到用通信线路把计算机连接起来进行远程通信，实现资源共享，于是出现了数据通信。从这个角度讲，由于计算机的普遍使用，许多信息以数据形式存在，如何传递数据信息也就成为数据通信需要考虑的内容。

（3）数据通信与数字通信

数字通信是电信号的一种传输方式，传输由0和1组成的数字码流。这些码流既可以表示成数据信息，也可以代表语音和图像信息等；它与模拟通信相对应，主要解决模拟信号的数字化传输问题。一般来说，数字通信并不针对某种用户业务，因而不涉及用户终端。但数据通信却是要针对数据业务的。数据既可以通过调制技术在模拟通信系统上传输，也可以在数字通信系统上传输。也就是说，数据通信所使用的信道既可以是模拟信道，也可以是数字信道。

1.2.3 数据通信系统模型和基本类型

1．一般数据通信系统模型

通信的基本目的是由信源向信宿传送信息。通信系统有各种不同的类型，不同的通信系统，其设备和所实现的业务功能也不尽相同，如电话、广播、电视、微波通信、卫星通信、移动通信等系统都有成熟的技术与应用。尽管如此，这些通信系统都可以用一个经典的模型来描述，如图1-3所示。

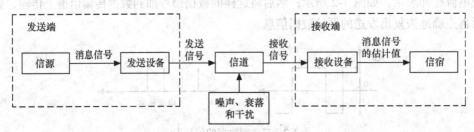

图1-3　通信系统的组成模型

数据通信系统通过数据电路将分布在远端的数据终端设备与计算机系统连接起来，实现数据的传输、交换、存储和处理。典型的数据通信系统主要由数据终端设备（Data Terminal Equipment，DTE）、数据电路和中央处理机组成。但由于数据通信的需求、手段、技术以及使用条件等的多样化，数据通信系统的组成也是多种多样的。目前，较多的是使用通用数据电路（Universal Data Circuit）来描述一个点与点间的数据通信系统，如图1-4所示。

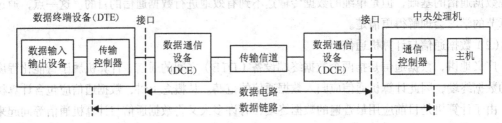

（a）通用的数据通信系统组成示意

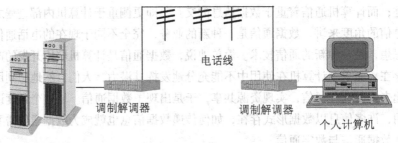

（b）目前常用的数据通信系统组成图

图1-4　数据通信系统的组成模型

对比图 1-3 与图 1-4 所示的通信系统模型不难看出，在数据通信系统中，数据终端设备（Data Terminal Equipment，DTE）就是发送端的信源和接收端的信宿；数据通信设备（Data Communication Equipment，DCE）就是通信系统中的发送和接收设备。

（1）数据终端设备

在数据通信系统中，用于发送和接收数据的设备称为数据终端设备。数据终端设备可能是大、中、小型计算机和个人计算机，也可能是一台只接收数据的打印机，所以说数据终端设备属于用户范畴，其种类繁多，功能差别也较大。从计算机和计算机通信系统的观点来看，终端是输入/输出的工具；从数据通信网络的观点来看，计算机和终端都称为网络的数据终端设备，简称终端。数据终端设备由数据输入设备（如键盘、鼠标和扫描仪等）、数据输出设备（显示器、打印机和传真机等）和传输控制器组成。另外，数据终端的类型有很多种，有简单终端和智能终端、同步终端和异步终端、本地终端和远程终端等。需要指出的是，同步终端是以帧同步方式（如X.25、HDLC 等）和字符同步方式（如 BSC）工作的终端；异步终端是起止式终端，在每个字符的首尾需加"起"和"止"比特，以实现收发双方的同步，由于字符和字符之间的间隙时间可以任意长，因此称为异步终端。

（2）传输控制器/通信控制器

在图 1-4 所示的数据终端组成中，输入/输出设备很好理解，值得一提的是传输控制器/通信控制器。由于数据通信是计算机与计算机或计算机与终端间的通信，为了有效而可靠地进行通信，通信双方必须按一定的规程进行，如收发双方的同步、差错控制、数据流量控制及传输链路的建立、维待和拆除等，所以必须设置传输控制器/通信控制器来完成这些功能，对应于软件部分就是通信协议。这也是数据通信与传统电话通信的主要区别。

（3）数据通信设备

数据电路终接设备位于数据电路两端，是数据电路的组成部分，其作用是将数据终端设备，输出的数据信号变换成适合在传输信道中传输的信号。

（4）DTE/DCE 接口

DTE/DCE 接口由数据通信设备和数据终端设备内部的输入/输出电路以及连接它们的连接器和电缆组成。通常，DTE/DCE 接口遵从国际标准化组织（ISO）、国际电信联盟电信标准部（ITU-T）和美国电子工业协会（EIA）制定的标准（如 RS-232 标准）。

（5）数据电路

数据电路（Data Circuit）指的是在线路或信道上加信号变换设备之后形成的二进制比特流通路，它由传输信道及其两端的数据电路终接设备组成。

（6）数据链路

数据链路（Data Link）是在数据电路已建立的基础上，通过发送方和接收方之间交换"握手"信号，使双方确认后方可开始传输数据的两个或两个以上的终端装置与互连线路的组合体。所谓"握手"信号，是指通信双方建立同步联系、使双方设备处于正确的收发状态、通信双方相互核对地址等。加了通信控制器以后的数据电路称为数据链路。可见，数据链路包括物理链路和实现链路协议的硬件和软件。只有建立了数据链路之后，双方数据终端设备才可真正有效地进行数据传输。

（7）中央处理机

中央处理机，由中央处理单元（CPU）、主存储器、输入/输出设备及其他外围设备组成，其功能主要是进行数据处理。

2．数据通信系统的基本类型

数据通信系统按信息流方式可以分为如下所述几种基本类型。

（1）数据处理/查询系统

这种类型的数据通信系统的信息流如图 1-5 所示。

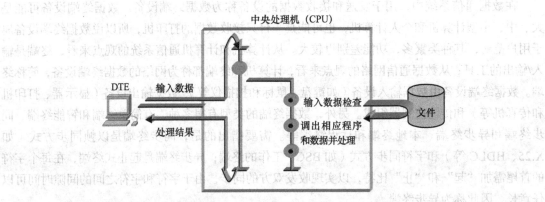

图 1-5　数据处理/查询系统框图

在中央处理机的文件中存有可查阅的大量数据，当数据终端查询时，其首先与中央处理机建立数据链路，然后发送查询命令；中央处理机收到查询命令（输入数据）后进行检查，根据检查结果调出相应的程序和数据进行处理，并将处理结果进行必要的编辑，以适应线路传送和终端接收的形式；最后发送回终端，作为对查询的响应。例如飞机订票系统、银行系统和信息检索系统等就属于此种类型。

（2）信息交换系统

信息交换系统的信息流如图 1-6 所示。

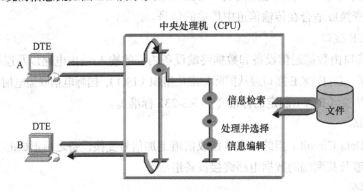

图 1-6　信息交换系统

若终端 A 需要将信息送到终端 B，终端 A 首先与中央处理机建立数据链路，并将要交换的信息送到中央处理机；中央处理机收到该信息后对其进行检查和处理，并选择所需要的目的地终端 B；然后按照接收终端对信息格式的要求对交换信息进行必要的编辑，并与目的地终端 B 建立数据链路，将信息发送给终端 B，完成信息交换。例如票证交换系统就是一种信息交换系统。

（3）数据收集和分配系统

数据收集和分配系统的信息流如图 1-7 所示。

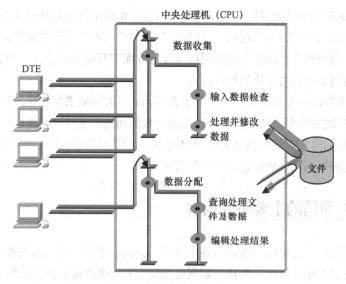

图 1-7 数据收集和分配系统

作为数据收集系统，例如气象观测系统，从很多数据终端发来的数据被中央处理机收集，收集的数据被存入文件中，以备进一步处理。这种系统也可以作为分配系统。

在实际的数据通信系统中，这些形式是组合在一起使用的，可以提供更广泛的业务。

1.3　数据通信的特点与主要内容

1.3.1　数据通信的特点

数据通信发展到今天，其应用范围已相当广泛。凡需要计算机联网的地方都离不开数据通信。例如，企业的生产需要计算机控制产品的生产数量和质量、安排和计算加工程序和生产计划、统计生产数量和质量等，这些数据在终端与计算机之间、计算机与计算机之间、计算机与控制中心之间以及基层单位与管理中心之间的传输和交换都是数据通信。

数据通信作为一种通信业务方式，具有不同于其他通信业务方式的特点，这些特点主要表现在以下几个方面。

① 需要建立通信控制规程，也就是要制定出严格的通信协议或标准。

② 数据传输的可靠性要求高，即误码率要低。数据传输过程中，由于信道的不理想和噪声的影响，可能使数据信号产生差错。特别是对于军事或银行业务系统，这些差错可能引起严重的后果，因此，必须采取一些措施对差错进行控制。表 1-2 给出了各种通信业务的误码率要求。

表 1-2　　　　各种通信业务的误码率要求

通 信 业 务	可接受误码率
数据	$<10^{-8}$
语音	$<10^{-3}$
普通视频	$<10^{-3}$
压缩视频	$<10^{-9}$
图片	$<10^{-9}$

③ 数据通信的业务量呈突发性变化，即数据通信速率的平均值和高峰值差异较大。

④ 数据通信要求有灵活的接口能力。数据通信的用户是各种不同类型的计算机和终端设备，它们在通信速率、编码格式、同步方式和通信规程等方面都有很大的差异。为了使它们之间能相互通信，数据通信网必须提供灵活的接口能力。

⑤ 不同的数据通信业务对通信时延的要求也不同，且时延要求的变化范围大。

⑥ 数据通信每次呼叫平均持续时间短，因此，数据通信要求接续和传输响应快。

⑦ 数据通信从面向终端发展到今天的面向网络，而且数据通信总是与远程信息处理相联系，包括科学计算、过程控制和信息检索等广义的信息处理。

1.3.2 数据通信的主要研究内容

目前，数据通信广泛地应用于社会的各个方面，其内容十分丰富，相关理论、方法和手段也在不断地发展和完善之中。但迄今为止，数据通信还没有一个严格的范围限制。由数据通信的特点可知，数据通信与其他通信方式的内涵有很大的区别，特别是信息载体的不同和复杂的协议，使数据通信所包含的内容也有很大的不同。与此同时还有一些全新的概念，这些概念在学习数据通信的过程中要引起足够的重视。许多学者认为，数据通信包括的主要内容如下所述。

1．传输

传输为信息载体提供通路，研究适合传输的信号形式及相应的各种传输设备。进行数据传输时，通常要求改善传输质量、降低差错率，并使传输过程有效地进行。

2．通信接口

通信接口把发送端的信号变换为适合于传输的形式，或把传输到终点的信号变换为适合接收端设备接收的形式。数据通信系统根据不同的应用要求，规定了不同类型的接口标准，有国家标准，也有公司自己制定的标准。但对开放性的用户接口，通常采用国家标准或国际标准，以利于互连互通。

3．交换

交换是数据通信的重要内容，主要包括数据交换的原理和概念。数据交换解决了传输资源共享。数据交换的方式主要有电路交换和分组交换两种，其中分组交换在实际的数据通信网中较多采用。在一个采用分组交换的数据通信网中，除了在相邻交换节点之间要实现数据传输与数据链路控制规程所要求的各项功能外，在每一交换节点上还需完成分组的存储与转发、路由选择、流量控制、拥塞控制、用户入网连接以及有关网路维护和管理等多方面的工作。

4．通信处理

通信处理是数据通信中最复杂的部分。这部分内容较多，本书除对其中一部分内容进行介绍外，其余大部分内容在计算机网络课程中讲述。

最基本的通信处理功能可以分为以下三大类。

① 编辑：包括差错控制、格式化和编辑。

② 转换：包括速度转换和代码转换。

③ 控制：包括网络控制、轮询和路由选择。

5．协议

协议早年被称为传输控制规程，主要研究如何有效地实现数据通信。随着数据通信技术的发展，现在使用术语"数据通信协议"。数据通信协议是双方为准确有效地进行通信所必须遵循的规则和约定。它可以分为两类，一类是与数据通信网有关的协议，包括网内节点与节点间以及网络与端系统间的协议；另一类是端系统与端系统之间的协议。它们是在前一类协议实现的基础上，为了实现端系统间的互通与达到一定的应用目的所必需的协议。

随着数据业务的不断增长以及数据通信技术的发展，我们在尊重传统、经典概念的同时，还应更加宽泛化地理解我们熟知的名词和相关技术。数据通信就是个不断发展和变化的术语。在传送数据的网络上，以 TCP/IP 为核心的通信网占据了通信网越来越重要的位置！有一种趋势，谈数据通信就是 IP 通信。其实，数据通信一直都在解决 IP 自身存在的诸多问题，如服务质量（QoS）、安全性及地址编号不足等问题。因此，可以说 IP 通信是数据通信的重要分支。企业技术人员对数据通信包含的内容也持有不同的观点。比如，华为技术有限公司认为，数据通信的公共原理部分包括交换技术、路由技术、VPN 技术、TCP/IP 协议族等，特别是将计算机网络的内容也纳入了数据通信的范围。笔者认为，建立计算机网络的目的是实现数据通信和资源共享，数据通信是实现网络功能的基础。计算机网络的具体实现，不仅与技术有关，也和通信的实际发展状况等因素有关。由于微电子技术、光纤通信技术的发展，现在已经形成了庞大的数据通信网。计算机网络要互联、共享资源，并扩大规模，必然应用数据通信技术和已有的数据网作为基础。因此，计算机网络与数据通信相互促进、相互渗透。从开放系统互联（OSI）参考模型的角度看，数据通信可以看做是计算机网络 OSI 参考模型中的下三层，本书也由此纳入了局域网内容。

1.4　数据通信的信号表示

1.4.1　消息、信息与信号

信号是消息的载体，一般表现为随时间变化的某种物理量；而消息是信号的具体内容，包含一定数量的信息。信息的传送一般都不是直接的，它必须借助于一定形式的信号（光信号、电信号等），才能进行传输和各种处理。

信号的特性可以从时间特性和频率特性两个方面描述。信号可写成数学表达式，是时间 t 的函数；它具有一定的波形，因而表现出一定波形的时间特性，如出现时间的先后、持续时间的长短、重复周期的大小及随时间变化的快慢等。同时，信号在一定条件下可以分解为许多不同频率的正弦分量，即信号具有一定的频率成分，因而表现出一定的频率特性，如含有不同的频率分量、主要频率分量占有不同的范围等。

1.4.2　模拟信号与数字信号

1. 模拟信号

模拟信号的特点是其幅度连续变化。这里"连续"的含义是在某一取值范围内可以取无数多个数值。如图 1-8（a）所示的就是模拟信号，这种信号的波形在时间上也是连续的，时间上连续的信号称为连续信号。图 1-8（b）是图 1-8（a）的抽样信号，它实际上是将图 1-8（a）所示的信号波形每隔一定的时间 T 抽样一次。这种信号又称为脉冲调幅（PAM）信号，其波形在时间上是离散的，但其幅度取值却是连续的，仍然具有连续变化的性质。因此图 1-8（b）所示的信号仍然是模拟信号。电话、传真和电视信号都是模拟信号。

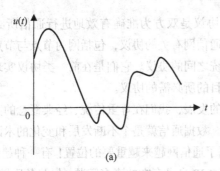

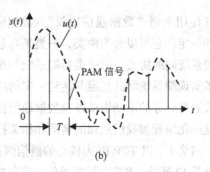

图 1-8 模拟信号

2．数字信号

图 1-9 所示的是一种数字信号的波形。数字信号的特点为：其幅度值是有限值，不是连续的，而是离散的。数字信号的幅度取值有两种，如图 1-9（a）所示，数字信号的每一个码元（由一个脉冲构成）只取两个幅度值，是一种二电平码；图 1-9（b）所示，数字信号的每一个码元可取 4 个（3，1，−1，−3）幅值中的一个，它是四电平码。注意，数字信号的时间也可以是连续的，例如异步电报信号。

数字信号与模拟信号的区别是幅度取值是否离散。在一定条件下，模拟信号与数字信号可以互相转换。

对于数据通信来说，数据既可以是模拟数据，也可以是数字数据。模拟数据是连续数据，这意味着不能从数据中识别出单个信息单元，例如光、声音和图像就是模拟数据。数字信号和模拟信号用于数据通信时，不同的网络使用不同类型的信号。例如电话网用于传送模拟信号，但若用电话网传送数字信号就必须进行信号转换。

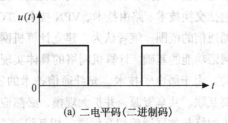

(a) 二电平码(二进制码)

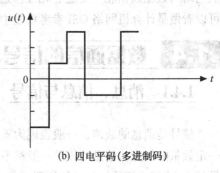

(b) 四电平码(多进制码)

图 1-9 数字信号

1.4.3 数据通信信号的带宽需求

1．带宽的概念

在模拟通信时代，带宽（Bandwidth）是指传送模拟信号时的信号频带宽度。但在数字通信时代，也使用了带宽的概念，通常用来代表数字传输中的线路传输速率。随着网络传输技术的发展，带宽用来代表网络的数据传输容量，这个术语对理解网络是至关重要的。

（1）信号带宽

模拟通信中的信号带宽指的是信号频率的范围，它的大小等于最高频率与最低频率之差，单位为赫兹（Hz）。例如电话信号的频率范围为 300Hz～3 400Hz，因此它的信号带宽为 3 100Hz。通常所占的带宽越大，越能传输高质量的信号。例如调幅（AM）无线电广播用来传送一个单声道的信号带宽为 5 000Hz，所以 AM 收音机所传送的声音质量比电话好；而调频（FM）无线电广播用来传送一个单声道的信号带宽高达 15kHz，所以 FM 广播所输出的声音质量又比 AM 广播要好。

（2）线路带宽（线路传输速率）

在数字通信中，线路带宽指通信介质的线路传输速率，也就是传输介质每秒所能传输的数据量，用来描述在一个给定的时间内有多少信息从一个地方传输到另一个地方。由于数据传输的最小单位为一个比特，所以线路带宽的单位为 bit/s。为了区别于模拟通信的信号带宽，有时也将线路带宽称为数字带宽。

2．介质带宽与有效带宽

在模拟通信和数字通信中，带宽都是一个很有用的概念。但无论采用什么样的物理介质，带宽都是有限的，这是由传输介质的物理特性和目前技术的发展所共同决定的。表 1-3 列出了目前各种常见介质能传送的最大带宽，以及传输的最大距离。

表 1-3　　　　　　　　各种常见介质的最大带宽和最大传输距离

介 质 类 型	最大带宽（Mbit/s）	最大传输距离
50Ω同轴电缆	10～100	185m
75Ω同轴电缆	10～100	500m
3 类非屏蔽双绞线（UTP）	10	100m
5 类非屏蔽双绞线	100	100m
多模光纤（125μm）	100	2km
单模光纤（10μm）	1 000	3km

传输介质只能传输某些频率范围内的信号，即具有特定带宽的某种传输介质只能传输在介质带宽内的信号。对于数字信号来说，其频谱（带宽）包括不同振幅的无数个频率。如果在传输时只传输具有重要振幅的分量，仍然可用合理的精度在接收端恢复数字信号，把无限频谱的这一部分频谱称为有效频谱（带宽）。若信号的有效带宽大于介质的最大带宽时，传输的信号将产生失真。

3．比特率与有效带宽的关系

当比特率上升时，有效带宽也变宽，在数据通信中称为帕金森定律。也就是说，用数据速率填充有效带宽。例如，若比特率是 1 000bit/s，则有效带宽是 200Hz 左右；若比特率是 2 000bit/s，则有效带宽是 400Hz 左右，有效带宽随着比特率的增加而增加。若要提高比特率，就需要用具有更宽带宽的介质来传输信号；反过来说，介质带宽限制了比特率的增加。

假定周期性地传输 ASCⅡ的 b，它用二进制编码 01100010 表示，设介质带宽为 3 000Hz，发送信号的数据速率的改变如表 1-4 所示。

表 1-4　　　　　　　　信道带宽与数据速率的关系

比特率（bit/s）	字符周期（s）	基波（s）	可传输的谐波数
300	26.67	37.5	80
600	13.33	75	40
1 200	6.67	150	20
2 400	3.33	300	10
4 800	1.67	600	5
9 600	0.83	1 200	2
12 000	0.42	2 400	1
38 400	0.21	4 800	0

分析表 1-2 可得到如下结论。

① 数字信号的特点是要求频带宽，要不失真地传递数字信号，信道也必须有很宽的带宽。但实际信道往往只有有限的带宽，通过这样信道的信号必然出现失真，必然成为带限信号。

② 当信道带宽一定时，数据速率越高，通过的谐波数越少，失真越严重。

若采用特定的编码，仍然有可能在介质带宽（或信道带宽）较窄时以较高的数据速率工作。

4．与数字带宽相关的数据吞吐量

吞吐量（Throughput）又称为通过量，指的是单位时间内在一个方向上穿越一个连接段（或虚连接段）成功地传送的数据比特数。例如，上网时使用特定的路径下载一个文件时获得的实际带宽就是吞吐量。由于多种原因，吞吐量远远小于传输介质所能达到的最大带宽，影响带宽和吞吐量的因素可能包括网络互联设备、传输的数据类型、网络结构、用户数量、用户使用的计算机、服务器、电源及气候所造成的断电和拥塞。

5．传输数字信号所需要的带宽

传二进制信号要比传输等效的模拟信号需要多得多的带宽。例如，传输 24 路模拟语音信号的信道需要大约 96kHz（即 24×4kHz）；而用数字形式使用标准的 T1 时分复用格式传输同样的 24 路语音信号需要大约 776kHz 的带宽，即为传输模拟信号大约 8 倍多的带宽。但是传输数字信号时，能够再生脉冲，使得误码率降低。

了解带宽是非常重要的，作为网络专业技术人员，特别要注意掌握带宽和吞吐量的概念，它们是分析网络性能的主要依据；作为网络设计者，带宽应该是考虑的主要因素之一。了解带宽是如何工作的及其有限性，可以节省很多费用。

1.4.4　网速的几个概念

平时我们上网经常听到有这样的抱怨："网速太慢了！"那么网速是指什么？为了说明这个问题，就必须搞清楚如下概念，这对后续的学习也很有帮助。

1．bit

bit（比特）为网络数据计量单位，是电子计算机中最小的数据单位。每一比特的状态只能是 0 或 1。

2．bit/s

bit/s 是 bit per second（每秒传输数据）的简写，为网络数据流量单位，用来表示每秒钟传输数据量的多少。我们日常说的 100M 是指一秒钟可以传输 100 兆比特数据量，10M 是指一秒钟可以传输 10 兆比特数据量，2M 是指一秒钟可以传输 2 兆比特数据量。

3．Byte

Byte 为文件字节单位，是文件大小的单位。一个字节是硬盘的一个可以存储的小单元，8 个二进制位构成 1 个字节（Byte），它是存储空间的基本计量单位。字节与比特的数量换算关系为 1Byte = 8bit。1 字节可以储存 1 个英文字母或者半个汉字，换句话说，1 个汉字占据 2 字节的存储空间。通常我们指的文件大小都是指字节数，如一个 2M 大小的文件，是指一个文件有 2MByte；一个硬盘的空间有 10M，指的是可以存储 10MByte 大小的文件。

1.5　数据通信的传输代码

1.5.1　传输代码概述

在数据通信中，数据常常用"代码"来表示。所谓代码，就是利用数字的一种组合来表示的某一种基本数据单元，可以是文字信息中的字符、图形信息中的图符和图像信息中的像素等，这些都是最基本的数据单元。数据通信代码常常称为字符集、字符代码或符号代码。数据通信代码有 3 种类型的字符：数据链路控制字符，用来使数据传输更顺利；图形控制字符，涉及接收端数据的语法或数据的表示；字母/数字字符，用于表示字母、数字和标点符号使用的各种符号。

第一个得到广泛使用的数据通信代码是摩尔斯代码，它使用 3 个不等长的符号来编码字母、数字字符、标点符号和一个询问字。但是，摩尔斯代码不适合现代的计算机设备，因为它的所有字符不具有同样的符号数，发送的时间长度也不等，并且每个摩尔斯代码的发送速率也不同；另外，摩尔斯代码还缺乏图形选择和使传输顺利进行的数据链路控制字符，以及用于现代计算机的典型数据表示。目前用于数据通信的字符编码最常用的字符是博多码、美国信息交换标准码（ASCⅡ）、扩充的二一十进制交换码（EBCDIC）以及现今普遍使用的条形码。

1.5.2　典型的传输代码

1. 博多码

博多码（国际二号电码或 ITA2）有时也称为电传码，是第一个固定长度的字符代码。博多码由一位法国邮政工程师摩雷（Thomas Murray）在 1875 年开发，并以电报打印的先驱博多（Emile Baudot）的名字命名。博多码是一种五位代码，它是现用的起止式电传电报通信中的标准电码，可以表示 32 个字符。要处理全部字母和数字的字符集，32 个字符是不够的，因此，我们选定两种字符作为代码扩展字符来扩大博多码的处理能力。这两个扩展字符是数字转移字符和字母转移字符，可将博多码的容量扩充到 58 个字符。到目前为止，博多码仍然用于 Telex 低速电传电报系统中，并用于向全世界发送新闻信息等。

2. ASCⅡ码

1963 年，美国采用了贝尔系统 33 型电传代码作为美国信息交换标准代码，又称 ASCⅡ-63。以后，ASCⅡ码经历了 1965 年、1967 年和 1977 年版的演变。国际标准化组织（ISO）与原国际电报电话咨询委员会（CCITT）提出了 7 单位国际 5 号字母表，与美国 ASCⅡ码相接近。ASCⅡ码的 1977 年版也被原 CCITT 推荐为国际 5 号电码（即 IA5）表。我国国家标准局也使用信息处理交换用的 7 单位字符编码标准（GB1988-80），后来习惯统称 7 单位代码为 ASCⅡ。

ASCⅡ码是 7 位（$b_6 \sim b_0$）字符集，有 128 种组合。ASCⅡ码中最低有效位（LSB）指定为 b_0，最高有效位（MSB）指定为 b_6。b_7 不是 ASCⅡ码的一部分，但通常保留作为奇偶校验位。字符代码通常有它们的阶次代表位，b_0 是零阶位，b_1 是一阶位……b_7 是七阶位，依此类推。串行传输时，首先传输的位称为最低有效位，然后，依次传输到最高有效位。ASCⅡ码是目前最常用的代码，大多数微机和小型计算机都使用 ASCⅡ码保存数据。又如，程控数字交换机的维护终端接口与交换机控制系统间传递的信息采用的就是 ASCⅡ码的形式，现在的 GSM 移动通信系统手机发短信时也采用 ASCⅡ码。

ASCⅡ码中有许多特殊的字符，这些特殊字符在数据通信中很重要，下面是一些特殊的字符及其含义。

① ACK：确认（Acknowledgement）。

② NAK：否认（Negative Acknowledgement）。

③ SOH：首标开始（Start of Header）。

④ EOT：传送结束（End of Transmission）。

⑤ ENQ：询问（Enquiry）。

⑥ SYN：同步（Synchronize）。

⑦ DLE：数据链转义。

3．EBCDIC 码

EBCDIC 码是 IBM 开发的一种扩展的二—十进制交换码，是一种 8bit 码，有 256 种组合，是最强大的字符集。注意，在 EBCDIC 中，最低有效比特指定为 b_7，最高有效比特指定为 b_0。因此，用 EBCDIC 时，高阶比特 b_7 首先传输，而低阶比特 b_0 最后传输。EBCDIC 不使用奇偶校验比特。

【例 1-1】 比较大写字母 E 的 ASCII 码和 EBCDIC 码。

解： 查 ASCII 码和 EBCDIC 码知，字母 E 的 ASCII 码是十六进制的 45，即 7 位二进制码的 1000101，字母 E 的 EBCDIC 码是十六进制的 C5，即 7 位二进制码的 11000101。说明字母 E 的 EBCDIC 码与 ASCII 码具有相同的十六进制值，只是多了 1bit 附加比特。

4．条形码

条形码是在商店里几乎在每件商品上都可以看到的那些万能的黑白条状粘贴物。条形码是由一系列由白色间隔分隔的黑条。黑条的宽度以及它们的反光能力代表二进制的 1 和 0，用来识别商品的价格。此外，条形码可能包含有关库存管理和控制、安全进入、发货和收货、产品计数、文档和订单处理、自动记账以及许多其他应用的信息。图 1-10（a）所示为一个典型的条形码。

图 1-10（b）所示给出了典型条形码上的字段。起始字段由唯一的黑条和间隔序列组成，用来识别数据字段的开始。数据字符符合所用的条形码符号体系或格式。在数据字符字段中，编码的串行数据从带光学扫描仪的卡上提取。要读出信息，只要以一个平滑均匀的运动扫过印刷的黑条即可，扫描仪中的光检测器会感知反射光，并将其转换为电信号 1 和 0 用于解码。

（a）

起始边缘	数据字符	校验字符	终止字符号	终止边缘

（b）

图 1-10 条形码

1.6 数据通信的传输信道

1.6.1 信道概述

通常对于信道有两种理解：一种是指信号的传输介质，如对称电缆、同轴电缆、超短波及微波视距传播（包括卫星中继）路径、短波电离层反射路径、对流层散射路径以及光纤等，此种类型的信道称为狭义信道；另一种是将传输介质和各种信号形式的转换、耦合等设备都归纳在一起，包括发送设备、接收设备、馈线与天线、调制器等部件和电路在内的传输路径或传输通路，这种范围扩大了的信道称为广义信道。按照传输介质，信道可以分为有线信道和无线信道；按照传输信号的形式，信道又可分为数字信道和模拟信道。传输数字信号的信道称为数字信道，传输模拟信号的信道称为模拟信道。信道按其信道的参数特性又可划分为恒参信道和变参信道。信号经过恒参信道时,对信号传输的主要影响是引起码元波形的展宽,干扰其他码元,从而引起误码。对于变参信道,信道的传输特性随时间的变化可分为慢变化和快变化,慢变化与传播的条件相关联;快变化又称为快衰落,与电波的多径传播相关联,表现为接收信号振幅和相位一致地随时间变化。当信号电平随机起伏,下降到一定的门限值以下时,就会导致误码,甚至通信中断。宽带信号的各频率分量衰落不相关,会引起波形失真。对于数据传输来说,衰落造成的主要危害是引起码间串扰。

1.6.2 实线电缆信道

实线电缆主要指双绞线电缆(Twisted Pair)和同轴电缆(Coaxial Cable)。

1. 双绞线电缆

双绞线电缆分为非屏蔽双绞线电缆(UTP)和屏蔽双绞线电缆(STP)两种类型。

(1)UTP

UTP 是现今最常用的通信介质,在电话通信系统使用最多,它的频率范围(100Hz~5MHz)对于传输语音和数据都是适用的。非屏蔽双绞线电缆是在同一保护套内有许多对互绞并且相互绝缘的双导线,导线直径为0.4mm~1.4mm。两根成对的绝缘芯线对地是平衡的(即

图 1-11 UTP

对地的分布电容相等),每一对线拧成扭绞状的目的是为了减少各线之间的相互干扰,如图 1-11 所示。

UTP 的优点是价格便宜,使用简单,容易安装。在包括以太网和令牌环网在内的许多局域网技术中都采用了高等级的 UTP 电缆。如图 1-12 所示为一根有 5 对双绞线的电缆。

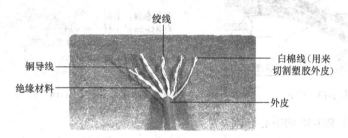

图 1-12 含有 5 对双绞线的电缆

双绞线按照所使用的线材不同而有不同的传输性能,目前 EIA 定义了一种按质量划分 UTP 等级的标准,如表 1-5 所示。

表 1-5   EIA 定义的 UTP 电缆类别及特点

UTP 电缆类别	传输速率	特 点
1 类	2Mbit/s	电话通信系统中使用的基本双绞线,适用于语音传输和低速数据通信
2 类	4Mbit/s	适用于语音和数字数据传输
3 类	10Mbit/s	大多数电话系统的标准电缆,适用于数据传输
4 类	16Mbit/s	用于数据传输较高的场合
5 类	100Mbit/s	用于较高的数据传输
超 5 类	1 000Mbit/s	用于高速数据传输
6 类	2.4Gbit/s	用于超高速数据传输

根据 EIA/TIA 的规定，双绞线的每条线都有特定的颜色与编号，如表 1-6 所示。

表 1-6　　　　　　　　　　双绞线的颜色与编号对照

EIA/TIA 的标准双绞线							
编号	1	2	3	4	5	6	7	8
颜色	白橙	橙	白绿	蓝	白蓝	绿	白棕	棕

由于非屏蔽双绞线电缆的电磁场能量是向四周辐射的，因此它在高频段的衰减比较严重，但其传输特性比较稳定，可以近似为恒参信道。双绞线电缆常用来构成电话分机至交换机之间的用户环路、连接话带调制解调器（Modem）的专线模拟电路、数据终端至数字交换机和数据复用器之间的数字电路、连接基带 Modem 的专线数字电路及本地计算机局域网高速数据传输电路等。

（2）STP

STP 在每一对导线外都有一层金属，这层金属包装使外部电磁噪声不能穿越进来，如图 1-13 所示。STP 消除了来自另一线路（或信道）的干扰，这种干扰是在一条线路接收了在另一线路上传输的信号时发生的。例如我们在打电话时，有时会听到其他人的讲话声，这种现象在电话通信中称为串扰。若将每一对双绞线屏蔽起来，就可以消除大部分串扰。STP 的质量特性和 UTP 一样，材料和制造方面的因素使得 STP 比 UTP 的价格要高一些，但对噪声有更好的屏蔽作用。使用这种电缆时，金属屏蔽层必须接地。

2. 同轴电缆

同轴电缆能够传输比双绞线电缆更宽的频率范围（100kHz～500MHz）的信号。这里以网络中使用的同轴电缆为例说明同轴电缆的结构与特点。在网络中经常采用的是 RG-58 同轴电缆，如图 1-14 所示。

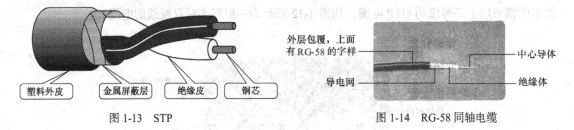

图 1-13　STP　　　　　　　　　　　图 1-14　RG-58 同轴电缆

① 中心导体：RG-58 的中心导体通常为多芯铜线。

② 绝缘体：是用来隔绝中心导体的一层金属网，一般作为接地来用。在传输的过程中，它用来当作中心导体的参考电压，也可防止电磁波干扰。

③ 外层包覆：用来保护网线，避免受到外界的干扰。另外，它也可以预防网线在不良环境（如潮湿或高温）中受到氧化或其他损坏。

各种同轴电缆是根据它们的无线电波管制级别（RG）来归类的，每一种无线电波管制级别的 RG 编号表示一组特定的物理特性。RG 的每一个级别定义的电缆都适用于一种特定的功能，以下是常用的几种规格。

① RG-8：用于粗缆以太网络。

② RG-9：用于粗缆以太网络。

③ RG-11：用于细缆以太网络。

④ RG-58：用于粗缆以太网络。

⑤ RG-75：用于细缆以太网络。

1.6.3 语音信道

语音信道是指传输频带在 300Hz～3 400Hz 的音频信道。按照与语音终端设备连接的导线数量，语音信道可分为二线信道和四线信道。在二线信道上，收发在同一线对上进行；在四线信道上，收发分别在两个不同的线对上进行。按照语音传输方式和复用方式，语音信道可分为载波语音信道和脉冲编码（PCM）语音信道。载波语音信道采用频分复用方式，传输介质为明线、对称电缆和同轴电缆，采用信号放大方式进行中继传输。随着通信系统数字化进程的加快，载波语音信道的应用越来越少，目前基本已被淘汰。

1.6.4 数字信道

数字信道是直接传输数字信号的信道。对于数字信道通常是以传输速率来划分的，例如，按我国采用的欧洲标准划分，数字信道传输系列为数字话带零次群 64Kbit/s、一次群 2.048Mbit/s、二次群 8.448Mbit/s、三次群 34.368Mbit/s、四次群 139.264Mbit/s、STM-1：155.52Mbit/s、STM-4：622.08Mbit/s 及 STM-16：2 488.32Mbit/s。信道的传输速率和接口均与数据终端设备相适应时，数据终端设备可直接与数字信道相连。否则，必须在数字信道两端加复用器（甚至是多路复用器）和（或）适配器等，才能使数据终端设备接入数字信道。数据通信常使用的数字信道有数字光纤信道、数字微波中继信道和数字卫星信道。关于这些信道，这里不做详细介绍，读者可以参阅相关的文献。

1.6.5 信道容量

由前所述，数据通信系统的基本指标都围绕传输的有效性和可靠性，但这两者通常存在着矛盾。在一定条件下，提高系统的有效性，就意味着通信可靠性的降低。对于数据通信系统的设计者来说，要在给定的条件下，不断提高数据传输速率的同时，还要降低差错。从这个观点出发，很自然地会提出这样一个问题：对于给定的信道，若要求差错率任意地小，信息传输速率有没有一个极限值？香农的信息论证明了这个极限值的存在，这个极限值称为信道容量。**信道容量是指信道在单位时间内所能传送的最大信息量。**信息容量即信道的最大传信速率，单位是 bit/s。

1. 模拟信道的信道容量

模拟信道的容量可以根据香农（Shannon）定律计算。香农定律指出：在信号平均功率受限的高斯白噪声信道中，信道的极限信息传输速率（信道容量）为

$$C = B\log_2 (1+S/N)$$

式中，B 为信道宽带，N 为噪声的平均功率，S 是信号的平均功率；S/N 为信噪比，信道容量 C 是指信道可能传输的最大信息速率，即信道能达到的最大传输能力。由上式可得出以下结论。

① 任何一个信道都有信道容量 C。若信息速率 $R \leqslant C$，理论上存在一种方法，能以任意小的差错概率通过信道传输；若 $R > C$，在理论上无差错传输是不可能的。

② 对于给定的 C，可以用不同的带宽和信噪比的组合来传输。若减小带宽，则必须发送较大的功能，即增大信噪比 S/N；若有较大的传输带宽，则可用较小的信号功率（即较小的 S/N）来传送。这表明宽带系统具有较好的抗干扰性。因此，当 S/N 太小时，即不能保证通信质量时，可采用宽带系统，以改善通信质量。这就是以带宽换功率的原理。

【例1-2】若信道带宽为3 000Hz，信道上只存在加性白噪声，信号噪声功率比为20dB，求信道容量。

解： 当信号噪声功率比为20dB时，信号功率比噪声功率大100倍，则该信道容量为

$$C = 3\ 000\log_2（1+100/1）$$
$$= 3\ 000\log_2（101）$$
$$= 19\ 975（bit/s）$$

信道容量是在S/N一定时信道能达到的最大传信速率，实际通信系统的传信速率要低于信道容量。随着技术的进步，可接近极限值。

2. 数字信道的信道容量

数字信道是一种离散信道，它只能传送离散取值的数字信号。奈奎斯特准则指出：带宽为BHz的信道，所能传送的信号的最高码元速率（即调制速率）为$2B$波特。因此，离散的、无噪声的数字信道的信道容量C可表示为

$$C = 2B\log_2 M（bit/s）$$

其中，M为码元符号所能取的离散值的个数，即M进制。

【例1-3】设数字信道的带宽为3 000Hz，采用四进制传输，计算无噪声时该数字信道的通信容量。

解：

$$C = 2×3\ 000\log_2 4 = 12\ 000（bit/s）$$

当存在噪声时，传送将出现差错，从而会造成信息的损失和信道容量的降低。

1.7 数据通信系统的主要性能指标

任何通信系统都有其质量指标，数据通信系统也不例外。数据通信系统的基本指标直接反映了数据通信系统的能力和质量，同时也是评价和衡量数据通信系统质量的标准。了解和掌握数据通信系统的主要性能指标，对于数据通信系统的工程设计、系统维护和管理都是十分必要的。数据通信系统的主要性能指标有传输速率、差错率、延迟、频率利用率和功率利用率。

1.7.1 数据传输速率

在衡量数据通信系统的传输能力时，主要用到数据传输速率。数据传输速率通常使用码元传输速率（或调制速率）、比特率和数据传送速率几种不同的定义。

1. 码元传输速率

码元传输速率也称为调制速率，它表示信号的一个变化过程，信号的变化是指信号电压和方向的变化，即每秒钟信号变化的次数。码元传输速率有时也称为符号率，是每秒传输信号码元的个数。在电信号中，往往用一种波形代表一个或几个码元，不同特征的信号波形可以代表不同的码元值或码元组合值，波形的持续时间与它所代表的码元或码元组合的时间长度是一一对应的。这样，一个波形的持续时间越短，在单位时间内传输的波形数就越多，也就是说传输的数据越多，即数据的传输速度越高。因此，**码元传输速率（或调制速率）定义为：数据传输过程中，在信道上每秒种传送的信号波形个数，其单位是波特（Baud）。**

假设一个信号码元持续时间为T_b，则码元传输速率（或调制速率）为

$$R_B = \frac{1}{T_b}（Baud）$$

图 1-15 给出了 3 个数据信号，其中图 1-15（a）为二电平信号，信号码元有两种状态；图 1-15（b）为四电平信号，信号码元可能取±3 和±1 四种不同状态，这样每个信号码元可以代表 4 种情况之一；图 1-15（c）为调频波，以 f_1 表示码元 1，f_0 表示码元 0。若这 3 个数据信号码元时间长度相同，则它们的调制速率就相同。

对于码元传输速率，不论一个信号码元中的信号有多少个状态，通常只计算 1 秒内数据信号的码元个数。注意，码元传输速率中的信号码元时间长度是指数据信号某一状态的最短时长，如图 1-15（a）中连续两个 1，其信号正电压持续时间长度为 2T，但不能以 2T 作为信号码元时间长度，应以 T 作为时间长度来计算。码元传输速率决定了发送信号所需的带宽。

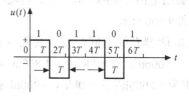

(a) 二电平信号

2. 比特率

比特一词的英文拼写为 Binary Digit，其含义是信息论中定义的信源发出信息量的度量单位。在数字通信中，习惯上用比特表示二进制代码的位，它也是计算机使用的最小数据单位。在数据通信中，**比特率定义为每秒钟传输二进制码元的个数，单位为比特/秒（bit/s）**，记为 R_b，有时也把比特率称为数据传信速率。例如一个数据通信系统，每秒钟传输 2 400 个二进制代码，则它的数据传信速率为 R_b=24 00bit/s。

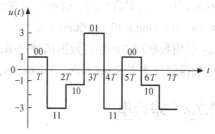

(b) 四电平信号

比特率和码元传输速率的意义是不同的，它们是数据通信中非常重要的两个概念。码元传输速率中的码元可以是二进制，也可以是多进制的，不管所传输的信号为多少进制，都表示每秒钟所传输的波形个数。但对于比特率，则必须折合为相应的二进制码元来计算。码元传输速率和比特率之间可以相互换算，换算公式为

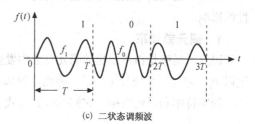

(c) 二状态调频波

图 1-15　3 种数据信号的调制速率

$$R_b = R_B \log_2 M$$

其中，M 为进制数。例如，某数据通信系统数据传输的码元传输速率为 600Baud，则其在二进制传输时的比特率为 600bit/s，而在四进制传输时的比特率为 1 200bit/s，八进制传输时的比特率为 1 800bit/s。

3. 数据传送速率

数据传送速率通常定义为单位时间内在数据传输系统中的相应设备之间成功传送的比特、字符（或符号）或码组平均数。定义中的相应设备常指 Modem 等，单位为比特/秒（bit/s）、字符/秒或码组/秒。注意，数据传信速率与数据传送速率不同，前者是传输数据的速率，后者是相应设备之间实际能达到的平均数据转移速率。数据传送速率不仅与发送的比特率有关，而且与差错控制方式、通信协议以及信道差错率有关，也就是与传输的效率有关，所以数据传送速率总是小于数据传信速率。

数据传输速率的3种定义形式既相互联系又相互区别，它们各有侧重。实际应用中，码元传输速率用于衡量传输频带的宽度；数据传信速率用于研究传输数据的速率；数据传送速率主要衡量系统的实际数据传送能力。

ITU（原CCITT）建议的标准化数据信号传送速率如下（可参见原CCITT电话网上数据传输V系列建议）。

① 在普通电话交换网中同步方式传输的比特速率，发信速率为600bit/s、1 200bit/s、2 400bit/s、4 800bit/s和9 600bit/s。

② 在电话型专线上同步方式传输的比特速率，数据发信速率的优先范围为 600bit/s、1 200bit/s、2 400bit/s、3 600bit/s、4 800bit/s、7 200bit/s、9 600bit/s 和 14 400bit/s。数据发信速率的补充范围为 1 800bit/s、3 000bit/s、4 200bit/s、5 400bit/s、6 000bit/s、6 600bit/s、7 200bit/s、7 800bit/s、8 400bit/s、9 000bit/s、10 200bit/s、10 800bit/s 和 12 000bit/s。

在实际中，数据信号的发信速率通常为200bit/s、300bit/s、600bit/s、1 200bit/s、2 400bit/s、4 800bit/s、9 600bit/s 和 48 000bit/s 几种。

③ 公用数据网中的用户数据信号速率，异步传输数据信号速率为50～200bit/s、300bit/s。同步传输数据信号速率为600bit/s、2 400bit/s、4 800bit/s、9 600bit/s 和 48 800bit/s。

1.7.2 差错率

差错率也是衡量数据传输正确性的一个重要指标，它反映了各种干扰、信道质量对通信可靠性的影响。

1．码元差错率

码元差错率是指在发送的码元总数中发生差错的码元数与总的发送码元数之比，简称误码率，记做 P_e，它是一个统计平均值。差错率可以有多种定义，在数据传输中，一般采用误码（比特）率、误字符率和误码组率，它们的计算公式为

$$误码（比特）率 = \frac{接收出现差错的比特数}{总的发送比特数}$$

$$误字符（码组）率 = \frac{接收出现差错的字符（码组）数}{总的发送字符（码组）数}$$

由于传输信道的不同，误码率也不同。当采用地面模拟载波信道时，P_e 优于 $5×10^{-5}$；当采用卫星信道时，P_e 优于 $1×10^{-5}$；当采用专用光纤、微波数字信道时，P_e 优于 $5×10^{-7}$。

2．比特差错率

比特差错率是在传输的比特总数中发生差错的比特数与传输的总比特数之比，简称误比特率，记做 P_{eb}，它也是一个统计平均值。

3．码组差错率

码组是由若干个码元构成的码元集合，例如数据通信的高级数据链路控制规程（HDLC）要求的一帧数据。码组差错率是在传输的码组总数中发生差错的码组数与传输的码组总数之比，它也是一个统计平均值。

以上的差错率都是统计平均值，只有总的比特（字符、码组）达到一定的数量时，结果才有意义。

1.7.3 延迟

延迟又称时延，是单位数据信号从数据电路的一端达到另一端所经历的时间。数据通信的时延由数据信号沿传输介质传播的时延、传输设备和交换设备对数据的处理时延以及比特传输速率等多种因素所决定。

1.7.4 频带利用率和功率利用率

1．频带利用率

数据信号的传输需要一定的频带，数据传输系统占用的频带越宽，传输数据信息的能力越大。因此，在比较不同数据传输系统的效率时，不仅要考虑数据传信速率，也要考虑占用的带宽。频带利用率用单位频带内允许的最大比特传输速率来衡量，单位是 bit/（s·Hz）。用 η 表示频带利用率，可以得出如下公式

$$\eta = \frac{最大比特传输速率}{系统占用的频带宽度}$$

在频带宽度相同的条件下，比特传输速率越高，则频带利用率越高，反之越低。

2．功率利用率

功率利用率用保证比特差错率小于某一规定值所要求的最低归一化信噪比（E_b/N_0）来衡量。若 E_b/N_0 越小，则功率利用率就越高，反之则越低。

功率利用率和频带利用率这两个性能指标，主要决定于调制解调方式。这两个指标可以互换，即降低频带利用率可以换取功率利用率的提高；降低功率利用率可以换取频带利用率的提高。

1.7.5 可靠性

数据通信系统的基本可靠性指标是平均误码率，它是数据传输系统正常工作情况下可靠性的主要衡量依据。可靠性的要求，对于完成不同任务的通信系统是不同的，不能笼统地说误码率越低可靠性越好。对于一个通信系统，原则上应该在满足可靠性要求的基础上尽量提高通信效率。

1.8 数据通信技术的标准化组织简介

目前，数据通信业正以极快的速度发展，为不同的计算机系统之间提供通信的需求也随之增加。这样，为确保使用不同设备与不同需求的多个数据通信系统之间有序地传递信息，就需要一个机构、制造商和用户的联盟（或称标准化组织）定期聚会，以制定准则和标准，并且使所有数据通信用户遵守这些标准。

下面介绍在数据通信领域有重要地位的一些标准化组织。

1．国际标准化组织

国际标准化组织（ISO）成立于 1946 年，是国际标准化领域中一个十分重要的组织，主要目的是促进国际间的合作和工业标准的统一。ISO 于 1951 年发布了第一个标准——工业长度测量

用的标准参考温度。

2．美国国家标准协会

美国国家标准协会（ANSI）成员包括制造商、用户和其他相关企业。它有将近 1 000 个会员，而且本身也是 ISO 的一个成员。ANSI 标准广泛存在于各个领域。例如，光纤分布式数据接口（FDDI）就是一个适用于局域网光纤通信的 ANSI 标准；还有美国标准信息交换代码（ASC Ⅱ），则是被用来规范计算机内的信息存储的。

3．国际电信联盟

国际电信联盟（ITU）是联合国的一个专门机构，也是联合国机构中历史最长的一个国际组织，简称"国际电联"或"电联"。

随着电话与无线电的应用与发展，国际电信联盟的职权不断扩大。国际电信联盟成立后，相继产生了 3 个咨询委员会，即国际电话咨询委员会（CCIF）、国际电报咨询委员会（CCIT）和国际无线电咨询委员会（CCIR）。1956 年，国际电话咨询委员会和国际电报咨询委员会合并为国际电报电话咨询委员会，即 CCITT。

1992 年 12 月，国际电信联盟在日内瓦召开了全权代表大会，通过了国际电信联盟的改革方案。国际电信联盟的实质性工作由 3 大部门承担，它们是国际电信联盟标准化部门（ITU-T）、国际电信联盟无线电通信部门和国际电信联盟电信发展部门。其中 ITU-T 由 CCITT 和国际无线电咨询委员会的标准化工作部门合并而成，主要职责是完成国际电信联盟有关电信标准化的目标，使全世界的电信标准化。

4．电子工业学会

电子工业学会（EIA）的成员包括电子公司和电信设备制造商，它也是 ANSI 的成员。EIA 的首要课题是研究设备间的电气连接和数据的物理传输。其中最广为人知的标准是 RS-232（或 EIA-232），它已成为大多数计算机与调制解调器或打印机等设备通信的规范。

5．电气与电子工程师协会

电气与电子工程师协会（IEEE）是世界上最大的专业技术团体，由计算机和工程学专业人士组成。它创办了许多刊物，定期举行研讨会，还有一个专门负责制定标准的下属机构。IEEE 在通信领域最著名的研究成果就是局域网的 802 标准，该标准定义了总线型网络和环型网络等协议。

6．Internet 工程特别任务组

Internet 工程特别任务组（IETF）是一个国际性的团体，其成员包括网络设计者、制造商、研究人员以及所有对 Internet 的正常运转和持续发展感兴趣的个人或组织。它分为几个工作组，分别处理 Internet 的应用、实施、路由、安全和传输服务等不同方面的技术问题。IETF 的一个重要任务就是对下一代网际协议的研究开发。

7．国家标准和技术协会

国家标准和技术协会（NIST）的前身是美国的国家标准局，它是美国商业部下属的一个机构，功能是发布标准以规范联邦政府购买的设备；同时它也负责制定时间、长度、温度、辐射能和无线电频率等物理量的度量标准。NIST 关于安全技术方面的一个重要贡献就是数据加密标准（DES）。

上面只列举了与数据通信和网络最为密切相关的标准组织，关于标准组织更全面的资料请参阅有关文献。

思考题与习题 1

1-1 填空题

（1）信号是数据的电编码或电磁编码，分为_____和_____两种。

（2）数据通信利用数据传输技术传输数据信息，可实现_____和_____、_____和_____、_____和_____之间的数据信息传递。

（3）一般的数据通信系统主要由_____、_____和_____构成。

（4）数据电路终接设备实际上是数据电路和_____的接口设备。

（5）衡量数据传输质量的最终指标是_____。

1-2 选择填空题

（1）数据通信系统中发送装置的主要功能是（ ）。

A. 将信号从信源发送到目的地   B. 将信源的数据转发到传输介质

C. 生成待传送的数据   D. 产生适合在传输系统中传输的信号

（2）数据通信系统发送装置的功能一般不包括（ ）。

A. 调制信号   B. 适配电压

C. 检测与纠正差错   D. 暂存数据

（3）实际通信系统中的某些 DCE 设备（如调制解调器）对应于通信系统模型中的（ ）。

A. 信宿与信源   B. 信源与发送器

C. 信宿与接收器   D. 发送器与接收器

1-3 画出数据通信系统的模型，并说明各个部分的作用。

1-4 简述题

（1）简述数据通信的发展历史。

（2）什么是数据通信？数据通信研究的内容包括哪些方面？

（3）对数据通信最基本的要求是什么？

（4）什么是数据通信业务？举例说明数据通信业务。

（5）数据通信传输信道有哪几种类型？每一种传输信道有什么特点？

（6）数据通信技术标准的制定机构主要有哪些？

1-5 计算题

（1）某数据传输系统的调制速率为 2 400Baud，当每信号码元为 4bit 的代码时，试求该系统的数据传信率是多少。

（2）某信道占用频带为 300 Hz～3 400Hz，若采用 8 电平传输，调制速率为 1 600Baud，求该信道的频带利用率。

（3）在 9 600bit/s 的线路上，进行 1h 的连续传输，测试结果为有 150bit 的差错，问该数据通信系统的误码率是多少？

（4）设数据信号码元周期为 417×10^{-6}s，当采用 16 电平传输时，试求调制速率和数据传信速率。

（5）已知模拟信道带宽为 3 000Hz，信道上只存在加性白噪声，若已知 $\log_2 10 = 3.32$，要求信道数据传信速率达到 19 975bit/s，则其传输信噪比是多少 dB？

1-6 当今数据通信的热点有哪些？你对哪些热点最感兴趣？选择其中一个热点问题，写一篇小论文。

第2章

数据传输

引言

数据通信的任务就是利用通信介质传输信息，其实质问题就是采用什么技术来实现数据传输。数据传输是数据通信的基础，本章将通过介绍数据传输模式、数据编码、多路复用、差错控制等内容，使读者了解信号在一种传输介质中传输的过程。

学习目标

- 说明串行传输和并行传输各自的特点
- 描述模拟数据（如语音）如何在数字编码器并在数字设备上传输
- 描述数字数据如何经过 Modem 并在模拟电话线上传输
- 解释异步传输和同步传输的区别以及何时选用何种技术
- 解释 FDM 和 TDM 的原理，评估它们的性能
- 描述统计时分复用的概念、原理与方法
- 描述典型的汉明码和循环码进行纠错检错的过程

2.1 数据编码技术

数据，无论是模拟的还是数字的，为了传输都必须转换成信号。就数字数据而言，不同的信号用于表示二进制的 1 和 0，从二进制数字到信号的映射就是数据传输的编码方案，编码被设计成用于减少判断每个比特的开始与结束时出现的错误以及判断每个比特是 1 还是 0 时出现的错误。对于模拟数据，编码被设计用于增强传输的质量，也就是说，我们接收到的数据与被传输的数据越接近越好。

2.1.1 数字数据的数字编码

数字数据的数字编码是用数字信号表示数字信息。例如，数据从计算机传输到打印

机时，原始数据和传输数据都是数字的，由于计算机产生的是 0 和 1 信号，而导线上传输的是脉冲电压，所以必须将这两种信号进行转换，即进行数字数据的数字编码过程。

在进行数字信号传输时，要求收发两端之间的信号必须保持严格的同步关系，才能进行准确的接收判决。通常发送端传输出去的信号波形携带同步信息，接收端则从接收到的信号波形中将同步信息提取出来，实现与发送端之间的比特同步关系。不同的信号波形所包含同步信息的多少是不同的。通常，一个编码良好的数字信号必须携带同步信息。因此，设计和选择不同的数字数据的数字编码时，除要对信号带宽进行考虑外，更重要的是能包含更多的同步信息。

1. 单极性不归零编码

单极性不归零编码（NRZ）是最简单、最基本的编码，它只使用一个电压值（0 和 +E）表示数据信息。在数据通信设备内部，由于电路之间或元器件之间距离很短，都采用单极性编码这种比较简单的信号编码形式。单极性不归零编码除简单高效外，还具有廉价的特点。单极性不归零编码如图 2-1 所示。但是，采用单极性不归零编码传输数据时，若出现连 0 或连 1 的码型，会失去定时信息，不利于传输中对同步信号的提取；其次，连续的长 1 或长 0 码型会使传输信号出现直流分量，不利于接收端的判决工作。例如，数据流中有 5 个连续的 1 被传输，由于时延影响，接收端检测到一个 0.006s 长度的正电压，从而导致接收端多读入一个 1，这个多余的 1 被解码后会导致错误；此外，接收端的时钟可能不同步，导致接收端错误地读入比特数据流。

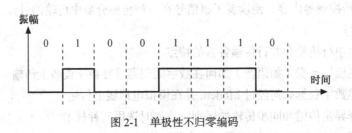

图 2-1　单极性不归零编码

2. 单极性归零编码

单极性归零编码（RZ）中，数据 1 对应一个 +E 脉冲或 −E 脉冲，脉冲宽度比每位传输周期要短，即每个脉冲都要提前回到零电位；数据 0 则不对应脉冲，仍按 0 电平传输。单极性归零编码如图 2-2 所示。

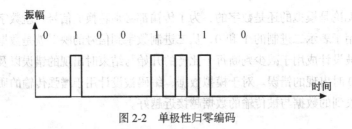

图 2-2　单极性归零编码

3. 双极性不归零编码

双极性不归零编码（NRZ）中，对于数据 1，用 +E 或 −E 电平传输；数据 0，用 −E 或 +E 电平传输。如数据通信中使用的 RS-232 接口就采用这种编码传输方式，其特点基本上与单极性不归零编码相同。双极性不归零编码如图 2-3 所示。

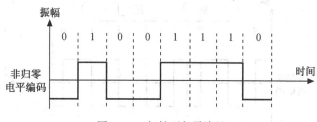

图 2-3　双极性不归零编码

4．双极性归零编码

双极性归零编码（RZ）对于数据 1，用一个 $+E$ 或 $-E$ 电平传输；对于数据 0，用 $-E$ 或 $+E$ 电平传输，且相应的脉冲宽度都比每位数据所需的传输周期要短；对于任意数据组合，之间都有 0 电位相隔。这种编码有利于传输同步信号，但仍有直流分量问题。双极性归零编码如图 2-4 所示。

5．曼彻斯特编码与差分曼彻斯特编码

曼彻斯特编码的规律为：对于数据"1"，前半周期传 $-E$（或 $+E$）电平，后半周期为 $+E$（或 $-E$）电平；对于数据"0"，则前半周期传 $+E$（或 $-E$）电平，后半周期传 $-E$（或 $+E$）电平，即通过传输每位数据中间的跳变方向表示传输数据的值，如图 2-5（a）所示。

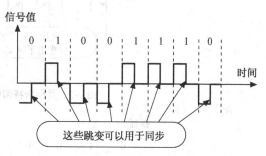

图 2-4　双极性归零编码

这种编码方式与前几种编码方式相比，每传输一位数据都对应一次跳变，这有利于同步信号的提取；对于每一位数据，其 $+E$ 或 $-E$ 电平占用的时间相同，因此直流分量保持恒定不变，有利于接收端判决电路的工作。但是，数据编码后脉冲频率为数据传输速率的 2 倍。曼彻斯特编码广泛地用于 10Mbit/s 以太网和无线寻呼的编码中。

差分曼彻斯特编码和曼彻斯特编码一样，在每个比特时间间隔的中间，信号都会发生跳变，它们之间的区别在于在比特间隙开始位置有一个附加的跳变，用来表示不同的比特。差分曼彻斯特编码中，比特间隙的开始位置有跳变表示比特 0，没有跳变则表示比特 1，如图 2-5（b）所示。差分曼彻斯特编码常用于令牌环网。

6．交替双极性反转码

在交替双极性反转码（AMI）中，数据 1 顺序交替地用 $+E$ 和 $-E$ 表示，对于数据 0 仍变换为 0 电平。交替双极性编码有如下特点：首先，容易出现连 0，不利于提取同步定时信号；其次，无直流分量，利于在不允许直流和低频信号通过的介质和信道中传输，有利于接收端判决电路的工作；第三，由于数据 1 对应的传输码电平正负交替出现，有利于误码的观察。交替双极性反转码如图 2-6 所示，是脉冲编码调制（PCM）基带线路传输中常用的码型。

7．三阶高密度码

三阶高密度码（HDB_3）可以看成是 AMI 码的一种改进码型。使用 HDB_3 码是为了解决原信息码中出现一连串长零时所带来的问题。HDB_3 码的编码规则如下。

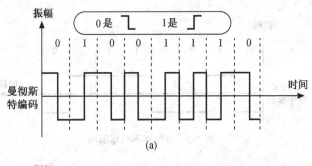

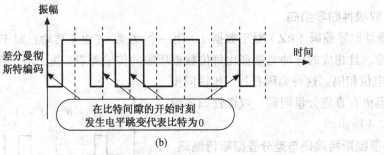

图 2-5　曼彻斯特编码和差分曼彻斯特编码

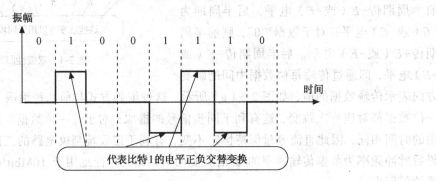

图 2-6　交替双极性反转码

① 当出现 4 个连 0 码时，用取代节 000V 或 B00V 代替。

② 4 个连 0 码用取代节代替后的 V 与其相邻的 B 极性相同。

③ 当两个相邻 V 之间的 B 个数是奇数时，取代节用 000V，B 个数为偶数时，取代节用 B00V 代替。

上述编码规则中，B 信号指的是 HDB$_3$ 码编码前信号序列中的 1 信号，编码后加入的 V 称为破坏节。注意，不论是 HDB$_3$ 码还是 AMI 码，都有归零码和不归零码两种情况。

【例 2-1】　将信号序列 10110000000110000001 编成 HDB$_3$ 码。

解：① 将序列中的 1 用 B 表示，要注意极性交替，4 个连 0 先用 000V 代替。这里假设给出的信号就是该信号的开始序列。

```
1 0 1 1 0 0 0 0 0 0 0 0 1 1 0 0 0 0 0 0 0 1
B+0 B-B+0 0 0 V+0 0 0 B-B+0 0 0 V-0 0 B-
  奇数个B      极性一致        偶数个B
```

② 检查两个 V 之间 B 的个数，注意，当 B 的个数为偶数时，①中的取代节 000V 要变换为 B00V，同时要注意 B 的极性变化。

　B+0　B−B+0 0 0　V+0 0 0　B−B+B−　0 0 V−0 0　B+

③ 最后对应②变换的码型画出 HDB₃ 码的波形，其波形如图 2-7 所示。

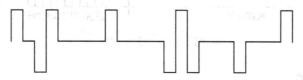

图 2-7　例 2-1 的 HDB₃ 码波形

HDB₃ 码除了具有 AMI 码的优点外，还克服了 AMI 码的缺点。HDB₃ 码是目前应用最广泛的码型，是欧洲和日本 PCM 系统中使用的传输码型之一。

2.1.2　模拟信息的数字编码

模拟信息的数字编码就是用数字信号表示模拟信息。从严格意义上讲，这一编码过程更准确的说法应该是把模拟数据变成数字数据，称为数字化（Digitization）。这个过程中，一种称为编码—解码器（Codec）的设备用于将模拟数据转换成可传输的数字形式。例如图 2-8 所示即为一个数字化传送语音信息的示意图。本节将介绍模拟—数字编码过程中使用的主要技术。

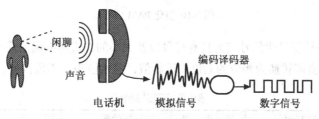

图 2-8　数字化传送的语音信息

模拟信息的数字编码的主要问题是在允许一定的信号质量损失的前提下，将信息从无穷多的连续值转换为有限个离散值。

1．脉冲振幅调制

模拟信息数字编码技术的第一步是脉冲振幅调制（PAM）。这种技术通过接收模拟信号，对它进行采样（或取样），然后根据采样结果产生一系列脉冲。所谓采样就是每隔相等的时间间隔就测量一次信号振幅，在 PAM 技术中，原始信号每隔一个相等的时间间隔就被采样一次。PAM 采用一种称为采样和保持的技术，在一个给定的时刻，测量信号电压，并且短暂地保留。采样值仅仅反映实际波形的一个瞬时值，但在 PAM 采样结果中被扩充为一个可以测量的短时间内的信号值，如图 2-9 所示。

PAM 技术只在某些工程领域里应用，但是它不能在数据通信中使用。这是因为 PAM 技术将原始信号转换成的一系列脉冲仍然是一个模拟信号，而不是数字的。为了将信号数字化，必须采用 PCM 技术来对信号进行数字化处理。

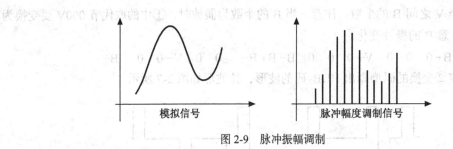

图 2-9　脉冲振幅调制

2．脉冲编码调制

脉冲编码调制（PCM）技术是将 PAM 技术所产生的采样结果转变成完全数字化的信号。为实现这一目标，PCM 技术对 PAM 的脉冲首先要进行量化。量化是一种将采样结果变成一定范围内的整数值的方法。图 2-10 表示了 PAM 信号量化的结果。

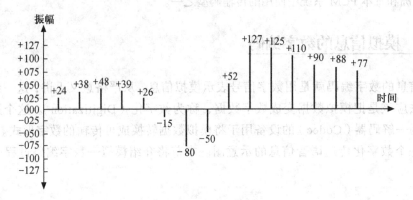

图 2-10　量化 PAM 信号

表 2-1 展示了一种将量化信号变为具有符号以及大小的二进制编码的简单方法，将图 2-11 中的每一个 PAM 量化值都转换为相应的七位二进制值，第八位表示正负符号。

表 2-1　　　　　　　　　　　　　　　　　量化值与二进制编码

量 化 值	二进制编码	量 化 值	二进制编码	量 化 值	二进制编码
+024	10011000	−015	00001111	+125	11111101
+038	10100110	−080	01010000	+110	11101110
+048	10110000	−050	00110010	+090	11011010
+039	10100111	+052	10110100	+088	11011000
+026	10011010	+127	11111111	+077	11001101

符号位

然后，将这些二进制数字通过数字数据的数字编码技术转换成数字信号，图 2-11 所示即为原始信号经过脉冲编码调制后转换成单极性编码的结果。

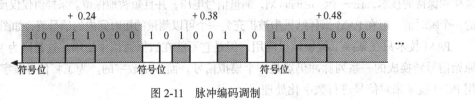

图 2-11　脉冲编码调制

3．采样频率

数字表示模拟信号的精度取决于采样的数量。实际上，对于接收设备来说，重现一个模拟信号只需要少量的信息。根据采样定理，当采用 PAM 技术时，为保证得到足够精度的原始信号的重现，采样频率应该至少是原始信号最高频率的两倍。之所以采用足够高的采样频率，主要是为了保留初始信号的所有特征。例如，对最高频率为 3 400Hz 的电话信号进行采样，只需要每秒 6 800 次的采样频率就可以了，但在实际应用中，为弥补以后处理过程中精度的损失，采样频率用的是每秒 8 000 次。

4．PCM 技术的应用

PCM 技术的最主要应用是长途电话在线语音信号的数字化。按照国际标准，每秒采样 8 000 次，每个采样 8 位，每路语音是 64kbit/s 的传输速率。另一个应用就是光盘（CD）技术，CD 上的音乐是应用 PCM 光学编码成数字格式的，然而为了保留高品质的音响效果，PCM 编码必须采用较高的采样频率，并为每个脉冲分配较多的位，实际的数值随具体的设备而定。翻阅一台 CD 播放器的用户手册，可以发现如下技术参数。

采样频率：44.1kHz   D-A 转换：16 位线性

以上参数意味着16位允许大约64 000个采样振幅，每秒采样44 000次左右，是2Hz～20 000Hz 的频率响应范围的两倍多一点。

对于模拟—数字编码技术，还有其他的技术。如差分脉冲编码调制，它测量连贯的采样之间的差别；增量调制是差分脉冲编码调制的一种变形，它的每个采样只用一位。

由于计算机只能处理数字数据，因此当模拟与数字信息在计算机之间进出时，需要通过模拟—数字转换器（ADC）与数字—模拟转换器（DAC）加以转换，使计算机与其相接的接口设备能顺利操作。通常，扫描仪（Scanner）、数码相机（Digital Camera）等产品都需要安装 ADC，显示器、声卡（Sound Card）则需要安装 DAC，兼具输入、输出功能的适配卡则需要同时安装 ADC 与 DAC。

2.1.3　数字信息的模拟编码

前面介绍的数据编码都是脉冲信号，这种信号有一个特点就是频带很宽，它覆盖了从直流到很高频率的带宽。而作为传输语音等模拟信号的电话网，其话路带宽只有 300～3 400Hz，那么具有很宽频带的原始数据脉冲信号是不能直接进入这样的信道进行传输的，否则将引起信号的严重失真，使接收端不能进行可靠的判决。因此，必须采用模拟信号进行传输。用基带脉冲对载波进行调制，将数据脉冲信号变换成适合于传输线路传输的模拟信号，这就是对数字数据进行模拟信号编码的（在数字通信技术中称为调制）过程。通过对载波信号的不同参数（振幅、频率和相位）进行调制，可以得到振幅键控、频移键控和相移键控 3 种性能不同的调制方法，这些调制方法统称为"数字调制技术"。

- 振幅键控（ASK）—— 数据信号对载波振幅调制。
- 频移键控（FSK）—— 数据信号对载波频率调制。
- 相移键控（PSK）—— 数据信号对载波相位调制。

1．ASK

ASK 技术通过改变信号的强度（即幅度）来表示二进制 0 和 1，在振幅改变的同时，频率和相位则保持不变。采用 ASK 技术的传输速率受到传输介质的物理特性的限制，特别是 ASK 技术受噪声影响很大。图 2-12 给出了关于 ASK 的一个概念性的描述。

一种常用的 ASK 技术是开关键控（OOK）。在 OOK 技术中，某一种比特值用没有电压表示。

该技术的优点是传输信息所需要的能量下降了。

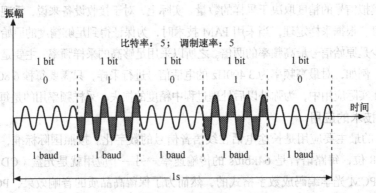

图 2-12　振幅键控

采用 ASK 技术所需要的带宽可以用以下公式计算，即

$$BW_{ASK} = 2N_{baud}$$

式中，BW_{ASK} 是带宽；N_{Baud} 是调制速率，在数值上等于码元宽度的倒数，即 $N_{Baud}=1/T_s$（T_s 为码元宽度）。

2. FSK

ASK 技术的一个缺点是容易受到噪声和静电的干扰。为解决噪声干扰的问题，而产生了频FSK。FSK 技术用数字信号改变载波的频率。图 2-13 给出了 FSK 技术的概念性描述，当数字信号为高电平 1 时，控制载波频率为 f_1；当数字信号为低电平 0 时，控制载波频率为 f_2。

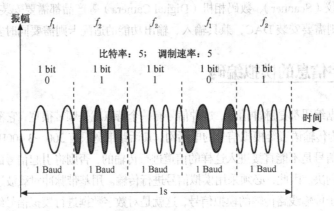

图 2-13　频移键控

FSK 技术在很大程度上避免了 ASK 技术中的噪声问题，因为接收方是通过在给定时间段内的具体频率变化来识别比特值的，所以可以忽略尖峰脉冲。FSK 技术目前用于低速数据传输中，优点是实现简单，解调时不需要本地载波，对电平变化的适应能力强；缺点是占用的频带较宽。例如，在电话信道上传输数字数据时，FSK 就是一种常用的简单而经济的调制方式。

传输 FSK 编码所需要的带宽为信号调制速率加上频率变化值（两个载波频率之差），即

$$BW_{FSK} = (f_{c1} - f_{c2}) + N_{Baud}$$

而 FSK 的频谱可以认为是两个中心频率分别为 f_{c1} 和 f_{c2} 的两个 ASK 频谱之和。

3. PSK

PSK 利用载波相位的变化来代表发送的数据，主要用于中速数据传输，例如在电话信道中传输

2 400bit/s、4 800bit/s 的数据时，就采用此种调制方式。PSK 编码通过改变信号相位来代表 0 或 1，用相位 0° 表示二进制 0，相位 180° 表示二进制 "1"，图 2-14 给出了 PSK 编码概念性的描述。

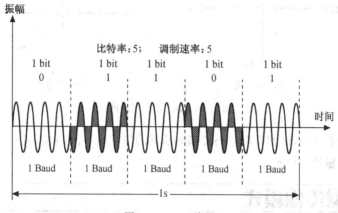

图 2-14　PSK 编码

上述 PSK 编码常常称为 2PSK，或者称为 BPSK。BPSK 编码不像 ASK 那样易受噪声的影响。

在 PSK 技术中，除了表示信号的两种变化外，还可以表示信号的四种变化，每种变化代表两个比特。其中 0° 相位表示 00，90° 相位表示 01，180° 相位表示 11，270° 相位表示 10，这种编码技术称为 4 相位 PSK（或 QPSK），每个相位所代表的两个比特称为双比特位。在调制速率一定的前提条件下，使用 QPSK 将以两倍于 BPSK 的速率传输数据。图 2-15 给出了 QPSK 编码概念性的描述。

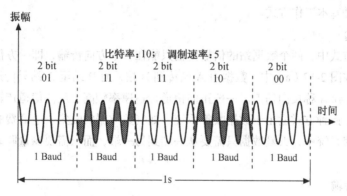

图 2-15　QPSK 编码

按照国际统一标准规定，双比特位与载波相位之间的对应关系有两种，分别称为 A 方式和 B 方式，它们的对应关系如表 2-2 所示，它们之间的矢量图如图 2-16 所示。

表 2-2　　　　　　　　　　　　　　双比特位与载波相位对应关系

双 比 特 位		载 波 相 位	
A	B	A 方式	B 方式
0	0	0°	225°
0	1	90°	315°
1	1	180°	45°
1	0	270°	135°

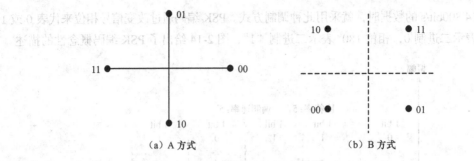

（a）A方式　　　　　　　　　　（b）B方式

图2-16　QPSK的星座图

PSK编码传输技术所需的带宽与ASK编码所需的带宽相等，当PSK相位数与ASK的幅值数相同时，二者的传输速率相同。

2.2 数据传输模式

数据信号在信道中传输，可以采取多种方式，即数据传输模式。数据传输模式包括串行传输和并行传输；单工传输、半双工传输和全双工传输；同步传输和异步传输。

2.2.1 单工、半双工和全双工传输

数据传输是有方向的，这是由传输电路的能力和特点决定的。按照数据传输的方向性，可以分为如下所述3种基本工作方式。

1．单工传输

在单工传输方式中，两个数据站的信号传输只能在一个方向传输，即一方仅为发送端，另一方仅为接收端。在图2-17（a）中，数据由A站传到B站，而B站至A站只传送联络信号。A到B称正向信道，B到A称反向信道。一般正向信道传输速率较高，反向信道传输速率较低，其速率不超过75bit/s。此种方式适用于数据收集系统，如气象数据的收集、电话费的集中计算等。因为在这种数据收集系统中，大量数据只需要从一端到另一端，而只需要少量联络信号通过反向信道传输。

2．半双工传输

在半双工传输中，两个数据站可以互传数据信息，都可以发送或接收数据，但不能同时发送和接收，而在同一时间只能一方发送，另一方接收。这种方式使用的信道是一种双向信道。半双工通信也广泛用于交易方面的通信场合，如信用卡确认及自动提款机（ATM）网络。该方式要求A站、B站两端都有发送装置和接收装置，如图2-17（b）所示。若想改变信息的传输方向，需要由开关K1和K2进行切换。问询、检索、科学计算等数据通信系统都运用半双工数据传输。

3．全双工传输

两个数据站可以在两个方向上同时进行数据的收发传输，如图2-17（c）所示。对于电信号来说，在有线线路上传输时要形成回路才能传输信号，所以一条传输线路通常由2条线组成，称为二线传输。这样，全双工传输就需要4条线组成2条物理线路，称为四线传输。因此，全双工可以是二线全双工，也可以是四线全双工。例如普通电话和计算机之间的通信就是全双工的典型例子。

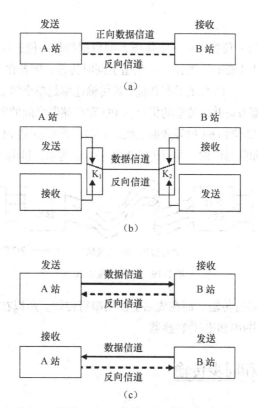

图 2-17 单工、半双工、全双工示意图

2.2.2 串行传输和并行传输

信息在信道上传输的方式有串行传输和并行传输两种。传输方式不同，单位时间内传输的数据量也不同。而且，串行传输和并行传输的硬件开销也有很大差别。早期的设备，例如电传打字机，它们大多依靠串行传输。而目前计算机的 CPU 和输出设备中间多采用并行通信。

1. 串行传输

串行传输方式中只使用一个传输信道，数据的若干位顺序地按位串行排列成数据流。如图 2-18 所示，数据源向数据宿发送串行数据 01011011，这个二进制位以串行的方式在线路上传输，直到所有位全部传完。

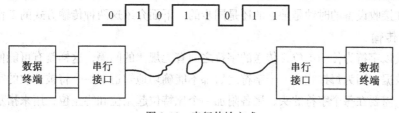

图 2-18 串行传输方式

串行传输已经使用多年，只需要一些简单的设备，节省信道（线路），有利于远程传输，所以广泛地用于远程数据传输中，通信网和计算机网络中的数据传输都是以串行方式进行的。但串行传输的缺点是速度较低。

2．并行传输

并行传输就是数据的每一位各占用一条信道，即数据的每一位放在多条并行的信道上同时传送。例如，要传送一个字节（8bit），若在 8 条信道上同时传送，而若在 16 条信道上传送，一次就能传送 2 个字节了。这样，一个 16 位的并行传输，其传输速率是单个信道的串行传输速率的 16 倍。许多现代计算机在设计时都考虑并行传输的优点，CPU 和存储器之间的数据总线应用的就是并行传输，通常有 8 位、16 位、32 位和 64 位等数据总线。有些计算机还用并行方式给打印机传送信息，从而实现高速的内部运算和数据传输。并行传输提高了传输速率，付出的代价是硬件成本提高了。

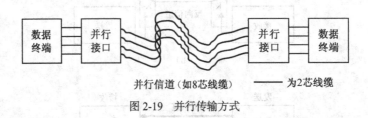

图 2-19 并行传输方式

设备内部一般都采用并行传输，而在线路上使用串行传输。所以在发送端和线路之间以及接收端和线路之间，都需要并/串和串/并转换器。

2.2.3 异步传输和同步传输

无论是并行传输还是串行传输，在数据发送方发出数据后，接收方都必须正确地区分出每一个代码，这是数据传输必须解决的问题。这个问题是数据传输的一个重要环节，称之为**定时**。若传输信号经过精确的定时，数据传输率将大大提高。

在并行传输中，由于距离近，可以增加一条控制线（有时也称为"**握手信号线**"），由数据发送方控制此信号线，通过信号电平的变化来通知接收方接收的数据是否有效。在计算机中有许多控制方法，通常有写控制、读控制、发送端数据准备好和接收端空等。使用控制方法时都有专门的信号线。

在串行传输中，为了节省信道，通常不设立专门的信号线进行收发双方的数据同步，必须在串行数据信道上传输的数据编码中解决此问题。接收端为了正确识别和恢复代码，要解决好以下几个问题。

① 正确区分和识别每个比特位，即位同步。

② 区分每个代码（字符或字节）的开始位和结束位，即字符同步。

③ 区分每个完整的报文数据块（数据帧）的开始位和结束位，即帧同步。

解决以上问题的方法涉及两种传输方式，即异步传输方式和同步传输方式。这两种方式的区别在于发送和接收设备的时钟是独立的还是同步的。下面介绍这两种传输方式的工作原理。

1．异步传输

这种方式以字符为传输单位，传送的字符之间有无规律的间隔，这样就有可能使接收设备不能正确接收数据，因为每接收完一个字符之后都不能确切地知道下一个将被接收的字符将从何时开始。因此，需要在每个字符的头、尾各附加一个比特位起始位和终止位，用来指示一个字符的开始和结束。起始位一般为"0"，占一位；终止位为"1"，长度可以是 1 位、1.5 位或 2 位，如图 2-20 所示。加入起始位和终止位的作用是实现字符之间的同步，收发双方的收发速率是通过一定的编程约定而基本保持一致的。

在异步传输方式中，一般不需要发送和接收设备之间传输定时信号，实现较为简单。其缺点是：

每个字符都要加上起始位和终止位，传输效率低。异步传输方式主要适用于低速数据传输，比较适合于人机之间的通信，如计算机键盘与主机、电视机遥控器与电视机之间的通信；再如一台终端到计算机的连接也是一种异步传输的应用实例。

2. 同步传输

在同步传输方式中，发送方以固定的时钟节拍发送数据信号，收方以与发端相同的时钟节拍接收数据。而且，收发双方的时钟信号与传输的每一位严格对应，以达到位同步。在开始发送一帧数据前需发送固定长度的帧同步字符，然后再发送数据字符；发送完毕后再发送帧终止字符，于是可以实现字符和帧同步，如图 2-21 所示。

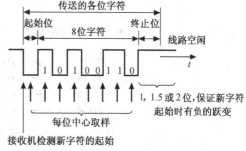

图 2-20　异步传输

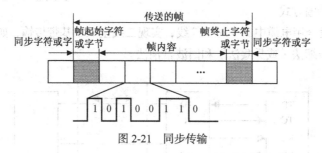

图 2-21　同步传输

接收端在接收到数据流后，为了能正确区分出每一位，首先必须收到发送端的同步时钟，这是与异步传输的不同之处，也是同步传输的复杂处；一般地，在近距离传输时，可以附加一条时钟信号线，用发送方的时钟驱动接收端完成位同步；在远距离传输时，通常不允许附加时钟信号线，而必须在发送端发出的数据流中包含时钟定时信号，由接收端提取时钟信号，完成位同步。这一点在介绍数据编码时就提到过，像曼彻斯特码等数据编码中，就含有同步时钟信号。同步传输具有较高的传输效率和传输速率，但实现较为复杂，常常用于高速数据传输。

2.2.4　基带传输和频带传输

数据传输形式基本上可分为基带传输和频带传输两种。

1. 基带传输

这是数字通信技术体制下的数据传输方式。由数据终端发出的二进制脉冲信号属于基带信号。该信号仅经过码型变换而直接在实线电路上传输，不需要调制、解调，这就是基带传输。基带传输设备花费少，适用于较小范围的数据传输。基带传输方式传输模型如图 2-22 所示。

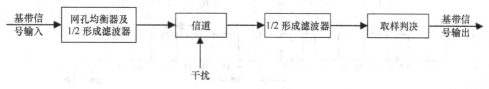

图 2-22　基带传输系统模型

（1）四线基带传输方式

四线基带传输方式，即收发各用电缆中的一对双绞线，将位于用户端的数据业务单元（DSU）

与位于本地局的局内信道单元（OCU）连接起来，采用基带传输方式传输用户的数据信号和控制信号，如图 2-23 所示。这种传输方式实现简单，适用于用户接入线路比较短（5km 以内）的情况。

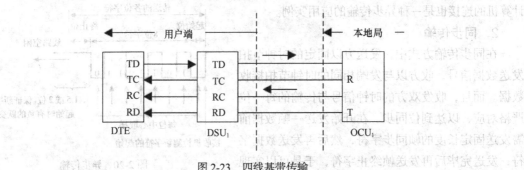

图 2-23　四线基带传输

（2）二线基带传输方式

这种方式收、发合用电缆中的一对双绞线，实现二线全双工基带传输，如图 2-24 所示，常用的实现方法有时间压缩法（或乒乓法）和回波抵消法。

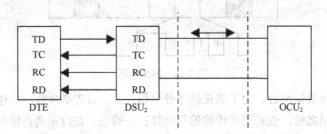

图 2-24　二线全双工基带传输

时间压缩法是将每个方向上的数据在时间上进行压缩，并通过提高线路上的传输速率来达到两个方向上时分复用的目的，如图 2-25 所示。

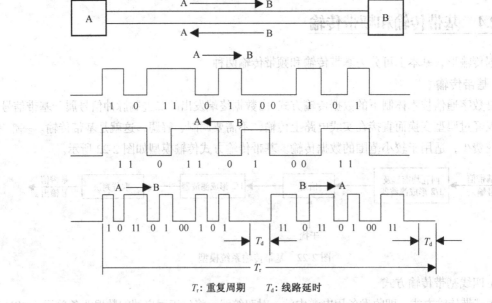

T_r：重复周期　　　T_d：线路延时

图 2-25　时间压缩法实现二线全双工基带传输

采用回波抵消法实现二线全双工基带传输的原理如图 2-26 所示。图中的 S、R 分别为发送信号和接收信号，E 是本地 DCE 与线路之间不匹配而引起的回波（称为近端回波），它混入接收信号 R 中；另外还有一部分是线路本身不匹配一起的远端回波，回波消除器使其产生一个与 E 幅度相等而极性相反的回波，这样接收机收到的就只有对方送来的"纯 R"信号了。

由于采用回波抵消法实现二线全双工基带传输不需要提高线路上的传输速率，在同样的条件下，最大传输距离可比时间压缩法要长，可以节省用户接入线路；但是对 DSU 和 OCU 设备要求高。此种传输方式适于用户线路较长时采用。

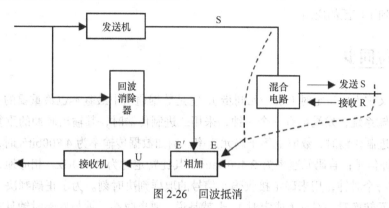

图 2-26　回波抵消

2．频带传输

这是数字通信技术体制下的数据传输方式。这时在用户端和交换局中均需要加装具有调制、解调功能的调制解调器（Modem），如图 2-27 所示。这种传输方式下，位于局内的 Modem 由局内的 DSU 提供定时；位于用户端的 Modem 从接收信号中提取定时信号，并产生本地 Modem 和 DTE 所用的定时信号。当模拟传输线路较长时，由于环路延时较长，会使局内的 Modem 的接收输出定时与 DSU 提供的发送定时之间有较大的相位差，因此需要加入一个缓冲存储器（BM）加以补偿。

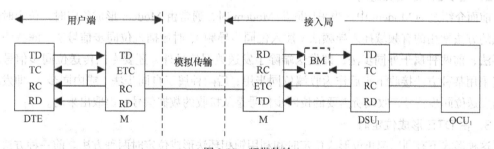

图 2-27　频带传输

2.3　数据传输系统的时钟同步

2.3.1　同步的概念

同步是通信系统中一个重要的问题，它是进行信息传输的前提。在数据通信系统中，系统的各种处理总是在一定的时钟控制下进行的。简单地说，同步就是收发双方在时间上协调一致，有时也称为定时。

在数字通信系统中，常常把同步分为载波同步、位同步（码元同步）和帧同步（码组同步）

等。载波同步是载波传输所必需的同步，它是进行相干解调的基础。位同步是数字通信所特有的，它确定每一码元的起止时刻。帧同步确定数据帧或信息包的起止时刻。这几种同步方式也同样作用于数据通信系统。随着数字通信的发展，特别是数据通信和计算机网络的发展，通信系统发展到了多点间的通信。这时，多个用户相互连接而组成了通信网。为了保证通信网内各用户之间可靠地进行数据交换，还必须实现网同步，即在整个通信网内有一个统一的时间节拍标准。

同步的方法很多，但归纳起来有 3 种，即使用统一的时间标准、利用独立的同步信号以及采用由信号本身提取定时信息的"自同步法"。第一种方法用于大型的数据通信网。第二种方法和第三种方法也得到了广泛的应用。

2.3.2 位同步

位同步，又称为比特定时（或码元同步），它是数据通信中最基本也最重要的一种同步。任何一个数据传输系统，发端都有一个时钟，采用二进制传输时，其输出脉冲的重复频率数值等于比特率；多进制传输时，数值上等于码元速率。例如数据传输率为 4 800bit/s 时，比特定时为 4 800Hz 的时钟信号；若码元速率为 2 400Baud，其比特定时为 2 400Hz。相应地，数据传输系统在收端也有一个时钟，用来确定接收码元信号的取样判决时刻。为了正确判决，必须使时钟脉冲与接收码元转换时刻对准（或定时）。也就是说，要求收端时钟与发端时钟具有固定的相位关系（同步）。

通常，收发之间的位同步是通过双方的位定时取得的。位定时的提供方式有如下所述 3 种方法。

1. 专门设立位定时传输信道

这种方法在短距离传输以及利用 PCM 数字信道传输数据时较适用。PCM 数字信道一般采用定时提取获得同步信息。

2. 由 DCE 形成位定时

前面介绍过的 Modem 中，当采用同步 Modem 时，通常由 Modem 形成位定时。位定时信号形成的方法常用的有频域插入导频法（插入位同步导频）、时域插入位同步信号法、滤波法和锁相环法，前两种属于外同步法，即发送端除了发送数据信号外，还要专门传送位同步信号，接收端采用某种方法接收下来后作为收端位同步用；后两种属于自同步法（或内同步），即发端不专门发送位同步信号，收端所需要的位同步信号是从接收的数据信号中提取出来的。

3. 由 DTE 形成位定时

这种形式下有利用起止位形成位定时和利用锁相环法形成位定时两种方法。前一种方法就是前面介绍过的异步传输方式，这种方法简单，一般用于低速的数据通信中。

2.3.3 帧同步

位同步的实质是对接收信号码元脉冲的达到时刻进行估计，而帧同步的任务是对接收的数据比特序列进行正确的分组，它一般通过传输数据格式的特殊设计来完成。也就是说，要在数据序列中插入特殊的同步码或同步字符。因此，帧同步的实质将转化为对同步码进行检测。

在采用同步传输方式的数据通信系统中，经常采用插入一些特殊字符或比特组合作为帧同步的标志，主要有以下所述的几种方法。

1. 利用规定的字符建立帧同步

这种方式将帧中的数据块当做字符序列，所有的控制信号也取字符形式，帧以一个或多个同步字符开始，如图 2-28 所示。例如，在 ASCⅡ码中用"SYN（00010110）"传输控制字符专门作为同步字符通知接收设备这是一个帧的开始。

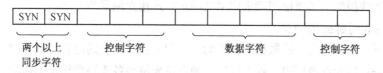

图 2-28　利用规定字符建立帧同步的方法

图 2-29 所示为在每一帧的开始，接收端寻找同步字符及控制字符（假设为 SOH）的过程，从中可以看出设置两个以上同步字符的必要性。

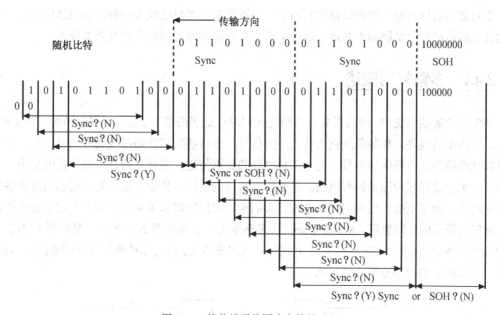

图 2-29　接收端寻找同步字符的过程

2. 利用规定的比特组合建立帧同步

这种方法将帧中的数据块当做比特序列，这时帧的结构如图 2-30 所示。一个特殊的比特组合标志着一个帧的开始，同样的标志还可以用做帧的结束标志。

2.3.4　网同步

所谓网同步，就是数字通信网中各数字设备（又称为网元）的时钟同步。实现网同步的方法有以下两类。

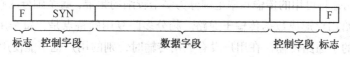

图 2-30　规定比特组合建立帧同步的方法

1．建立同步网

这种方法要求网内各节点的时钟频率和相位都相同。实现这类网同步的主要方法有主从同步和相互同步，前者就是网中的所有同步节点和数字设备的时钟受控于主基准时钟的同步信息；后者在全网中不设立时钟基准，网内每个节点的本地时钟都受所有接收到的外来信号流中的定时信息的控制。例如我国的电话通信网就采用主从同步方式建立网同步。

2．建立独立时钟或准时钟

这种方式下，网内各支路的数据是异步的，它们有各自独立的时钟。只要网中各支路数据流速率的偏差在一定的允许范围内，就可以用一种设备来调整各支路数据流的速率，使它们变为相互同步的数据流。

2.4 多路复用

多路复用的目的就是提高线路的利用率。多路复用技术早已成为一种基本的通信技术，并随着现代化通信设施的发展而不断地发展。本节主要介绍多路复用的原理及相关技术。

2.4.1 多路复用概述

在实际的通信系统中，经常需要在两地之间同时传送多路信号，这可以采取两种方法来解决：其一是使用多条线路，在每条线路上传送一路信号，由这些物理线路组成物理通路；其二是利用一条高速线路传送多路低速信号。对于两地之间的数据传送，多路复用技术通常指的是第二种实现方法。无论是局域网还是远程网络，总是出现这样的情况，传输介质的能力远远超过传输单一信号的能力，为了更有效地利用传输系统，人们希望通过同时携带多个信号来高效地使用传输介质，这就是所谓的**多路复用**（Multiplexing）。多路复用示意图如图 2-31 所示，复用器（MUX）的作用是将多条线路的信号集合在一起，并用一条线路来传送；分路器的作用与复用器的作用相反，是将一条线路上的信号分成多路传送。

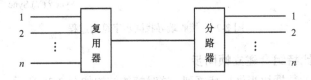

图 2-31　多路复用示意

根据信号分割技术的不同，多路复用可以分为频分多路复用（FDM）、时分多路复用（TDM）、波分多路复用和统计时分多路复用（STDM）4 种基本形式。

2.4.2 频分多路复用

频分多路复用是将可用的传输频率范围分为多个较细的频带，每个细分的频带作为一个独立的信道分别分配给用户形成数据传输子通路。频分多路复用的特点是：每个用户终端的数据通过专门分配给它的子通路传输，在用户没有数据传输时，别的用户也不能使用。

频分多路复用是按照频率参量的差别来分割信号的。当传输介质的带宽大于要传输的所有信号的宽带之和时，就可以使用频分多路复用技术。频分多路复用将每个信号调制到不同的载波频率上，调制后的信号被组合成可以通过介质传输的复合信号；同时要保证载波频率之间的间距足够大，即能够保证这些信号的带宽不会重叠，就可以实现在同一介质上传送多路信号。

图 2-32 给出了频分多路复用的一般情况。在该图中，有 4 个信号源输入到一个多路复用器上，复用器用不同的频率（f_1, f_2, f_3, f_4）调制每一个信号。每个调制后的信号都需要一个以它的载波频率为中心的带宽，称为通道（信道）。为了防止信号间的相互干扰，在每一条通道间要使用保护频带进行隔离，保护频带是一些无用的频谱区。

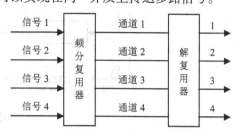

图 2-32　频分多路复用示意图

1. 频分多路复用的基本原理

图 2-33 给出了频分多路复用的原理图。多路（以 n 路为例）模拟信号经过频分多路复用过程到达同一传输介质上，各路信号先被载波调制器进行调制，接着将调制的模拟信号叠加起来，由此而产生了复合信号。每一路信号的频谱被搬迁到了以 f_i 为中心的位置上。为了实现这种机制，必须选择不同的载波频率 f_i，以使不同信号的带宽之间不会有重叠，否则就不可能恢复原始信号。在接收端，复合信号通过带通滤波器，每个滤波器也都以 f_i 为中心。使用这种方法，信号又被分割成多路状态，然后经过解调器恢复为原始的多路信号。

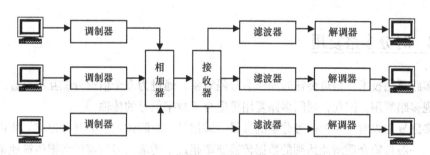

图 2-33　频分多路复用原理图

2. 频分多路复用处理过程

频分多路复用最常见的应用就是电话系统。下面以语音信号传输为例，说明频分多路复用的复用和解复用过程。

频分多路复用是一个模拟过程，多用于模拟信号的传输。图 2-34 说明了如何使用频分多路复用将 3 个语音通道复用在一起。每个语音信号的频率范围都是相近的，在复用器中，这些相近的信号被调制到不同的载波频率（f_1, f_2, f_3）上，然后将调制后的信号合成为一个复用信号，并通过宽频带的传输介质传送出去。

注意，图中水平坐标轴表示频率，而不是时间。另外，调制后的复合信号带宽要大于每个输入信号带宽的 3 倍，因为通道之间要有相应的保护频带，保护频带的宽度是由原 CCITT 的有关建议规定的。

解复用是复用的逆过程。解复用器采用滤波器将复合信号分解成各个独立信号，然后，每个信号再被送往调解器，将它们与载波信号分离；最后，将传输信号送给接收方处理。图 2-35 所示为解复用过程。

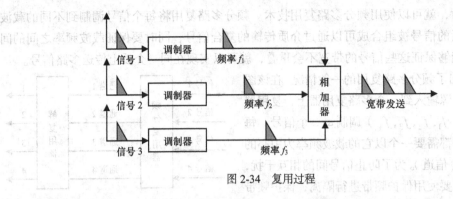

图 2-34　复用过程

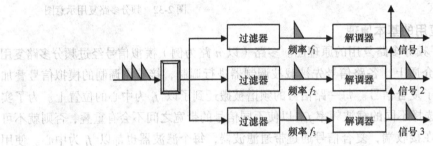

图 2-35　解复用过程

2.4.3　时分多路复用

时分多路复用技术以信道传输时间作为分隔对象，通过为多个信道分配互不重叠的时间片的方法来实现多路复用。因此，时间多路复用更适合于数字信号的传输。

时分多路复用以时间作为信号分隔的参量，即信号在时间位置上分开，但它们所占用的频带是重叠的。一般传输介质所能达到的数据传输速率超过了传输信号所需的数据传输速率时，就可以采用时分多路复用技术，利用每个信号在时间上的交叉，可以在一个传输通路上传输多个信号。这种交织可以是位一级的，也可以是由字节组成的块或更大量的信息。图 2-36 给出了时分多路复用的示意图。图中有 4 路信号连接到时分多路复用器，复用器按照一定的次序轮流给每个信号分配一段使用公共信道的时间，当轮到某个信号使用信道时，该信号就与公共信道物理联系上，而其他信号与信道的物理关系暂时被切断；待指定的信号占用信道的时间一到，则时分多路复用器就将信道切换给下一个被指定的信号，依此类推，一直轮到最后一个信号后又重新开始。在接收端，时分多路复用器也是按照一定的顺序轮流接通各路输出，并且与输入端复用器保持同步。

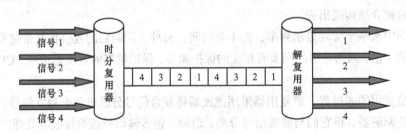

图 2-36　时分多路复用示意图

时分多路复用又分为同步时分多路复用和异步时分多路复用，不做特别说明的情况下，一般就是指同步时分多路复用。

1. 时分多路复用原理及特点

抽样定理为时分多路复用提供了理论依据，因为抽样定理使得在时间上离散的抽样脉冲值代替基带信号成为可能。当抽样脉冲占据较短时间时，在抽样脉冲之间就留出了空隙，利用这些空隙可以传输其他信号的抽样值，因此，就可以在同一条信道同时传递多个基带信号。图 2-37 给出了同步时分多路复用原理。

由图 2-37 可见，时分复用主要取决于发送端与接收端的时间分配器，它们必须在时间上是同步的，因此，系统对同步技术指标的要求很严格。时间分配器的功能实际上就是对各路信号轮流取样。

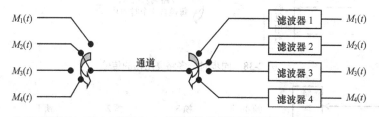

图 2-37　时分多路复用原理图

以两路信号为例，其中第一路信号脉冲发生于 t_1 时刻，第二路信号脉冲发生于 t_2 时刻，以此类推，直至整个取样周期被填满。需要指出，这里假设每一路信号的频率都是相等的，所以各路信号的取样周期也是相同的。此外，为了防止脉冲波形通过信道后所产生的失真引起邻路信号干扰，有必要在相邻脉冲间设置防护间隔。在接收端有一个与发送端完全同步的转换开关，它分别接向 n 个信号通路，实现 n 个信号的分离。分离后的各路信号通过低通滤波器输出该路的基带信号。

时分多路复用的工作特点如下。

① 通信双方是按照预先指定的时间片进行数据传输的，而且这种时间关系是固定不变的。

② 就某一瞬间来看，公共信道上传送的仅是某一对设备之间的信号；但就某一段时间而言，公共信道上则传送着按时间分割的多路复用信号。

③ 与频分多路复用相比，时分多路复用更适合于传输数字信号。

2. 时分多路复用的基本概念

（1）帧

时分多路复用系统传送信号时，将通信时间分成一定长度的帧，每一帧又被分成若干时间片，一帧正是由时间片的完整循环组成的。在具有 n 条输入线路的系统中，每个帧至少有 n 个时间片，每个时间片被分配一条特定输入线路的数据。如果所有传输设备以相同的速率发送数据，每个设备就在每帧内获得一个时间片。为了在接收端能正确地将各个时间片分割开来，在每一帧的开头应留出一定时隙发送帧同步头和有关控制信息。无论数据源有没有数据需要发送，所有数据源的时间片都会被传输。一帧由时间片的一个完整循环组成包括分配给每个发送信号的一个或多个时间片以及帧定位比特。一帧具有两个时间片的传输速率比一帧只具有一个时间片的快一倍。分配给某一设备的时间片在一帧中的位置是固定的，这就构成了该设备的传输通道。在图 2-38 中可以看到，4 条输入线路通过同步时分多路复用器复用到单条通道上，在本例中，所有输入的数据率相同，因此每帧的时间片数等于输入线路的数目。

（2）交织

我们可以把同步时分复用器想像成高速旋转的开关，当开关移动到设备前，该设备就有机会向公共信道传输规定大小的数据。开关以固定速率和固定顺序在设备间移动，这个过程叫做交织。交织可以以比特、字符或更大的数据单位进行。就是说，复用器可以从每个设备中依次接收一个比特，组成一帧发送到公共链路上；然后，再接收每个设备的下一个比特，以此类推，直至数据传送完毕。图2-39给出了交织过程和帧的组成。该例中有3路输入信号，根据同步时分多路复用的定义可知，每一帧应有3个时间片。此例中交织是以字符为单位进行的，则复用器从每一路信号中依次取出一个字符（无论信号中有没有要传送的字节），组成一帧传送到链路上。

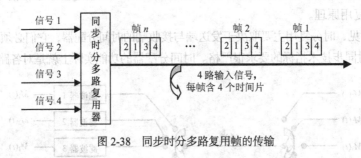

图 2-38　同步时分多路复用帧的传输

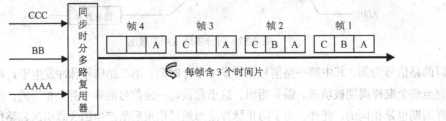

图 2-39　同步时分多路复用交织过程

图 2-39 也指出了同步时分多路复用的不足之处。因为每个时间片被分配给固定的输入线路，所以当某一输入线路处于空闲状态时，就会出现空时间片。从图中可以看到，只有最初的两帧是完全填满的，而后两帧共有 3 个空时间片。在总共 12 个时间片中，3 个空片就意味着链路容量的 1/4 被浪费掉了。

（3）帧定位比特

因为在时分多路复用系统中，每一帧内时间片的顺序固定不变，所以每一帧不需要很大的额外开销。复用器接收数据的顺序就告诉了解复用器如何对每个时间片进行传输定向，因此，帧中可以不需要地址信息。但是各种其他的因素很可能会导致时序的不一致，所以通常在每帧的开始附加一个或多个同步比特，以便于解复用器根据输入信息进行同步，从而精确地分离各时间片。控制信息使用的是可以识别的比特模式，一个典型的例子是交替比特模式 101010…，在数据信道上不太可能持续传送这样的比特模式，通常接收器将接收到的帧中的比特位与预期的模式相比较，如果模式不匹配，接着搜索下一个帧中的该比特位，直至这个模式在多个帧里持续传送。一旦建立了帧同步，接收器继续监视帧定位比特，如果这个模式中断了，接收器必须再次进入同步模式的搜索。

（4）比特填充

在设计同步时分多路复用器时，遇到的最困难的问题可能就是需要同步不同的数据源。如果每个数据源具有独立的时钟，这些时钟之间如有任何偏差，都可能会引起同步丢失。同时，由于数据源的数据传输速率不一定相同，因此，不同传输速率的数据源可以被分配不同长度的时间片。比如设备 A 被分配一个时间片，对于一个比它快 4 倍的设备，可以分配 4 个时间片来容纳它的数据。但是，在多数情况下，数据源的数据率之间并不存在如此简单的倍数关系，一种称为比特填充的技术可以有效地解决这些问题。当设备之间的速率不是整数倍时，通常采用比特填充技术把它们变成好像是整数倍的关系。在比特填充中，复用器通过在设备的源数据流中插入附加的比特来强制地将各个设备之间的速度关系调整为整数倍的关系。例如，如果有一个设备的传输速率是其他设备的 1.75 倍，通常比特传输加入一定的附加比特，把它的速度填充为其他设备的 2 倍。这些附加的比特被插入到帧格式中固定的位置上，以便接收解复用器能够识别并删除它们。

3．时分多路复用数据复用方式

根据每一个时间片中存放的内容不同，在时分多路复用器中，数据复用的方式分为 3 种，即比特交织法、字符交织法和码组交织法。其中，前两种方法比较常用。

（1）比特交织法

比特交织技术主要用于同步的数据源，它的每个时间片仅含一个比特，按照被复用的支路顺序和各支路的比特顺序每次复用一个比特的数据。比特交织时分复用器在高速传送的数据信号帧里，每一个时隙仅传送一个低速信道的 1 比特数据或传送 1 比特帧同步信息，它相当于高速旋转的开关在每一个低速信道上仅停留 1 比特数据传送的时间。在比特交织法中，复用器分别取出各路输入信号的第一比特、第二比特……直至填满整个帧。但是，当复用器在取出第三路信号的第一位比特时，第一路信号的第二位比特、第三位比特已经不断传来，而这些数据要等到最后一路信号的第一位比特复用完毕后才能够复接。因此，需要把这些信号暂时存储在缓冲存储器中。缓冲存储器的容量可由以下公式求得 $M = u(m-1)/m$。其中，m 为复合信号的支路数目，u 为复用单位的比特数。比特交织法中，由于循环周期不长，需要的存储周期也就不大。例如，用比特交织法对 4 路信号进行复用，公式中 $u=1$，$m=4$，这样缓冲器的容量 $M = 0.75\text{bit}$。

比特交织法最大的优点是复用所需的缓冲存储器容量少，复用设备简单，容易实现，是目前使用比较多的交织法技术。

（2）字符交织法

字符交织法以一个字符为单位进行复用，图 2-40 所示为它的基本原理图，在这种方法中，多路复用器每次对各路信号扫描时，在一个时隙内取出一个字符，经过调制解调器或信号变换器，通过信号传输到另一侧的多路复用器；然后，从相应的时隙中分接出该路信号的一个字符。字符交织技术主要用于异步的数据源。典型情况下，每个字符的起始位和停止位在传输之前都被清除，并由接收器重新插入，这样做是为了提高效率。

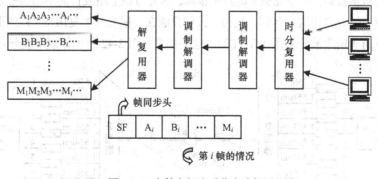

图 2-40　字符交织法时分多路复用

图 2-40 以第 i 帧为例说明字符交织法数据复用方式。SF 是帧同步头，即一帧的起始标志。复用器从每一路输入信号中取出一个字符，放入帧内。

（3）码组交织法

码组交织法（也称为块交织）以某一码元长度（若干比特）为单位进行复用，即在每个时间片取出某支路的一个码字。比如，8 位码构成一个码字，复用器则依次轮流取出各支路的一个码字。按码字复接，由于循环周期大，所以需要容量较大的缓冲存储器。目前，高速同步数字体系（SDH）复接均采用按码组复接的方式。

2.4.4 波分多路复用

目前，频分多路复用技术在光纤通道上的应用提出了一种新的更有效的方法，即波分多路复用（WDM），它实际上是频分多路复用的一个变种。在波分多路复用中两根工作波长不同的光纤连到一个棱柱或衍射光栅，合成到一根共享的光纤上，传送到远方的目的地，然后，再将它们分解开来。

如图 2-41 所示，使用的是固定波长系统。从光纤 1 来的比特流向光纤 3，从光纤 2 来的比特流向光纤 4。不可能使比特流从光纤 1 流向光纤 4。但也可以建立交换式的 WDM 系统。在这种设备中，有多根输入光纤和多根输出光纤，并且任何输入光纤的数据可以流向任何输出光纤。

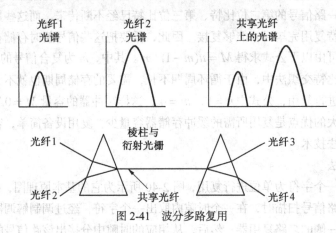

图 2-41 波分多路复用

波分多路复用的原理与频分多路复用类似，但技术上却是全新的。人们借用传统的载波电话的频分多路复用的概念，就能做到使用一根光纤来同时传输多个频率很接近的光载波信号。这样就使光纤的传输能力成倍提高。由于光载波的频率很高，因此习惯上用波长而不用频率来表示所使用的光载波，于是有了波分复用这一名词。最初，人们只能在一根光纤上复用 80 路或更多路数的光载波信号。于是又有了密集波分复用（DWDM）这一概念。图 2-42 所示体现了波分复用的概念。

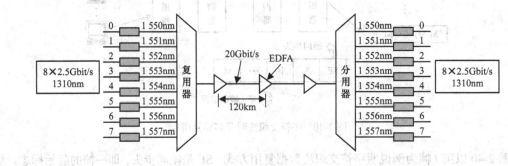

图 2-42 波分复用的示意图

图 2-42 表示 8 路传输速率均为 2.5Gbit/s 的光载波（其波长均为 1 310nm），经光的调制后，分别将波长变换到 1 550nm～1 557nm，每个光载波相隔 1nm。由于每个信道有自己的频率范围，而且所有的范围都是分隔的，所以它们可以被多路复用到长距离的光纤上。与频分多路复用唯一的区别就是：光纤系统使用的衍射光栅是完全无源的，因此极其可靠。

应该注意到，波分多路复用很流行的原因是一根光纤常常仅有几 GHz，因此，现在还不可能在光电介质间做更快的转换；而一根光纤的带宽大约是 25 000GHz，因此可以将很多信道复用到长距离光纤上。当然，前提条件是，所有的输入信道都应使用不同的频率。

2.4.5　统计时分多路复用

1．统计时分多路复用的概念

前面讨论的时分多路复用中，每个低速数据信道固定分配到高速集合信道的一个时隙，集合信道的传输速率等于各低速数据信道速率之和。由于一般数据用户的数据量比较少，而且使用的频率较低，因此，当一个或几个用户终端没有有效数据传输时，在数据帧中仍要输入无用字符。这样，空闲信道（时隙）就浪费了。所以这种固定时隙分配的时分多路复用系统利用率低。

统计时分多路复用，又称智能时分复用（ITDM），它动态地分配集合信道的时隙，只给那些确实要传送数据的终端分配一个时隙，使它们建立数据链路。因此，只有正在工作的用户终端才能分到集合信道的时隙，从而提高了线路利用率。

2．统计时分多路复用原理

图 2-43 给出了时分多路复用和统计时分多路复用原理比较示意图。采用时分多路复用时，在第一个扫描周期中的 C_1D_1 时隙、第二扫描周期中的 A_2D_2 时隙等白白浪费信道的资源，降低了传输效率。而统计时分多路复用，各路输入数据信息并不占用固定的时隙，使时隙得到充分利用，从而提高传输速率。因此，在统计时分多路复用系统中，对标称速率而言，集合信道的传输速率可以大于各低速数据信道速率之和。

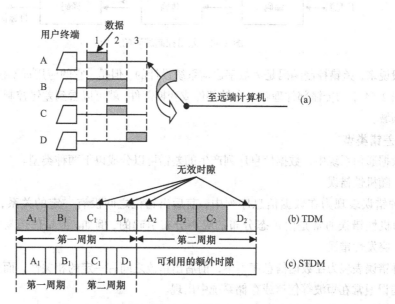

图 2-43　时分多路复用与统计时分多路复用比较示意图

2.5 差错控制

2.5.1 差错控制编码概述

数据通信要求信息传输有很高的可靠性，也就是对误码率有很高的要求。在实际的通信系统中，由于干线上的传输介质大多采用了光缆，所以较少出现差错。另外，许多数字通信设备都有较好的可靠性和稳定性，其本身产生差错的概率也是很小的。对于一个实际的数据通信系统，其差错主要来自传输介质中的模拟本地环路以及无线通信环境。因此，在数据通信中实现差错控制机制是必不可少的。本节将着重介绍差错控制编码的概念、奇偶校验码、汉明码和循环冗余校验码。

1. 差错控制编码的概念

香农（Shannon）于 1934 年在"通信的数学理论"一文中提出了关于在噪声信道中传输信息的重要定理：只要对信息进行适当的编码，即提供足够的冗余，就可以在不牺牲信息传输率的前提下把噪声信道引起的差错减少到希望的程度。香农的这一定理奠定了差错控制编码的理论基础，后来经海明（Hamming）等人的进一步研究，差错控制编码形成了一套较为完整的理论体系。差错控制编码的实质是通过增加冗余信息来检测和纠正差错。如图 2-44 所示为差错控制的应用模型，信号源信息可能是消息、符号、数据或图表等。编码器把源信息转换成可传输的符号序列，即对源信息序列做某种变换，使原来彼此独立、没有相关性的信息码序列，经过变换后产生某种规律性（或相关性），在接收端根据这种规律来检查，进而纠正传输序列中的差错。差错控制一般包括检错和纠错，把具有检测差错能力的码称为**检错码**，把具有纠正差错能力的码称为**纠错码**。

图 2-44 差错控制编码的应用

一般说来，差错控制编码是为数字通信系统设计的。但是，它的应用远不仅限于此。事实上，只要把图 2-44 中的传输部件理解为存储部件或变换部件，就可以看到差错控制编码具有更加广泛的应用领域。

2. 差错类型

在数据通信系统中，数据信息序列产生的差错可以分成以下两种类型。

（1）随机性错误

这种错误表现为在数据信息序列中，前后出错位之间没有一定的关系，出现的错误比较分散。随机性错误通常是由正态分布的噪声分布引起的，例如，卫星信道易出现随机性错误。

（2）突发性错误

这种错误表现为在数据信息序列中，前后出错位之间有一定的相关性，而且错误比较集中。突发性错误通常在短波等信道或存储系统中出现。

由于实际信道是非常复杂的，这两种类型的错误通常同时存在。

2.5.2 差错控制的基本方式

差错控制的根本目的是发现传输过程中出现的差错并加以纠正。差错控制的基本工作方式主要基于两种基本思想：一是通过抗干扰编码，使得系统接收端译码器能发现错误，并能准确地判断错误的位置，从而自动纠正它们；二是在系统接收端仅能发现错误，但不知差错的确切位置，无法自动纠错，必须通过请求发送端重发等方式来达到纠正错误的目的。按照这些基本思想，在数据通信中，利用差错控制编码进行差错控制的基本工作方式一般分为 3 种，即检错重发（ARQ）、前向纠错（FEC）和混合纠错（HEC），如图 2-45 所示。

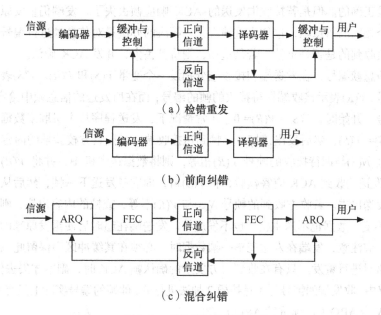

图 2-45 差错控制的基本方式

1. ARQ 方式

ARQ 方式是数据通信中常用的一种差错控制方式，有时也称为自动重发请求。ARQ 方式如图 2-45(a)所示，发送端经编码后，发出能够检错的码；接收端收到后进行检验，再通过反向信道反馈给发送端一个应答信号；发送端收到应答信号后进行分析，若是接收端认为有错，发送端就把存储在缓冲存储器中的原有码组复本读出，重新传输；反复上述过程，直到接收端认为已正确收到信息为止。

ARQ 方式的主要特点有如下几个方面。

● 只需要较少的冗余码，就能获得极低的传输误码率。

● 相对于 FEC 方式而言，ARQ 方式是用检错码代替纠错码，因而比 FEC 方式占用更少的传输线路；编码器和译码器较为简单，成本也低得多。

● 需要有反馈信道，因而不能用于单向传输信道和广播系统中。

● 控制规程比较复杂。

● 当系统出现错误需要重发时，其通信效率较低。

● 由于反馈重发的随机性，ARQ 方式的实时响应性不如 FEC 方式，所以 ARQ 方式不适合用于实时传输系统。

（1）停等式 ARQ（或等待式 ARQ）

停等式 ARQ 是指发送方发出一帧信息后，就等待接收方确认；当确认已正确接收后，再继续发送，如图 2-46（a）所示。这是一种最简单的 ARQ 方式。但在实际应用中，还需要解决下面两个问题。

一是丢帧之后的恢复。在某种偶然情况下，可能使接收端无法确认是否收到一帧信息，因而也就不能发出响应帧；或者接收端已正确收到信息帧，也发了响应帧，但它在传输过程中丢失了。这两种情况就会使发送端一直等待下去，系统进入"死锁"状态。解决的办法是在发送端设置一个计时器，每发完一个帧就启动计时器。若在规定的时间内收到响应帧，将计时器复位；若计时器超时仍未收到响应帧，就认为已发信息帧丢失，将副本重发一次，就可恢复到正常状态。

二是防止重复帧。如前所述，若接收端发送的 NAK 响应帧丢失了，发送端超时后重发一次原来的帧，这是正确的。但是若接收端发送的 ACK 响应帧丢失了，发端仍重发原来的帧，接收端就会收到两个相同的信息帧，这称为重帧现象。解决的办法是对信息帧进行编号，这样接收端可根据编号知道收到的是否是重帧。若是重帧，则将其丢失，并发 ACK 确认。

为实现给信息帧编号，在发送端和接收端分别设一个变量 $V(S)$ 和 $V(R)$。$V(S)$ 表示发送端将要发送的帧的编号，$V(R)$ 表示接收端期待接收的帧的编号；而在所发送的信息帧中给定的编号 $N(S)$，表示本帧的帧号。开始时，$V(S)= V(R)= 0$。正常情况下，发送程序从主机取来数据后装配成帧，并给帧编号 $N(S)= V(S)$，然后发出该帧。该帧到达接收端后，接收方校验帧的内容及编号 $N(S)$，若帧内容无错且 $N(S)$ 与期待接收的帧号 $V(R)$ 相等，则将数据送主机 B，并将 $V(R)+1$，同时发出 ACK 应答帧。发送端收到 ACK 应答帧后，将 $V(S)+1$，即准备发送下一帧，然后从主机取来数据装配成帧后再发送出去。若收方收到的帧号 $N(S)$ 与 $V(R)$ 不等，或帧的内容出错，则收端拒收，且期待帧号 $V(R)$ 不变，数据也不送主机，也不发应答。发送端在超时后便重发原来的数据帧，帧号与内容均不变。应注意，发端在发送完毕一帧数据时，必须在其缓冲区中保留此数据帧的副本，这样才能在出错时进行重发。只有在收到对方发来的确认帧 ACK 时，副本才失去保留的价值。

在停等协议中，收发端的帧号加 1 是按模 2 加法进行的，即帧的编号实际上只有 0 和 1 两个号。

（2）退回 N 步 ARQ（连续重发 ARQ）

退回 N 步 ARQ 的原理如图 2-46（b）所示。这里取 $N=7$，当第一个帧发出后，不等待其应答信号的到达就立即发出第 2 个、第 3 个一直到第 7 个。但要求每一个帧的应答信号在第 7 个帧尚未结束发送之前到达。图中第 1 个帧、第 2 个帧正确，接收后就发应答信号 ACK，第 3 帧发送出错，这时发送端已经发送了 9 个帧，则发送端就从出错的那一帧（即第 3 帧）开始退回 7 个帧，即从第 3 帧到第 9 帧再重新发送，已发送的第 4～9 帧即便是已正确发送也要重发。退回 N 步 ARQ 效率比停等式 ARQ 要高许多，所以在较高级的通信规程中多采用它。

（3）选择重传 ARQ

在退回 N 步 ARQ 的基础上，当有一个帧出错时，设法只发有错的这一帧，其余（N-1）个正确帧先接收存储起来，发端不再将其随有错帧一起重发，省下的时间就可以用来传送新的帧。如图 2-46（c）所示，发送端发完 7 号数据后，收到 3 号数据传输错误的否认信号，发端停止当前发送，重发 3 号数据。重发完 3 号数据后，接着继续发送 8 号数据及以后的数据。显然选择重传 ARQ 的接收端必须有足够的存储空间，以便等待有错帧经重发后获得更正，然后接收端必须把接收到的帧重新排序后送给用户。因此，选择重传 ARQ 方式的收端可以接收乱序帧，而退回 N 步 ARQ 方式的接收端只能接收顺序帧。

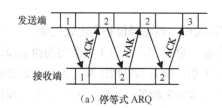

（a）停等式 ARQ

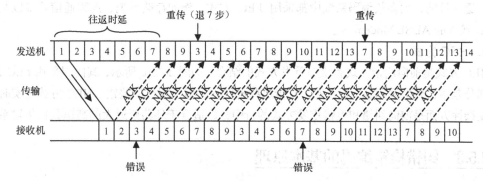

（b）退回 N 步 ARQ

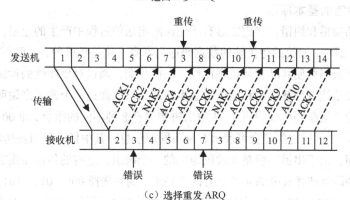

（c）选择重发 ARQ

图 2-46　ARQ 的三种方式

给帧编号后，使得退回 N 步 ARQ 和选择重传 ARQ 得以实现，但这样一来，编号越来越大，以至无穷。解决这个问题的办法是采用滑动窗口协议，即引入"窗口"的概念，使用较少数目的编号，让编号循环地使用，关于滑动窗口协议可参见本书 4.4.7 小节内容。

2. FEC 方式

在图 2-45（b）所示的通信系统中，发信者和受信者之间仅有一条单向（正向信道）传输线路。为了实现纠错，唯一的办法是传送纠错码，这种差错控制方式称为前向纠错（Forward Error Correction，FEC）。在 FEC 方式中，发送端发送能够纠错的码（即纠错码），接收端收到码组后不仅能发现差错，而且能够确定差错的具体位置。在二进制系统中，若接收端已经准确知道哪一位码错了，便可将该错码纠正，并将纠正后的数据发送给接收者。

FEC 方式的主要特点有如下几个方面。

- 接收端自动纠错，解码延迟固定，采用 FEC 方式传输系统的实时性好。

- 无需反馈信道，能用于单向传输，特别适用于单点向多点同时传送的广播系统，所以 FEC 广泛地应用于卫星传送数据和现代的数字移动通信中。

- 为了获得较高的纠错能力，所采用的纠错码通常需要较大的冗余度（即附加的额外编码位

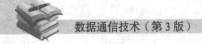

数多），从而使传输效率下降。

- FEC 方式差错控制规程简单，但译码设备实现较复杂。

FEC 是一种极为重要的差错控制技术，但由于其采用的纠错译码算法比较复杂，在早期的数据传输设备中应用不多。近几年来，随着编码理论和超大规模集成电路技术的迅速发展，译码设备实现技术已不成问题，而且成本越来越低。因此，FEC 方式在现代数据通信领域中的应用也越来越广泛。目前，大多数编码系统中都采用 FEC 方式，例如存储系统、远程通信系统以及用于 Internet 接入的 ADSL Modem 等。

3．HEC 方式

HEC 方式是前向纠错方式和检错重发方式的结合。如图 2-45(c)所示，其内层采用 FEC 方式，纠正部分差错；外层采用 ARQ 方式，重传那些虽已检出但未纠正的差错。HEC 方式在实时性和译码复杂性方面是前向纠错和检错重发方式的折中，较适合于环路延迟大的高速数据传输系统。

2.5.3 纠错检错编码的基本原理

1．纠错和检错的基本原理

差错控制包括检错和纠错，它们能够有效地检测出通信过程中产生的差错，并进行纠正，从而提高通信质量。通常，原始的待传输的数据码序列本身变化是随机的，一般不带有任何规律性。但是，通过加进冗余码可使其具有某种规律性，在接收端，通过对规律性的检测，就可发现传输中的错误。为了便于读者理解纠错和检错的基本原理，下面通过一个例子来说明。

先考察由 3 位二进制码构成的码组：3 位二进制码有 8 种不同的组合，即 000、001、010、011、100、101、110 和 111。用这些组合可表示 8 种不同的信息。其中任一码组在传输中若发现错误，则将变成另一码组。由于出错码组是 8 种码组中的一个码组，这时的传输错误在接收端就无法发现。若将上述 8 种码组选择其中的 4 种作为许用码组，例如选择 000、011、101、110 用来传输信息；另 4 种即 001、010、100、111 作为禁用码组。本来 4 种不同信息用两位二进制码的不同组合表示即可，若用三位表示，则有一位是多余的，称之为冗余码。用 3 位二进制码的不同组合表示 4 种信息，在接收端可用来发现传输中的一位错误。例如，发送的是 000 信息，若传输中发生了一位错误，可能变成 001、010 或 100。这三个码组都是禁用码组，故接收端收到禁用码组时，就判定传输中肯定发生了错误。当发生三位错误时，000 就变成 111，它也是禁用码组，故也能发现三位错误。但是，这种编码不能发现两位错误，因为错两位后产生的码组是许用码组。

上述编码只能用于检测错误，而不能用于纠正错误。例如，当收到的码组是 100 时，收端无法判定是哪一位码发生了错误造成的。因为 000、110、101 三者错一位都可变为 100。要想纠正错误，还必须增加冗余码。例如，只选用两位码作为许用码组，如 000、111，其余的都是禁用码组。这样，用 3 位二进制码代表两种不同的信息，就有两位码是多余的。此时，收端可以检测两位以下的错误，或纠正一位的错误。例如，当收端收到禁用码组 100 时，若认为只有一位错误，则可以纠正为 000，因为 111 中任何一位错误都不可能变为 100。但是，若认为错码数不超过两位，则存在两种可能性，即 000 错一位变为 100，或者 111 错两位变为 100，因而只能检测出有错误码位而无法纠正它。

2．纠错和检错中的基本概念

（1）冗余度

香农定理告诉我们：信源编码的目的就是去冗余，提高编码的效率。但要注意并不是不压缩的信号抗干扰能力就一定很强，一般的信号都有大量的冗余，但抗干扰能力并不好，主要是因为没有或无法利用其冗余找其相关性的规律。因此，要先去掉冗余，再用更有效的编码方法加进冗余，这就是在数字通信过程中为什么要两次编码的原因。所谓加进冗余，就是在信息中附加比特以便于接收端进行错误检测。

数据信息若以所有可能的排列组合来编码，就不具有冗余度，但没有冗余度的码是不能发现和纠正错误的。

（2）分组码的有关概念

① 分组码定义。将无冗余度的信息码分组，为每组信息码附加若干监督码的编码，称为分组码。

② 分组码结构。分组码的结构如图 2-47 所示。设码长 n，信息位 k，监督位 r，则有 $n = k + r$。

③ 码组重量。分组码的一个码组中 1 的数目即为码组重量。

④ 码距。两个码组对应位上数字不同的位数称码组间的码距。

⑤ 最小码距。某种编码所产生的各个码组间距离的最小值，为最小码距。

⑥ 编码效率。通常用码率 $R = \dfrac{k}{n}$ 表示码组中信息码所占的比例，称为编码效率。

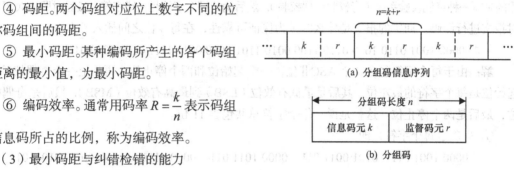

图 2-47　分组码结构

（3）最小码距与纠错检错的能力

① 检错能力。设要检测的错码个数为 e，则要求最小码距 $d_0 \geq e + 1$。

② 纠错能力。设要纠正的错码个数为 t，则要求最小码距 $d_0 \geq 2t + 1$。

③ 同时纠错和检错的能力。若能满足条件 $d_0 \geq e + t + 1 \quad (e > t)$，就可以纠正 t 个错误的同时检出 e 个错误。

2.5.4　典型的检错码

从本节开始，介绍数据通信中几种典型的检错码。这些码比较简单，容易实现，检错能力较强，因而在实际通信系统中应用广泛。

1. 奇偶校验

奇偶校验是用于数据通信系统的最简单的检错方法，它常与垂直和水平冗余校验一起使用。使用奇偶校验时，为了检测数据差错，发送的每一字符都有一个计算出来的奇偶校验位，并附加在每一个发送字符的最后一位之后。这一位称为奇偶校验位，目的是使字符中 1 的总数（包括奇偶校验位）为奇数（奇校验）或偶数（偶校验）。接收端对每个接收的字符再次计算奇偶校验位，然后与发送过来的奇偶校验位进行比较，如果它们的状态不匹配，就发生一个差错。如果状态匹配，那么字符无差错。假设发送字母 C，其 ASCⅡ 码为十六进制的 43 或二进制 1000011P，其中 P 位代表奇偶校验位。若不计入奇偶校验位有 3 个 1，若使用奇校验，P 位为 0，保持 1 的个数为 3，即为奇数；若用偶校验，P 位为 1，1 的个数为 4，即为偶数，如图 2-48 所示。

奇偶校验的主要优点是简单，缺点是当收到偶数个位出错时，奇偶校验将无法检测出来，奇偶校验只能检测出部分传输差错。尽管如此，奇偶校验目前仍然在使用。

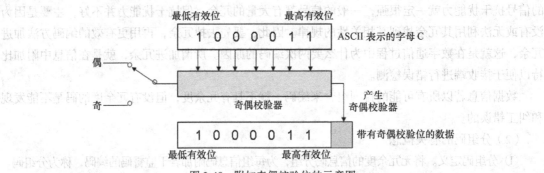

图 2-48 附加奇偶校验位的示意图

【例 2-2】 如下所示，在使用两个停止位接收的异步 ASCⅡ 数据流中存在一个差错。首先确定用的是哪一种奇偶校验系统（奇校验或偶校验），然后确定哪个字符是差错字符，最后对照 ASCⅡ 码表对报文进行译码。期望的报文是什么？（为保证可靠性，在每 4 位之间插入了空格。）

　　0000 1001 0110 1010 0110 1100 0010 1101 1000 0011 1111 0100 0010 011

解： 由于每个字符包含 7 个 ASCⅡ 位，一个起始位和两个停止位，再加上一个奇偶校验位。起始位是每个字符的最左位，其后是最低有效位（LSB）到最高有效位（MSB），然后是奇偶校验位，最后是两个停止位。这就是说，每个字符总共包含 11 位。

① 先确定每个字符，即

　　0000 1001 011　0101 0011 011　0000 1011 011　0000 0111 111　0100　0010　011

② 除去起始位和停止位，有

　　000 1001 0　101 0011 0　000 1011 0　000 0111 1　100　0010　0

③ 假设使用偶校验，检查是否符合要求，发现

　　000 1001 0　101 0011 0　000 1011 0（错误，应为 1）　000 0111 1　100　0010　0

2. 二维奇偶监督码

二维奇偶监督码又称为方阵码，它是在上述奇偶校验码的基础上形成的。将奇偶校验码的若干码组排列成矩阵，每一码组排列成一行，然后再排列的方向增加第二维校验位，如图 2-49 所示。

图中 a_0^1、a_0^2、…、a_0^n 为 m 行奇偶校验码中的 m 个监督位，c_{n-1}、c_{n-2}、…、c_0 为按列进行第二次编码所增加的监督位，n 个监督位构成一个监督行。

上述方阵码除了能检出所有行和列中的奇数个错误外，还有更强的检错能力。虽然每行的监督位 a_0^1、a_0^2、…、a_0^n 不能用于检验本行中的偶数个错码，但按列的方向有可能由 c_{n-1}、c_{n-2}、…、c_0 等监督位检测出来，这样就能检出大多数偶数个差错。此外，方阵码对检测突发错码也有一定的适应能力。因为突发错码常常成串出现，随后有较长一段无错区间，所以在某一行中出现多个奇数或偶数错码的机会较多，而行校验和列校验的共同作用正适合这种码。

$$
\begin{array}{ccccc}
a_{n-1}^1 & a_{n-2}^1 & \cdots & a_1^1 & a_0^1 \\
a_{n-1}^2 & a_{n-2}^2 & \cdots & a_1^2 & a_0^2 \\
\nearrow & \nearrow & & \nearrow & \nearrow \\
a_{n-1}^m & a_{n-2}^m & \cdots & a_1^m & a_0^m \\
c_{n-1} & c_{n-2} & \cdots & c_1 & c_0
\end{array}
$$

图 2-49 二维奇偶监督码

3. 校验和

校验和是一种特别简单的检错方法，其实质也是一种奇偶校验，主要用于数据通信的高层协议对错误进行检测。所谓校验和，就是传输的二进制数据算术和的最低有效字节。传输数据报文时，每个字节与前面传输字节的累加和相加；到报文结束时，已累计了刚发送报文中所包含的所

有字符的总和,该总和的最低有效字节被附加到报文的末尾传送出去。接收端重复累加操作,并确定它自己的总和及校验和字符。接收机总和的最低有效字节与附加在报文末尾的校验和比较,若相同,则很可能没有出现传输差错;若不相同,则可以肯定出现了传输错误。检测到一个报文有差错时,要求重传整个报文。计算校验和的算法称为网际校验和算法。简单地说,在发送方,就是把被校验的数据报文按 16 位进行累加,采用反码加法算法加在一起。如果数据字节长度为奇数,则在数据尾部补一个字节的 0 以凑成偶数,该校验和随后取反,并当作冗余位加在原始数据报文的末尾,扩展的数据报文被传输出去。

校验和目前主要用于 TCP/IP 的网络协议中,用校验和来保存冗余信息,例如 ICMP、IGMP、UDP 和 TCP 等。

【例 2-3】 计算如下所示报文的校验和的值。

00000000 00000001 11110010 00000011 11110100 11110101 11110110 11110111

解: 先将上述报文按字节为单位转化为十六进制,有

00 01 f2 03 f4 f5 f6 f7

然后按 16 位进行累加,校验和是 dd f2,计算过程如下图 2-50 所示。

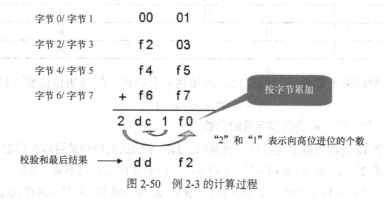

图 2-50 例 2-3 的计算过程

2.5.5 汉明码

汉明码是 1950 年由美国贝尔实验室汉明(也有译为海明)提出来的,是第一个设计用来纠错的分组码。目前,汉明码及其变形已广泛地应用在数字通信、数据通信和数据存储系统中,尤其在计算机的内存寻址及 RAM 与寄存器之间来回传送比特位时经常使用。

1.汉明码的特点

(1)汉明不等式

对于一个 (n,k) 分组码,其监督位数 $r=n-k$。若用 r 个监督位构造监督式指示 1 位错误,错误发生的情况将有 n 种可能位置。根据分组码的检纠错能力,则

$$2^r-1 \geq n \quad 或 \quad 2^r \geq k+r+1$$

这个不等式称为汉明不等式。

(2)汉明码的编码效率

由于编码效率 $R=\dfrac{k}{n}=\dfrac{n-r}{n}=1-\dfrac{r}{n}$,当 $n=2^r-1$ 时,R 取得最大值。将码长为 $n=2^r-1$ 的

分组码称为汉明码，即汉明码的结构是（$2^r-1,2^r-1-r$）分组码。汉明码的汉明距离等于3，所以它只能纠正一位错误即单个错误。汉明码的编码效率最高，而且实现简单。

2．汉明码的编码和纠错过程

（1）汉明码中冗余比特的位置确定

对于最简单的单个错误码进行检测与纠正，汉明码是如何工作的呢？假设一个8位码，若采用汉明码进行检错与纠错时，应使用多少个奇偶校验位？每个奇偶校验位校验哪些位置？

若使用一位奇偶校验位，则传输的信息码要么没有错误，要么有错误，但不能确定错误在哪里；若使用两位奇偶校验位，就可能发生4种情况之一，即没有错误或在3个位置中有一单个比特错误，显然用两位奇偶校验位是不够的。一般而言，若使用n个奇偶校验位，则需要满足2^n大于实际待发送的比特数（其中包含奇偶校验位）。表2-3所示给出了奇偶校验位n与实际发送比特数之间的关系。

表2-3　　　　　　　　　　　　　n与发送的比特数之间的关系

n	发送的比特数	2^n（奇偶校验成功或失败的组合数）
1	9	2
2	10	4
3	11	8
4	12	16

汉明位位数取决于数据字符的位数，添加到一个字符中的汉明位位数必须满足

$$2^n \geq m+n+1$$

其中，n为汉明位位数，m为数据字符的位数。

假设对一个12位的数据字符进行汉明编码，其需要的汉明位位数可以根据$2^n \geq m+n+1$，选取$n=4$，则有$2^4=16 \leq m+n+1=12+4+1=17$，说明4位汉明码不够；若取$n=5$，则$2^5=32 \geq m+n+1=12+5+1=18$。因此，需要5位汉明码，总共组成12+5=17位的数据流。

奇偶校验位数确定后，如何确定这些校验位的位置呢？我们先看一个例子：假设要传输一个7位的ASCⅡ码，则需要在ASCⅡ码中插入4位冗余比特（或奇偶校验位），在图2-51中，这些冗余比特置于位置1、2、4和8上。为了方便说明，这里将它们记为r_1,r_2,r_4,r_8。

11	10	9	8	7	6	5	4	3	2	1
d	d	d	r	d	d	d	r	d	r	r

d 为 ASCⅡ码，r 为冗余比特

图2-51　冗余比特在汉明码中的位置

为了确定冗余比特的位置，图2-52示出了在汉明码中冗余比特位置的规律。先考查每一个比特位置所对应的二进制表示形式，不难得出结论：r_1与所有的奇数位有关，这些奇数位所对应的二进制形式最末位都是1；r_2与倒数第二位是1的比特位置有关。类似地，r_3、r_4与倒数第3位、第4位都是1的比特位置有关。即7位ASCⅡ码序列中4个冗余比特的比特组合如下。

r_1：第3、5、7、9、11比特位置

r_2：第3、6、7、10、11比特位置

r_4：第5、6、7比特位置

r_8：第9、10、11比特位置

汉明码	d MSB	d	d	r_8	d	d	d	r_4	d	r_2	r_1 LSB
对应的二进制	1011	1010	1001	1000	0111	0110	0101	0100	0011	0010	0001
与r_1相关的比特位	●		●		●		●		●		●
与r_2相关的比特位	●	●			●	●			●	●	
与r_4相关的比特位					●	●	●	●			
与r_8相关的比特位	●	●	●	●							

图 2-52　冗余比特的位置规律

（2）冗余比特值的计算

图 2-53 所示为一个 ASCⅡ码字符的汉明码实现步骤。

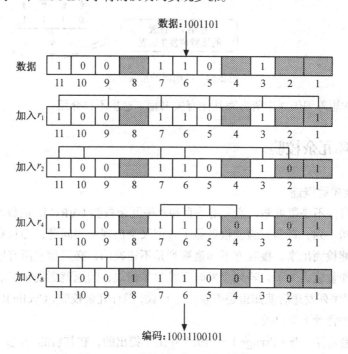

图 2-53　汉明码中冗余比特的计算图示

① 将原始 ASCⅡ字符的每个比特均填入 11 个比特的对应位置。

② 对不同的比特组合进行偶校验，每一种组合的校验值就是对应冗余位的值。例如 r_1 是第 3、第 5、第 7、第 9、第 11 比特位的偶校验，经计算 $r_1 = 1$，依此类推。

③ 将编码后的 11 位比特通过传输线路发送出去。

（3）单个错误的检测与纠正

假定上述 ASCⅡ码经汉明码编码传输后被接收时，第 7 位变成了 0。接收方接收该码后，采用与发送方计算每个冗余比特相同的比特组合重新为每一组计算新的校验位，如图 2-54 所示；然后将新的校验位值按照冗余比特位置（r_8, r_4, r_2, r_1）排列成一个二进制数，计算得出结果为 0111

（即十进制数 7），该数指示了发生错误的比特的准确位置。一旦确定了发生错误的比特，接收方就可以将该位纠正过来。

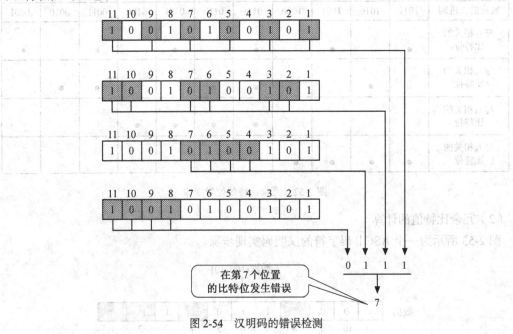

图 2-54 汉明码的错误检测

关于汉明码的矩阵编码理论请参阅其他有关书籍，这里不再介绍。

2.5.6 循环冗余校验

1. 循环冗余校验概述

奇偶校验本身并不是很可靠，若采用垂直和水平冗余校验（VRC），把数据序列合成两维比特阵列，每次发送一列，奇偶校验就很可靠了。但又会出现一些问题，即只有在所有列都发送完毕后，错误才能检测出来。接收方不知道哪列是不正确的，必须重发所有序列。对于单个错误进行检测，工作量就太大了。若列重发时又发生了错误，问题就更复杂了。因此，必须寻求一种方法，在数据序列发送后就知道是否发生了错误，循环冗余校验（Cyclic Redundancy Check，CRC）就是在这种背景下提出的。

循环冗余校验是普兰奇（Prange）于 1957 年最早提出的，在其后的 20 多年中，人们对循环码的代数结构、性能和编译方法等方面进行了大量的研究，并取得了许多重要成果，从而大大推动了其在实际差错控制系统中的应用。循环码容易采用近代代数理论进行分析和构造，特别是它的编译码器易于实现，而且综合性能良好。目前其编码、译码、检测和纠错已由集成电路产品实现，其速度与软件算法相比大大地提高了，是目前通信传送系统和磁介质存储器中广泛采用的一种编码形式，特别是在多种计算机网络设备中广为采用。

2. 循环冗余检验编码组成

循环冗余校验是通过多项式除法运算检测错误的一种不寻常而巧妙的方法。多项式除法与比特流传输有什么关系呢？

从数学的角度讲，所有的数都可以用多项式来表示。例如，129 可以表示为以 10 为基数的多

项式

$$129 = 1 \times 10^2 + 2 \times 10^1 + 9 \times 10^0$$

这里的 1、2、9 是多项式的系数；对于二进制数 11011，可将其表示为以 x 为基数的多项式，即

$$x^4 + x^3 + x + 1$$

这里多项式的系数就对应着二进制数 11011，这就是以多项式的系数表示二进制序列的方法。可见，长度为 n 的码组就可以用一个 x 的 $n-1$ 次多项式来表示，码组中每位码的数值就是 $n-1$ 次多项式中相应项的系数值，这个对应的多项式称为码多项式。例如一比特串为

$$b_{n-1}b_{n-2}b_{n-3} \cdots b_2 b_1 b_0$$

则其对应的码多项式为

$$b_{n-1}x^{n-1} + b_{n-2}x^{n-2} + b_{n-3}x^{n-3} + \cdots + b_2 x^2 + b_1 x^1 + b_0$$

3. 循环冗余校验编译码过程

（1）多项式除法

图 2-55 所示为一个 $T(x)/G(x)$ 的多项式除法的例子，这里 $T(x) = x^{10} + x^9 + x^7 + x^5 + x^4$，$G(x) = x^4 + x^3 + 1$。

这与代数中的多项式除法是相似的，不同之处在于这里采用的是模 2 运算（即异或运算）。

（2）循环冗余校验码的生成和校验

循环冗余校验技术的理论和应用都是比较简单的，唯一复杂的就是循环冗余校验码的生成。下面以发送的比特串 1101011 生成多项式 $G(x) = x^4 + x^3 + 1$ 为例，给出循环冗余校验码生成的基本步骤。

第 1 步：在数据末尾加上 0，0 的个数与生成多项式的次数一致，这样数据串就变成了 11010110000。

第 2 步：用加 0 后的多项式 $B(x)$ 除以 $G(x)$，二进制除法用新的加长的数据除以除数，除法产生的余数就是循环冗余码，本例中为 1010，运算方法如图 2-56 所示。

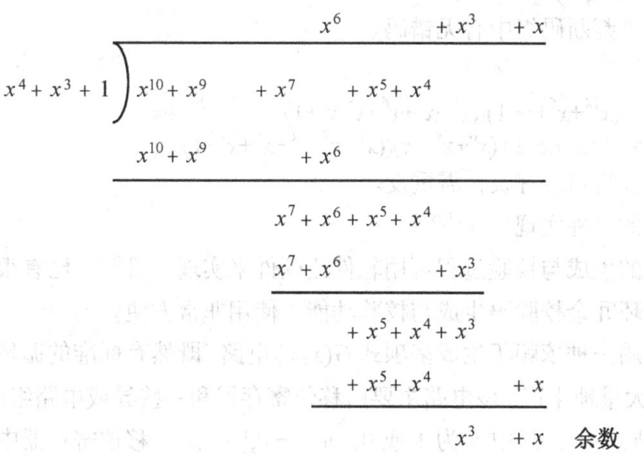

图 2-55　多项式除法 $T(x)/G(x)$ 运算

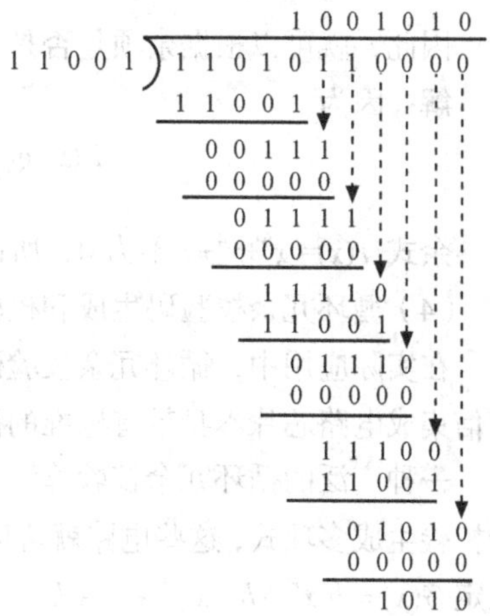

图 2-56　第 2 步的除法运算

注意，可以写成代数形式

$$\frac{B(x)}{G(x)} = Q(x) + \frac{R(x)}{G(x)} \quad \text{或} \quad B(x) = G(x)Q(x) + R(x)$$

这里，$Q(x)$ 表示除法的商。

第 3 步：用从第 2 步得到的 4 个比特的循环冗余校验码替换数据末尾的 4 个 0，得到新的多项式，用此多项式除以 $G(x)$，余数应为 0。发送方发送该新多项式对应的比特串。

第 4 步：首先到达接收方的是数据，然后是循环冗余校验码。接收方将整个数据串当做一个整体去除以用来产生循环冗余校验余数的同一个除数。若数据串无差错，则产生的余数为 0；若数据串有错误，则产生的余数不为 0。

（3）关于生成多项式 $G(x)$

循环冗余校验的除数 $G(x)$ 对于生成循环冗余校验码非常重要，通常称 $G(x)$ 为生成多项式。生成多项式 $G(x)$ 的结构与检错效果是经过严格的数学分析和实验后确定的，有相应的国际标准，如表 2-4 所示。

表 2-4   CRC 标准生成多项式

名　　称	标准多项式
CRC-12	$x^{12} + x^{11} + x^3 + x + 1$
CRC-16	$x^{16} + x^{15} + x^2 + 1$
CRC-ITU	$x^{16} + x^{12} + x^5 + 1$
CRC-32	$x^{32} + x^{26} + x^{22} + x^{16} + x^{12} + x^{11} + x^{10} + x^8 + x^7 + x^5 + x^4 + x^2 + x + 1$

表中名称的数字 12、16 及 32 是指循环冗余校验余数对应二进制数的长度，这样循环冗余校验除数分别是 13、17 和 33 位长，需要时可从中选择。

【例 2-4】（15,7）循环码由生成多项式 $g(x)= x^8+x^7+x^6+x^5+x^4+1$ 生成，试问接收到的码组 $T(x)= x^{14}+x^5+x+1$ 经过只有检错功能的译码器后，接收端是否要求重发？

分析：若码组在传输中发生错误，则接收码组 $R(x)$ 被 $g(x)$ 除时可能除不尽而有余式，即有

$$R(x)/g(x)=Q(x)+ r(x)/ g(x)$$

因此，就可以根据余项是否是 0 来判断码组中有无错码。

解：因为

$$R(x)/g(x) = (x^{14}+x^5+x+1)/(x^8+x^7+x^6+x^5\,x^4+1)$$
$$= x^6+x^5+x+1+(x^6+x^4+x)/(x^8+x^7+x^6+x^5+x^4+1)$$

余式 $r(x)=x^6+x^4+x$ 不为 0，所以接收码组有误，需重发。

（4）循环冗余校验码生成和校验的硬件实现

在实际应用中，循环冗余校验码的生成与校验过程可用软件或硬件来实现。目前，已有很多通信集成电路芯片本身带有标准的循环冗余校验码生成与校验功能，使用非常方便。

一种广泛的循环冗余校验算法使用一种依赖于生成多项式 $G(x)$ 的电路，既然有标准的循环冗余校验生成多项式，这些电路就可以大量地生产。该电路主要由移位寄存器和一些异或电路组成。假定 $G(x) = b_r x^r + b_{r-1} x^{r-1} + \cdots + b_2 x^2 + b_1 x + b_0$，其中 b_i 是 1 或 0，而 $i = 0,1,\cdots,r$，移位寄存器中比特位置的数量为 r，最右边的位置对应 b_0，而最左边的位置对应 $b_{r-1} x^{r-1}$。注意，异或电路位于对应 b_i 值为 1 的位置右边。图 2-57 所示即为生成多项式 $G(x) = x^4 + x^3 + 1$ 对应的电路，初始时移位寄存器全为 0。

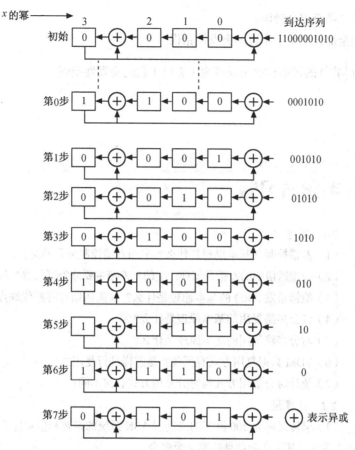

图 2-57　循环冗余校验生成多项式的电路实现（除法电路）

为了更好地理解上述电路与前面的多项式除法之间的关系，可将前面所举例子的多项式除法过程写成如图 2-58 所示。对于图 2-57 所示的电路，第 0 步，到达序列（即图 2-58 中的被除数）中的第 1 个比特位已移位到最左边的寄存器位置。第 1 步，最左边位置上的比特位发送到各个异或电路，其他左移。对照图 2-58 可以看出：图 2-57 中寄存器中的内容与图 2-58 中第 1 步的异或运算结果完全一致。当到达的比特位都进入了寄存器时，寄存器中的内容就是余数。

用循环冗余校验检错是个精确而又广泛使用的方法，它也可以高效地执行，所需时间与串长度成正比；标准的生成多项式允许将整个算法设计到硬件中，进一步提高它的效率。

（5）循环冗余校验码的检错性能

循环冗余校验码的校验能力很强，既能检测随机差错，又能检测突发性差错，其检错性能如下所述。

* 能检测出全部单个错误。
* 能检测出全部随机的两位错误。

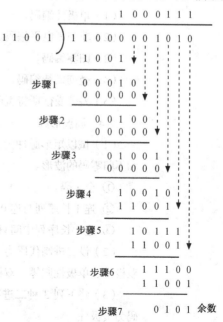

图 2-58　多项式除法过程

- 能检测出全部奇数个错误。

- 能检测出全部长度小于 k 位的突发性错误。

- 能以 $[1-(\frac{1}{2})^{k-1}]$ 的概率检测出长度为（ $k+1$ ）位的突发性错误。

思考题与习题 2

2-1　简述题

（1）差错控制的基本思想是什么？采用差错控制的目的是什么？

（2）数据通信中的差错是怎样产生的？差错主要分为哪几类？各自的特点是什么？

（3）检错重发 ARQ 的基本原理是什么？前向纠错有哪些优缺点？

（4）频分多路复用的基本原理是什么？

（5）时分多路复用的基本原理是什么？

（6）TDM 数据复用方式有哪些？是怎样进行复用的？

（7）统计时分复用方式与时分复用方式有何不同？

2-2　计算题

（1）求传码率为 200 波特的二进制 ASK 系统的带宽和信息速率。如果采用八进制 ASK 系统，其带宽和信息速率又为多少？

（2）八进制 ASK 系统信息传输速率为 4 800 比特/秒，求其码元传输速率和带宽。

2-3　以下编码中各采用了多少种振幅？

（1）单极性编码。

（2）非归零电平编码。

（3）归零编码。

（4）曼彻斯特编码。

（5）差分曼彻斯特编码。

2-4　画波形题

（1）试以矩形脉冲为例，分别画出下列三种二进制码的单极性码、双极性归零码和不归零码的波形。

① 全 1 码。

② 连 1 长序列与连 0 长序列各半。

③ 连 1 长序列中间只有一个 0 码。

（2）设二进制代码为 11001000100，试以矩形脉冲为例，分别画出相应的单极性、双极性、单极性归零、双极性归零、差分曼彻斯特编码和 AMI 码的波形。

（3）将下列 3 种二进制码编成 HDB3 码，设该序列前面第一个 V 码为正极性，B 码为负极性。

① 全 1 码。

② 全 0 码。

③ 代码为 1110011000001010。

（4）设二进制数据序列是 01100101，请以矩形脉冲为例，画出占空比为 50% 的单极性归零码的波形。

2-5 下面的说法中是对还是错？为什么？

（1）在传输中丢失一个或两个比特并不是不常见的。

（2）CRC 虽然是个准确的技术，但它是费时的，因为它要求大量的开销。

（3）只要受影响的比特数为奇数，CRC 就可检测出任意长度的突发错误。

（4）只要发送方和接收方知道，生成多项式就可以任意选择。

（5）纠错码比检测码有效，因为它们无需重传。

（6）公开密钥允许不同的人使用相同的加密密钥，即使他们并不知道其他人正在发送什么？

2-6 为给定的下列字符构造汉明码：A、0 和 {。

2-7 若接收到一个 **12** 比特的汉明码（单比特纠错）**110111110010** 的比特串，它代表 ASCII 编码的什么字母？

2-8 一个数据通信系统采用循环冗余校验，假设要传送的数据为 **100111001**，且生成多项式为 $x^6 + x^3 + 1$，实际发送的比特信息是什么？

2-9 某数据通信系统采用选择重发的差错控制方式，发送端要向接收端发送的数据共有 9 个码组，其顺序号为 **1~9**。传输过程中，**2** 号码组出现错误，试在下图的空格中填入正确的码组顺序号。

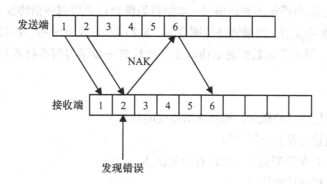

题 2-9 图

2-10 若一个方阵码中的码元错误情况如题 **2-10** 图所示，请问能否检测出来？

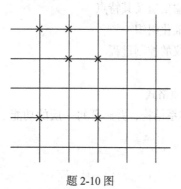

题 2-10 图

第3章

数据通信协议

引言

就像在公路上行车必须要遵守交通规则一样，数据通信系统的发送和接收双方之间也需要遵守共同的约定，这些约定就是数据通信协议。数据通信是在各种类型的数据终端和计算机之间以及计算机与计算机之间进行的，其通信控制比较复杂，必须有一系列有效的、共同遵守的通信协议。本章将系统地讨论数据通信协议及分层的概念、OSI 开放互连参考模型、数据链路控制规程、X.25 以及 TCP/IP 等。协议是数据通信的重要内容之一，深入理解数据通信协议也是今后进一步学习网络技术和通信新技术的关键。

学习目标

- 定义通信协议的概念，解释通信协议的功能
- 说明通信协议的分层结构
- 对 OSI 参考模型的每一层进行简要描述
- 讨论数据通信的特点
- 描述数据通信的传输代码
- 讨论数据通信系统的性能指标，并能进行相关的运算
- 了解数据通信的传输信道及其特点
- 了解数据通信的标准化组织
- 理解面向字符的协议的控制过程
- 描述 HDLC 帧结构
- 说明 PPP 的作用及帧格式
- 描述 TCP/IP 协议体系结构，并解释每一层的功能

3.1　通信协议和分层

3.1.1　通信协议及其作用

1．通信协议的概念

协议定义了人或过程之间的约定。例如，在高速公路上行车必须要遵守交通规则，交通规则是交通管理部门人为制定的，所有行车人都必须要遵守统一的行车规则，才能确保高速公路畅通无阻。这种规定相当于一种协议。而计算机连网也要遵守"交通规则"，这就是网络协议。对于数据通信来说，发送和接收之间需要一些双方共同遵守的约定，这些约定就称为**通信协议（或通信规程）**。由于不同类型的计算机使用的代码和程序不同，所以必须采取某种方法翻译代码，使两台计算机之间能够相互通信。因此，协议也可以理解为计算机之间进行通信时所使用的一种双方都能理解的语言。**数据通信协议定义了各种计算机和设备之间相互通信、数据管理和数据交换等的整套规则。**

2．通信协议的组成要素

通信协议主要包括以下 3 个要素。

（1）语法

语法规定通信双方彼此"如何讲"，即确定协议元素的格式，对通信双方采用的数据格式、编码进行定义。例如，报文中内容的组织形式（如报文的顺序、形式等）。

（2）语义

语义规定通信双方彼此"讲什么"，即确定协议元素的类型和内容，也就是对发出请求、执行的动作以及对方的应答做出解释。例如，报文由几部分组成，哪些部分用于控制数据，哪些部分是真正的通信内容。

（3）定时关系

定时关系规定通信执行的顺序，即确定通信进程中通信状态的变化，定义了何时进行通信、先讲什么、后讲什么、讲话的速度以及采用的是异步传输还是同步传输等。

3．通信协议的功能

通信协议是一个复杂、庞大的通信规程的集合，它必须具备以下的功能。

（1）分割和重组

通过协议进行交换的数据块称为协议数据单元（PDU）。通信所传送的数据通常由有限大小的数据单元组成。分割就是将较大的数据单元分割成较小的数据单元，反过程就是重组。

（2）封装与拆装

各个数据块不仅含有数据，而且还含有控制信息。控制信息可分为以下 3 种。

- 地址：指出发送方和/或接收方的地址。
- 差错检测码：为差错控制而包含的某种形式的帧检验序列。
- 协议控制：用于实现协议功能的附加信息。

在数据单元附加一些控制信息称为封装（Encapsulation），相反过程是拆装（或拆封）。

（3）寻址

寻址是使设备能彼此识别，同时可以进行路径选择。

（4）排序

排序是指控制报文的发送与接收的顺序。

（5）流量控制

协议的流量控制是由接收方执行的一种功能，用来限制发送方发送数据的数量或速率。

（6）差错控制

差错控制用以防止数据以及控制信息丢失或损坏，通常是由协议的各种不同级别共同执行的一种功能。

（7）连接控制

协议的连接控制用来控制通信双方之间建立和终止链路的过程。

（8）传输服务

协议可以提供各种额外的传输服务，主要有如下3种。

● 优先级设置。

● 服务等级。

● 安全性。

以上的协议功能在学习 TCP/IP 和其他协议时都会接触到。

3.1.2　协议的分层结构

1．分层的概念

通过网络连接的计算机系统之间的通信必须遵守一定的约定和规程，才能保证相互连接和正确交换信息。这些约定和规程是事先制定的，并以标准的形式固定下来。计算机网络协议与人的会话规则很相似，要想顺利地进行会话，会话双方必须用同一规则发音、连词造句，一个只能讲英语的人和一个只能讲汉语的人不能直接对话。说得简单一点，网络协议就是网络的"建筑标准"，规定网络怎么"打地基"、怎样建第一层、怎样建第二层和第三层以及上一层建筑和下一层建筑之间如何协调，这就是所谓的网络体系结构的层次化概念。对于采用这种层次化设计的网络体系结构，在用户要求追加或更改通信程序的功能时，不必改变整个结构，只需拆换一部分，再改变一下有关层次的程序模块就行了。因此，协议分层就是为简化问题、减少协议设计的复杂性。所谓层（Layer），是指系统中能够提供某一种或某一类服务功能的"逻辑构造"。协议分层使得每一层都建立在下层之上，每一层的目的都是为其上层提供一定的服务。

2．有关术语

OSI 参考模型中每一层的真正功能是为其上一层提供服务。例如，N 层的实体为（$N+1$）层的实体提供服务，N 层的服务则需使用（$N-1$）层及其更低层提供的服务。因此，在协议与分层的概念中，我们会经常遇到以下几个术语，所以必须要弄清楚它们的概念。

（1）系统

系统是包含了一个或多个实体（Entity）的在物理意义上明确存在的物体，它通常具有数据处理和通信功能，例如计算机、终端和遥感器等都称为系统。协议中的每一层都完成各自的功能，又称为子系统。

（2）实体

在一个计算机系统中，任何能完成某一特定功能的进程或程序，都可以称为一个"实体"。实体是子系统的一种活动元素，一个实体的活动体现在一个进程上。实体既可以是一个软件实体，例如用户应用程序、文件传送软件、数据库管理系统、电子邮件工具等，也可以是硬件实体，如智能输入/输出芯片。其中，能发送和接收数据的实体称为"通信实体"，不同机器上同一层的实体称为对等实体（Peer Entity）。

（3）数据单元

在层的实体之间传送的比特组称为数据单元。在对等层之间传送数据单元是按照本层协议进行的，因此这时的数据单元也称为协议数据单元。图 3-1 所示为层间数据单元的传送过程，PDU是协议数据单元，SDU 是服务数据单元，PCI 是协议控制信息。（N+1）PDU 在越过 N+1 层和 N层的边界之后，变换为 N-SDU[N 层把(N+1)-PDU 看做 N-SDU]。N 层在 N-SDU 上加上 N-PCI，则成为 N-PDU。N-PDU 和（N+1）-PDU 之间并非是一一对应的关系。如果 N 层认为有必要，可以把（N+1）-PDU 拆成几个单位，加上 PCI 后便成为多个 N-PDU；或者可以把多个（N+1）-PDU连接起来，形成一个 N-PDU。

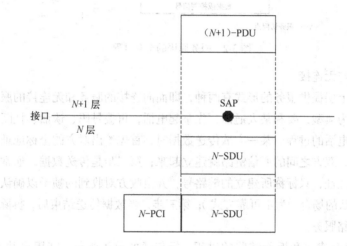

PDU: 协议数据单元　　　SDU: 服务数据单元
PCI: 协议控制信息　　　SAP: 服务访问点

图 3-1　层间数据单元的传送

在层间通信中，PCI 相当于报头。到达目的站的 N-PDU 在送往（N+1）层之前要把 N-PCI 去掉。在源点逐层增加新的 PCI，到达目的地之后则逐层去掉，使得信息原来的结构得以恢复。

（4）接口与服务访问点

接口是指相邻层之间要完成的过渡条件，它可以是硬件接口，也可以是软件接口，如数据格式的转换、地址映射等。在协议分层中，接口通常是逻辑的，而不是物理的，所以又称为服务访问点（Service Access Point，SAP），它实际上是一种端口的概念。相邻层间的服务是通过其接口面上的服务访问点进行的，N 层服务访问点就是（N+1）层可以访问 N 层的地方。每个服务访问点都有一个唯一的地址号码。

（5）服务原语

所谓服务原语，就是指服务在形式上由一组原语（Primitive）（或操作）来描述的。这些原语供用户和其他实体用于访问该服务，即通过这些原语通知服务提供者采取某些动作。服务原语可以划分为如下所述 4 类。

- **请求（request）：** 由（N+1）层实体向 N 层实体发出的要求 N 实体向它提供指定的（N）服务 。

- **指示（indication）：** 由 N 层实体向（N+1）层实体发出的指示对等实体有某种请求。

- **响应（response）：** 由（N+1）层实体向（N）层实体发出的表示对 N 层实体送来的指示原语的响应。

- **证实（confirm）：** 由 N 层实体向（N+1）层实体发出的表示请求的 N 层服务的结果。

当（N+1）层实体（即服务使用者）向 N 层实体请求服务时，二者之间要进行一些交互过程，此过程如图 3-2 所示。

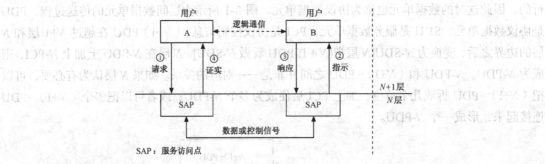

图 3-2　服务原语的交互过程

（6）面向连接与无连接

协议的下层向上层提供服务的形式有两种，即面向连接的服务和无连接的服务。面向连接的服务以电话系统最为典型，要和某人通话，先拿起电话，再拨号码、谈话、挂断。网络中面向连接的服务类似于打电话的过程。某一方欲传送数据时，首先给出对方的全称地址，并请求建立连接，当双方同意后，双方之间的通信链路就建立起来；第二步是传送数据，通常以帧为单位，按序传送，不再标称地址，只标称所建立的链路号，并由收方对收到的帧予以确认，为可靠传送方式（也有用不着确认的场合，为不可靠方式）；第三步，当数据传送结束后，拆除链路。面向连接的服务又称为虚电路服务。

无连接服务没有建立和拆除链路的过程，像普通的电子邮件，其用户并不希望为发送一条消息而去建立和拆除链路。无连接服务又称为数据包服务，它要求每一帧信息带有全称地址，独立选择路径；其到达目的地的顺序也是不定的，到达目的地后，还要重新对帧进行排序。

关于面向连接和无连接的内容详见本书第 4 章。

3．层间通信

在计算机通信网中，协议分层后产生协议堆栈。其中每一协议对应一个软件模块，负责处理一个子问题。图 3-3 所示为协议分层的概念框架。

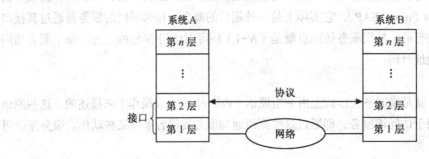

图 3-3　协议分层的概念框架

应注意协议与接口是两个不同的概念，对于不同的计算机系统之间相同性质的两个进程之间的通信，即对等层使用的是"协议"。而对于同一个计算机系统内，两个相邻的不同性质的进程之间的通信，即相邻层之间使用的是"接口"。协议和接口都是通过服务原语实现的。所谓服务原语就是指服务在形式上由一组原语（Primitive）（或操作）来描述的。这些原语供用户和其他实体访问该服务，即通过这些原语通知服务提供者采取某些动作。

3.2　开放系统互连参考模型

3.2.1　开放系统互连参考模型概述

早期的一些大公司，如 IBM 公司的 SNA（系统网络架构）和 DEC 公司的 DECNet，都开发了自己专用的协议栈。这些通信协议主要适用于小型主机和主干网络的通信，但是不能实现网络间的互连或与外部系统的互连。20 世纪 70 年代初期，美国国防部高级研究计划局采用分层结构，提出了一个互通信模型，建立了 ARPA 网，实现了计算机间的通信。ARPA 网是由一百多台互连的异种主机和网络节点组成的，其所采用的通信协议实际上就是今天用于 Internet 的 TCP/IP 的雏形。

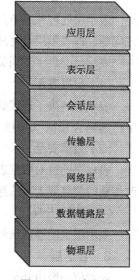

图 3-4　OSI 参考模型

20 世纪 80 年代，网络的规模和数量都得到了迅猛增长。但是许多网络是基于不同的硬件和软件而实现的，它们之间互不兼容，更不能进行互操作。为解决这个问题，国际标准化组织（ISO）创立了开放系统互连参考模型（OSI）。OSI 标准是以 IBM 的 SNA 分层网络方案为模式设计的，在形式上也很相似。但是，OSI 模型比起 SNA 来要更精简些。图 3-4 所示为 OSI 参考模型，它由 7 层服务和协议构成。

OSI 模型定义了异种机互连的标准框架，为连接分散的"开放系统"提供了基础。这里的"开放"表示任何两个遵守 OSI 标准的系统都可以互连，即只要求使用的通信软件遵循这个标准，而无需考虑低层的硬件。OSI 模型的各层涵盖了从类似于 E-mail 程序和 Web 浏览器等用户程序所在的最抽象的应用层，一直到针对比特格式和通过如电缆等物理媒体传输比特信息的具体的物理层。需要指出的是，OSI 模型只是一个概念框架，它包括一系列的标准，定义了什么事件会发生以及如何封装数据。模型只是从逻辑上简单地定义了每一层的功能，而没有详细定义每层要具体执行什么。至于各层的功能如何具体实现，则主要由硬件的制造商及协议的开发商决定。

3.2.2　OSI 模型各层的功能描述

1. 应用层

应用层中提到的"应用"，可以理解为在计算机上用来完成某项任务的东西。应用层位于 OSI 协议栈的最高层，它包含了一些应用程序，通过激活这些应用程序来实现有实际意义的功能。这些程序可由程序员专门针对单个网络规范来编制，例如大多数用户使用的 E-mail 以及用来制作电子文档的字处理程序。OSI 模型的应用层进程将信息从本层传递到协议栈的相邻层——表示层，对信息本身不做修改和封装操作。常用的应用程序有如下几个。

（1）E-mail

E-mail 是在网络上最常用到的应用程序，其主要优点就是快速传输消息，在同一个网络地址中，消息可以被瞬间传送。广泛采用的 TCP/IP 中的电子邮件协议叫做 SMTP。

（2）文件传输和访问

网络用户普遍需要两种文件操纵能力，一种是将一个文件从一节点复制到另一节点的能力，即文件传输；另一种是共享位于另一节点上的文件的能力，即文件共享或远程文件访问。

（3）Web 浏览器和服务器

Web 浏览器已经成为最为流行的应用程序之一。现今典型的 Web 浏览器有 Netscape 公司的 Navigator 和 Microsoft 公司的 Internet Explorer，这两种浏览器占据了市场的最大份额。

2．表示层

表示层处理流经节点的数据码表示方式的问题。换句话说，表示层处理计算机存储信息的格式问题，即表示层是处理有关在计算机内如何表示数据和如何存储数据的过程。

表示层提供了下列关于数据表示方式的服务。

（1）数据表示

表示层解决了连接到网络的不同计算机之间数据表示的差异。例如，可以处理使用 EBCDIC 字符编码的 IBM 大型机和一台使用 ASCⅡ字符编码的 IBM 或兼容个人计算机之间的通信。

（2）数据安全

表示层通过对数据进行加密与解密，使任何人即使窃取了通信信道也无法得到机密信息、更改传输的信息或者在信息流中插入假消息。

（3）数据压缩

表示层也能够以压缩的形式传输数据，以最优化的方式利用信道。

3．会话层

一封信一般由开头、正文和结尾组成。网络中的情况也是一样，首先通过一个程序初始化网络通信，接着发送信息、接收信息，最后结束通信。会话层得名的原因是它很类似于两个实体间的会话概念。例如，一个交互的用户会话从登录到计算机开始，到注销结束。会话层就是会话开始和结束以及达成一致会话规则的地方。

会话类似于人们之间的一次谈话，会话层提供可与上层进行会话的服务，这些服务包括如下几项。

- 建立会话性能（不同于连接）。
- 管理对话性能，以避免双方同时发送数据。
- 管理活动性能，即把会话分成多个活动。
- 礼貌地结束会话性能（双方都同意结束）。

会话控制实体间连接的信息流，图 3-5 描述了如下两种连接时控制通信会话的可能方式。

- 在建立的一次连接中，可以发生几次会话。
- 一次会话需要传输层建立几次连接才能完成。

如图 3-5（a），可以进行多次会话，但不需一次一次地建立连接。而在图 3-5（b）中，在不干扰会话连接的情况下，传输连接可以被打断并再重新建立。注意，会话层不能把多个会话汇聚到一个传输连接中，这个工作是由传输层完成的，与人们之间的谈话相似。图 3-5（a）中的情况类似于你给家里打电话，接通后，你的家人轮流和你讲话，多个会话开始、结束，但电话始终是接通的。图3-5（b）中的情况类似于在一次电话通话中，你还没有讲完话，电话就断线了。因为你的会话还没有结束连接就断开了，所以你必须重新建立连接以结束会话。

会话层服务中的一个重要部分是会话连接的"有序释放"，而低层仅支持连接的突然终止。在一次谈话中，挂断电话前应该确信对方已经讲完话，这是很有礼貌的，会话层在两个节点的对话中就采用了这种方式。

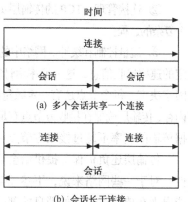

图 3-5 会话层与连接图

4．传输层

在计算机网络中，需要将应用程序信息传到指定的计算机。一旦信息到达指定的计算机，还必须将它交给计算机中相应的应用程序。在计算机中可能会同时运行多个应用程序，例如计算机可能同时在运行 Web 服务器、FTP 服务器和邮件服务器程序，因此，信息必须正确标识，以保证正确交付给接收端对应的应用程序。

传输层的地址就是进程地址，传输层负责进程的收发报文其实是一种端到端的通信。在 OSI 模型中，传输层处于第 4 层。传输层可以"看见"整个网络，使用低层提供的"端到端"通信为高层服务。

传输层的任务是把信息从网络的一端传输到另一端，如图 3-6 所示。传输层是最低的端对端层，也就是说，这个两端连接对等进程的最低层使用通用协议进行通话。传输层进程执行时，节点看上去是相邻的，这是依靠了更低层通过中间节点保护数据传输并使其通过网络来实现的。

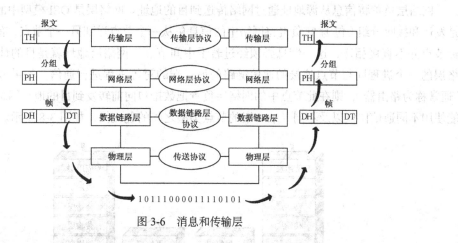

图 3-6 消息和传输层

（1）传输层提供的服务

传输层提供的基本服务包括寻址、连接管理、流量控制以及缓冲。

① 寻址。传输层负责在一个节点内对一个特定的进程进行连接，所有的低层只需考虑把自身与网络地址（一个节点一个地址）联系起来。但是可能在一个给定节点上有许多个进程，它们在同一时间内都在进行通信。例如，一个用户可能正在进行向文件服务器传送信息的进程，另一个用户可能正在访问同一服务器上的 Web 页面。传输层是通过使用端口号来处理节点上的进程寻址的，为了处理牵涉到多端口的通信，传输层使用一种复用的技术。图3-7 描述了传输层与复用的关系。

② 连接管理。TCP 的传输层负责建立和释放连接，由于存在丢失和重发包的可能性，因此，这是一个复杂的过程。

③ 流量控制和缓冲。网络中的每个节点都能以一个特定的速率接收信息，这一速率由计算机的计算能力和其他因素决定。每个节点还有一定数量用于存储数据的处理器内存，传输层确保在接收方节点有足够的缓冲区，且保证数据传输的速率不超过接收方节点可以接收数据的速率。

传输层还负责保证提供给会话层的通信服务的可靠性。对于一些网络来说，下述几个错误的一个或全部可能出现在传输层，例如消息的部分（称为分组）可能会出错、丢失或延迟时间紊乱（例如中间节点出错），然后可能又突然重复出现、无序发放，其结果就是重复的信息可能无序发放。为保证会话层通信服务的可靠性，传输层必须控制或消除这些错误。

（2）两类传输层协议

① 顺序分组交换（SPX）——从施乐（Xero）网络系统（XNS）协议族演化而来的用于 Novell NetWare 的传输层协议。

② TCP/UDP——Internet 的协议。

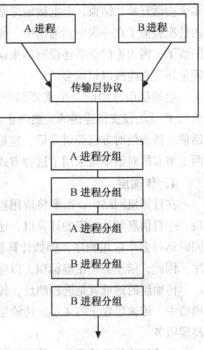

图 3-7　传输层与复用示意

5. 网络层

网络层负责将信息从源地址通过网络传送到目的地址。网络层是 OSI 模型中的第 3 层，任务是发送和接收分组（包）。它负责将网络中的信息包从一个节点送到另一个节点，有时源节点和目标节点并不直接相连，这一信息必须经过若干中间节点。网络层地址就是目的计算机地址，网络层的一个进程同与节点连接的通信链路的另一端的对等进程进行通信。如果节点是中间节点（通常称为路由器），则在此节点中的网络层负责把数据包向前转发到目的地。网络层必须处理可能使用不同通信协议以及不同寻址方案的节点类型之间的包交换，如图 3-8 所示。

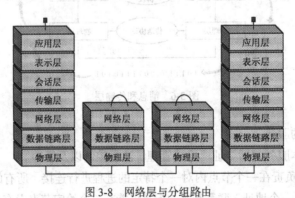

图 3-8　网络层与分组路由

（1）网络层提供的服务

网络层接收传输层的信息，并通过添加一个头部来封装数据。头部包含由对等网络层进程使用的协议信息，使得包能够到达目的地。网络层再把包传送给数据链路层。网络层为传输层提供的服务有如下两种。

① 提供统一的寻址方案，即为每一个节点提供一个唯一的地址。

② 为电路交换网络建立和维护虚拟电路。

（2）网络层使用的通用协议

① X.25。它是一种面向连接的分组包交换协议，由 ITU-T（国际电信联盟电信标准部）制定。X.25 在公用数据网络上（尤其是在欧洲）广泛使用。

② IP（网间互联协议）。它是 DARPA（美国国防部高级计划研究局）为互联网工程开发的网络协议之一，是 Internet 上主要使用的协议。

③ 网间分组交换协议（IPX）。它是 Novell NetWare 的网络层协议，是从 XNS 协议族演化而来的。

（3）网络层分组

网络层分组的头部包含原地址和目标地址，这些地址叫做网络地址，用来识别网络中连接在源地址和目标地址上的计算机，如图 3-9 所示。

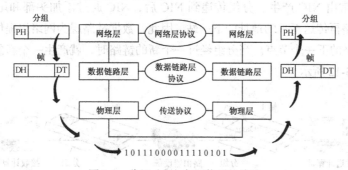

图 3-9　分组（包）与网络层的关系

在具有开放特性的网络中的数据终端设备都要配置网络层的功能，如现在市场上销售的网络硬设备主要有网关和路由器。

6．数据链路层

数据链路层是 OSI 模型的第 2 层，任务是将网络层的信息（即分组）传输到网络中的下一个节点。数据链路层处理帧，即将一个分组信息封装在帧中，再通过一个单一的链路发送帧。分组可能经过不同物理路径到达目的地。数据链路层地址就是 NIC（网络接口卡）地址。

（1）数据链路层提供的服务

① 通过链路传送帧。网络层传输给数据链路层的信息将被送到网络中的下一个节点。节点之间的物理路径称为链路。数据链路层在数据首尾分别添加一个首部和尾部，即把数据打包，封装成帧，如图 3-10 所示。首部和尾部含有对等数据链路进程需要使用的协议信息。首部的信息还包括发送和接收 NIC 的地址，也有错误校验信息。数据链路层把帧传送给物理层，在物理链路上传输二进制数据流。图 3-11 给出了帧与数据链路层的关系。

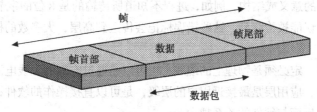

图 3-10　数据包

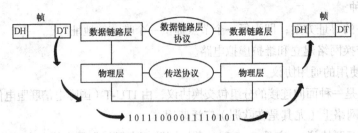

图 3-11　帧和数据链路层关系

② 荷载分组的帧。数据链路层通常用来将信息（如分组信息）传到网络中的下一个节点。下一个节点可能就是目的节点，也可能是一个可以提供将信息传递到目的节点的路由设备。数据链路层不关心分组中包含什么信息，只是将分组传递到网络中的下一站。

帧头部包含了目的地址和源地址，目的地址包括网络中下一站的地址，源地址指示帧最初的发起地址。帧通常由 NIC 产生，分组传递到 NIC 后，NIC 通过添加头部和尾部将分组封装；然后该帧沿着链路再传送至目的地址的下一站。因此，数据链路层为网络层提供的服务就是将一个分组传送到网络的下一个节点。当分组经过一个新的链路时，就产生一个新的帧，但分组基本保持不变，如图 3-12 所示。

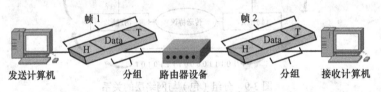

图 3-12　帧/分组传送示意图

（2）数据链路层协议

常见的数据链路层协议有如下几个。

① 高级数据链路控制（HDLC）协议，它是 ISO 的标准和子集。例如，同步数据连接控制（SDLC）——IBM 协议，D 信道链路接入，由 ISDN 网络使用。

② 局域网（LAN）协议。例如以太网、令牌环和光纤分布数据接口（FDDI）。

③ 广域网（WAN）协议。例如帧中继和 ISDN。

7. 物理层

物理层是 OSI 模型的最底层。它虽然处于最底层，却是整个开放系统的基础。物理层为设备之间的数据通信提供传输介质及互联设备。信道可以是同轴电缆、光缆、卫星链路以及普通的电话线，为数据传输提供了可靠的环境。

物理层负责通过物理连接，在物理过程控制下提供传输二进制数的服务。物理层不必了解装载的帧、分组和报文的意义或结构，例如，进程不知道所传输的是 8 位的字节还是 7 位的 ASCⅡ字符。类似掉线的错误能被检测到，这些错误标记会传送到高层，大多数的检错和所有的纠错是高层的任务。

注意，物理层不一定必须是物理上的缆线，也可以是通过空间的无线电波。

在以上的 7 层中，应用层是最接近用户的层级，是可以直接操作的软件；而越往下层，则距离用户的操作越远，反而与硬件的关系越大。

3.2.3 网络设备在 OSI 模型中的位置

在分层模型中，对等是一个很重要的概念，因为只有对等层才能相互通信，一方在某层上的协议是什么，对方在同一层次上也必须是什么协议。理解了对等的含义，则很容易把网络互连起来：两个网络在物理层就相同，使用中继器就可以连起来；如果两个网络物理层不同，链路层相同，使用桥接器可以连起来；如果两个网络物理层、链路层都不同，而网络层相同，使用路由器可以互连；如果两个网络协议完全不同，使用协议转换器可以互连。

- 中继器（Repeater）：工作在物理层，在电缆之间逐个复制二进制位（bit）。
- 桥接器（Bridge）：工作在链路层，在 LAN 之间存储和转发帧（frame）。
- 路由器（Router）：工作在网络层，在不同的网络之间存储和转发分组（packet）。
- 协议转换器（Gateway）：工作在 3 层以上，实现不同协议的转换。Internet 中通常把协议转换器也叫网关（Gateway）。

3.2.4 OSI 模型中的数据封装

为了使数据分组从源主机传送到目的主机，源主机 OSI 模型的每一层要与目标主机 OSI 模型的每一层进行通信。这里源主机与目的主机对等层间的通信称为对等层间通信，在这一过程中，每一层的协议交换单元称为协议数据单元（PDU）。

数据分组来源于一台源主机，并且被传送到一台目的主机。每一层需要依赖于其底层提供的服务。为了提供这种服务，底层将来自上层的协议数据单元封装到它的数据字段中，并增加实现本层功能所需的报头和报尾，如图 3-13 所示。

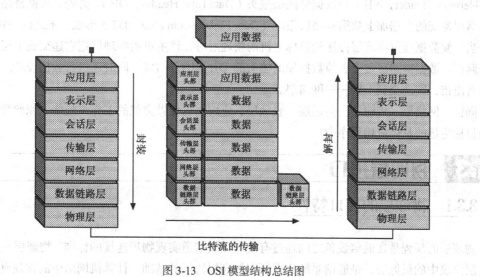

图 3-13 OSI 模型结构总结图

OSI 模型中，第 7 层（应用层）的协议数据单元称为**报文**（**message**）。第 4 层（传输层）的协议数据单元称为**段**（**segment**）。第 3 层（网络层）的协议数据单元称为**分组或数据包**。第 2 层（数据链路层）的协议数据单元称为**帧**。

信息交换的过程发生在对等层之间，源系统中的每一层把控制信息附加在数据中，而目的系统的每一层则对接收到的信息进行分解，并从数据中移去控制信息。如图 3-14 所示，在 OSI 模型中，当一台主机需要传送用户的数据（Data）时，数据首先通过应用层的接口进入应用层。在应用层，用户的数据被加上应用层的报头（Application Header，AH），形成应用层协议数据单元，然后被递交到下一层——表示层。

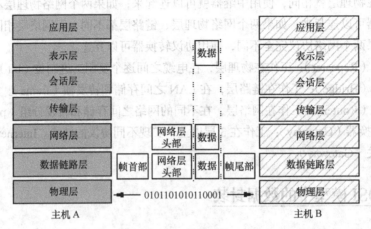

图 3-14　数据封装

表示层并不"关心"上层——应用层的数据格式，而是把整个应用层递交的数据包看成是一个整体进行封装，即加上表示层的报头（Presentation Header，PH），然后递交到下层——会话层。

同样，会话层、传输层、网络层、数据链路层也都分别给上层递交下来的数据加上自己的报头，分别是会话层报头（Session Header，SH）、传输层报头（Transport Header，TH）、网络层报头（Network Header，NH）和数据链路层报头（Data Link Header，DH）。另外，数据链路层还要给网络层递交的数据加上数据链路层报尾（Data Link Termination，DT）形成，最终的一帧数据。

当一帧数据通过物理层传送到目标主机的物理层时，该主机的物理层把它递交到上层——数据链路层。数据链路层负责去掉数据帧的帧头部 DH 和尾部 DT，同时还进行数据校验。如果数据没有出错，则递交到上层——网络层。

同样，网络层、传输层、会话层、表示层、应用层也要做类似的工作。最终，原始数据被递交到目标主机的具体应用程序中。

3.3　物理层接口

3.3.1　物理层的接口特性

物理层的规程是在通信设备之间通过有线或无线信道实现物理连接的标准，物理层在 OSI 模型七层协议中的最低层，是通信系统实现所有较高层协议的基础。计算机网络中的物理设备和传输媒体的种类繁多，通信手段也有许多不同的方式，物理层的作用就是对上层屏蔽掉这些差异，提供一个标准的物理连接，保证数据比特流的透明传输。

通常物理层规程执行的功能有如下 5 种。

① 提供 DTE 和 DCE 接口间的数据传输。

② 提供设备之间的控制信号。

③ 提供时钟信号，用以同步数据流和规定比特速率。

④ 提供机械的连接器（即插针、插头和插座等）。

⑤ 提供电气地。

一般的物理接口都应具有以下 4 个特性。

① 机械特性：定义连接器件的大小、形状以及接口线的数量和插针分配等。

② 电气特性：定义接口电路的电气参数，如接口电路的电压（或电流）、负载电阻、负载电容等。

③ 功能特性：定义接口电路执行的功能。

④ 规程特性：定义接口电路的动作和各动作之间的关系和顺序。

3.3.2　接口标准

为了使不同厂家的产品能够互换或互连，DTE 与 DCE 在插接方式、引线分配、电气特性及应答关系上均应符合统一的标准和规范，这一套标准规范就是 DTE/DCE 的接口标准（或称接口协议）。图 3-15 所示为 DTE-DCE 接口，要求互连的设备在接口的标准上必须一致，这一点对于数据通信来说非常重要。制定接口标准的组织有美国电子工业协会（EIA）、国际电报电话咨询委员会（CCITT）、国际标准化组织（ISO）以及电气和电子工程师协会（IEEE），制定的标准有 CCITT 的 V 系列建议、X 系列建议、I 系列建议以及 EIA 的接口标准、ISO 的接口标准、IEEE 标准等。接口的标准不仅仅局限于物理层接口，对于通信网的其他层都有相应的国际标准。

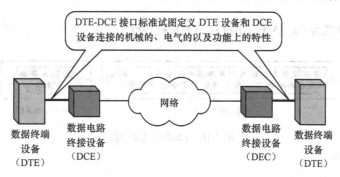

图 3-15　DTE-DCE 接口

3.3.3　串行接口

串行接口位于 DTE 与 DCE 之间，协调 DTE 与 DCE 之间的数据、控制信号和定时信息的传送。串行接口标准化之前，制造数据通信设备的公司使用不同的接口配置。特别是 DTE 与 DCE 之间的线缆安排、连接器的类型和尺寸以及电压电平等，各个厂商都有很大的差别。1962 年，电子工业协会致力于标准化数据终端设备和数据电路设备之间的接口设备，制定了一套 RS-232 的规范；1969 年发布了第三版 RS-232C，并一直作为业界标准，直到 1987 年引入了 RS-232D。RS-232D 版本与 RS-232C 版本兼容，两个版本的主要差别是 D 版本中添加了 3 个测试电路。

RS-232 技术规范明确了 DTE 和 DCE 之间接口的机械、电气、功能及规程描述。RS-232 接口类似于 CCITT 的 V.24 的组合，主要用于速率 20kbit/s、距离大约 15m 的串行数据传输。

1. RS-232/V.24 接口

RS-232 的确切名称应为在数据终端设备和数据电路设备之间进行串行二进制数据交换的接口。目前，RS-232 最流行的版本是修订版 C，称为 RS-232C；最新的版本 RS-232E 将最终淘汰 RS-232C 和 RS-232D。这里介绍的是 RS-232C 标准，原 CCITT 的 V.24 与 RS-232 完全兼容。表 3-1 所示为部分接口标准的兼容关系。

表 3-1　　　　　　　　　　　　　　部分接口标准的兼容关系

特　性	EIA	ITU-T	ISO
电气特性	RS-232-C	V.28	ISO2110
功能特性	RS-232-C、RS-449	V.24、X.20、X.21	ISO1177
规程特性	RS-232-C、RS-449	V.24、X.20、X.21	ISO1177
机械特性	RS-232-C	V.24、X.20、X.21	ISO2110

（1）机械特性

EIA 标准的 RS-232 接口机械特性规定：其接口是一端有 DB-25 针孔连接头，另一端也是 DB-25 针孔连接头的 25 线电缆，电缆长度不能超过 15m。

需要指出的是，有些制造商使用的是称为 DB-9 的连接器，它定义了 9 针的连接器，这种连接器主要用于笔记本电脑以及许多将串行和并行端口组合在同一块适配卡上的桌面计算机端口上的接口。

图 3-16 所示分别为 DB-25 和 DB-9 接口的机械特性。

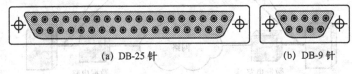

(a) DB-25 针　　　　　　　　　　(b) DB-9 针

图 3-16　RS-232 机械特性

（2）电气特性

DTE 与 DCE 接口标准的电气特性主要规定了发送端驱动器和接收器的电平关系、负载要求、信号速率及连接距离等。图 3-17 所示为 DTE 与 DCE 的接口电路。

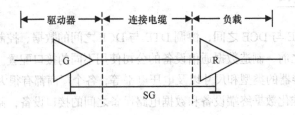

图 3-17　DTE 与 DCE 接口电路

① 适用范围：规定电气特性一般适用于数据速率低于 20kbit/s 的接口电路。

② 负载要求：负载阻抗范围为 R_L=3 000Ω～7 000Ω；负载开路电压为 E_L≤2V。

③ 驱动器：驱动器开路电压为≤25V。当负载开路电压 E_L= 0V 时，接口点电压为 5V～15V。

④ 电平特性：其电平与 TTL 和 MOS 电路电平完全不同，电压对地是对称的。当接口点电压高于+3V 时，信号处于 0 状态，即 ON 信号（空号）；当接口点电压低于–3V 时，信号处于 1 状态，即 OFF 信号（传号）。

（3）功能特性

RS-232 接口电路的引脚功能分为：数据、控制（握手）和定时引脚 3 种。EIA 的 RS-232 对 DB-25 连接头上每一引脚的功能都进行了定义，图 3-18 示意了一个连接头每个引脚的序号和功能。RS-232 接口的 25 引脚中的 20 个被指定用于特定目的和功能，引脚 9、10、11 和 18 未指定；引脚 1 和 7 是地；引脚 2、3、14 和 16 是数据引脚；引脚 15、17 和 24 是定时引脚；所有其他指定的引脚留做控制或握手信号。RS-232 接口有两个全双工数据信道，一个信道用于主要数据，另一个用于辅助数据（诊断信息和握手信号）。

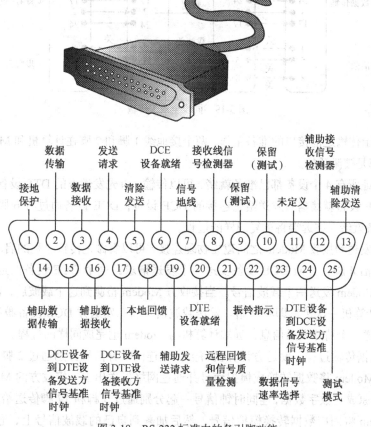

图 3-18 RS-232 标准中的各引脚功能

（4）RS-232 连接过程实例

RS-232 接口的典型应用有如下 3 种。

- 计算机与 Modem 的接口。
- 计算机与显示器终端的接口。
- 计算机与串行打印机的接口。

图 3-19 给出的实例描述了采用 RS-232 标准接口进行同步全双工传输的例子，这里的 DCE 设备是 Modem，DTE 是计算机，从准备到清除共有 5 个步骤。

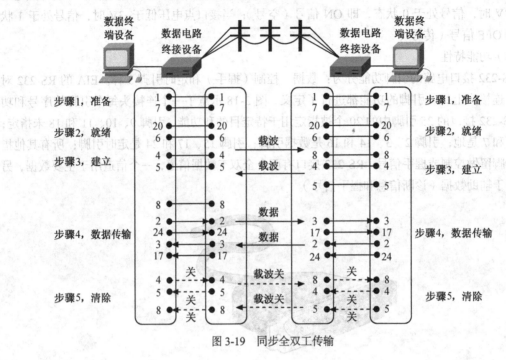

图 3-19　同步全双工传输

步骤 1：显示传输之前接口的准备工作，两个接地线 1 脚和 7 脚在计算机和 Modem 之间发送和接收数据时都是被激活的。

步骤 2：保证所有 4 个设备都已准备就绪，可以传输。首先发送方的 DTE 设备激活自己的 20 脚，将一个 DTE 设备就绪信号发送给它连接的 DCE 设备；DCE 设备通过将 6 脚激活通知 DTE 设备、DCE 设备就绪。在远端将重复同样的过程。

步骤 3：在发送和接收 Modem 之间建立物理连接，可以看做是传输过程的启动。首先发送方的 DTE 设备激活 4 脚，并向 DCE 设备发送一个发送请求；这个 DCE 设备向远端处于空闲状态的接收方的 Modem 发送一个载波信号。当接收方 Modem 检测到这个载波后，激活引脚 8，通知与它相连的计算机一次传输即将开始。发送载波信号后，发送方 DCE 设备激活引脚 5，向它的 DTE 设备发送一个清除发送信息，远端计算机与 Modem 也完成同样的过程。

步骤 4：数据传输过程。发送方计算机将数据流连同时钟信号分别通过 2 脚和 24 脚同时传送到 Modem；Modem 将数据转换成模拟信号并通过网络发送出去。接收方的 Modem 接收到模拟信号，将它还原成为数字数据，连同时钟信号一起分别通过 3 脚和 17 脚传送给相连的计算机。接收方的 Modem 将回应数据转换模拟信号，然后加载到自己的载波信号上，通过网络发送出去。发送方的 Modem 接收信号，将它还原成数据，并连同时钟信号分别通过 3 脚和 17 脚传送给计算机。

步骤 5：当双方都完成传输时，两端的计算机都撤销它们的请求发送信号，Modem 关闭载波信号，接收线路信号检测以及它们的清除发送信号。

（5）零调制解调器

许多时候，会遇到 DTE 接口与 DTE 接口互连的情况，大多是两个设备间距离较近，无需通过 Modem 等通信设备互连。

上述情况可以通过 EIA 提供的方案得到解决，这种方案称为零调制解调器（Null Modem），就是不用调制解调器。这里提出一个问题：在两台 DTE 设备之间，为什么不能直接使用标准的 RS-232 接口及电缆连接呢？下面通过一个例子来说明这一问题。

图 3-20（a）所示为两台 DTE 设备通过电话网络的连接。两台 DTE 设备通过 DCE 设备交换信息，每台 DTE 都通过 2 脚发送数据，而 DCE 设备也从 2 脚接收数据；每台 DTE 设备通过 3 脚接收从 DCE 设备的 3 脚转发过来的数据。也就是说，EIA 的接口电缆将 DTE 设备的 2 脚和 DCE 设备的 2 脚连接起来，也将 DCE 设备的 3 脚和 DTE 设备的 3 脚连接起来。通过 2 脚的数据流量总是由 DTE 设备向外发送的，而通过 3 脚的数据流量总是 DTE 设备接收的，DCE 设备识别信号的方向并将它转发到正确的线路上。

图 3-20（b）所示为直接将两个 DTE 设备相连的情况，若没有 DCE 设备在相应的引脚之间对来去数据进行切换，两个 DTE 设备就都要在 2 脚上发送数据，而在 3 脚上等待数据。这两个 DTE 设备都在向对方的发送数据引脚，而不是向着接收数据引脚发送数据。这样接收线 3 是空闲的，发送线 2 由于冲突和噪声而不会被任何一台 DTE 接收信号。因此，这种情况下的数据传输是不可能的。

为解决图 3-20（b）连接情况下的数据传输，必须使用交叉电缆进行连接。具体做法：使第一台 DTE 设备的 2 脚与第二台设备的 3 脚相连，而使第二台 DTE 设备的 2 脚与第一台设备的 3 脚相连。这两个引脚是最重要的，其他引脚也有类似问题，也需要重新连接，正确连接如图 3-21 所示。

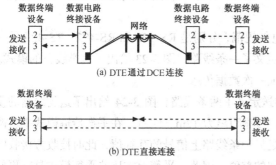

图 3-20　DTE 设备连接的两种情况

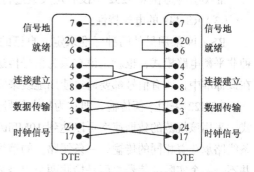

图 3-21　零调制解调器的正确连接

2．RS-449/V.35 接口

由于 RS-232 接口标准受到带宽和速率的限制，为满足更高数据速率和更远传输距离的要求，EIA 和 ITU-T 还制定了 RS-449 以及 X.21 等附加的接口标准。注意，由 ITU-T 制定的 V.35 与 RS-449 是完全兼容的。

（1）RS-449 接口标准

EIA 的 RS-449 接口标准机械特性规定了两种连接头，一种是 37 引脚的 DB-37，另一种是 9 引脚的 DB-9。其功能规范给 DB-37 连接头定义了与 DB-25 相类似的功能，它们的主要区别在于 DB-37 中没有与辅助信道相关的功能，RS-449 将这些功能分离出来，单独用一个辅助的 9 引脚连接头来提供这些功能。通过这种方式，需要辅助信道的系统也可以方便地使用，如图 3-22 所示。

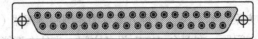

图 3-22　DB-37 和 DB-9 连接头

（2）RS-449 标准的两类引脚

为了保持与 RS-232 标准的兼容性，RS-449 标准对数据交换、控制以及定时信息定义了 I 类引脚和 II 类引脚。I 类引脚与 RS-232 功能兼容。表 3-2 列出了 DB-9 连接头的引脚功能，并表示了它们与 RS-232（DB-25）中对应部分的关系。

表 3-2　　　　　　　　　　　　　　　　　RS-449 的 DB-9 引脚

引　脚	功　能	RS-232 中等价部分
1	接地保护	1
2	辅助接收就绪	—
3	辅助数据发送	14
4	辅助数据接收	16
5	信号地	7
6	公共接收	12
7	辅助发送请求	19
8	辅助清除发送	13
9	公共发送	—

II 类引脚是在 RS-232 中没有定义或进行重新定义的引脚，详细内容请参见其他有关书籍。

（3）RS-449 的电气特性

RS-449 采用另外两种标准来定义自己的电气规范，分别是 RS-423 和 RS-422。RS-423 是一种非平衡电路模式，也就是说它只为信号传送定义了一条线路，图 3-23 给出了这类线路的模式。在该标准中，所有信号都要通过使用地线来完成一次数据传送。

RS-422 采用平衡传输，即它为每个信号传送定义了两条线路，图 3-24 给出了这类线路的模式。采用该规范的数据速率可以达到 10Mbit/s，传输距离为 12m。注意，在平衡传输模式中，两条线路承载着相同的传输，一条线路上的信号是另一条线路上信号的互补值，此时接收方接收的并不是一个实际的信号，而是检测两个信号之间的差值。因此，平衡模式比非平衡模式具有更好的抗干扰能力。假定在某时刻第一个信号值为 5V，第二个信号就是-5V，若没有噪声，接收到的信号是 10V；若受噪声的影响，使第一个信号值变为 7V，第二个信号值变为-3V，则接收到的信号仍然是 10V（7-(-3)= 10），可见这种传输模式提高了线路的抗干扰能力。

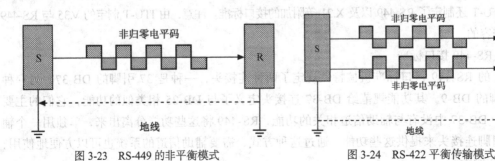

图 3-23　RS-449 的非平衡模式　　　　　　　　图 3-24　RS-422 平衡传输模式

（4）V.35 接口

V.35 是由 ITU-T 制定的接口标准，它描述了网络访问设备和数据分组网络之间通信时使用的同步物理层协议。V.35 在美国和欧洲得到普及应用，它推荐的最高速率是 2 048kbit/s。V.35 对机械特性，即对连接器的形状并未规定。34 引脚的 ISO2593 被广泛采用，图 3-25 所示为 34 引脚的 V.35 连接器。

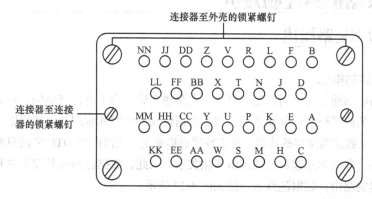

图 3-25　V.35 的引脚排列

3．X.21 标准

X.21 标准是由 ITU-T 制定的，它的目的是解决 EIA 接口中存在的问题，并为实现完全的数字传输提供一个数字信号接口标准。X.21 接口信号线只有 8 条，和 RS-232/V.24 接口相比，信号线要少得多，这有利于接口的电气特性。X.21 接口使用一个 15 引脚的连接器，如图 3-26 所示。X.21 和 RS-449 一样，允许使用平衡传输和非平衡传输。

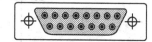

图 3-26　X.21 的 DB-15 连接头

X.21 与 RS 标准有两个重要的区别，首先，X.21 标准是一个数字信号接口标准；其次，在控制信息的交换方式方面，RS 标准为控制功能定义了特殊的线路，而 X.21 是在 DTE 与 DCE 之间增设一些逻辑线路，从而减少连接线路的数目。表 3-3 给出了平衡传输的 X.21 线路定义，DTE 仅使用两条线路（T 和 C）给 DCE 发送数据；同样，DCE 也只用两条线路（R 和 I），其他的线路用于同步通信中的定时信号。T 和 R 通常用于传送比特串，而 C 和 I 处于接通（逻辑 0）或断开（逻辑 1）两种状态之一。因此，这里的 T 和 R 用于发送数据和控制信息。

表 3-3　　　　　　　　　　　　　　平衡传输的 X.21 接口标准

线 路 代 号	引　　　脚	信 号 方 向	功　　　能
	1	—	保护地
G	8	—	信号地
T	2, 9	DTE 到 DCE	传送数据或控制信息
R	4, 11	DCE 到 DTE	接收数据或控制信息
C	3, 10	DTE 到 DCE	控制
I	5, 12	DCE 到 DTE	指示
S	6, 13	DCE 到 DTE	信号码元定时
B	7, 14	DCE 到 DTE	字节定时

4．G.703 接口

G.703/G.704 是一种数字数据电路接口，由 ITU-T 规定了电话公司的设备与 DTE（数据终端设备）相连接的电气特性与机械特性。其连接是通过同轴电缆接插件（BNC）连接器实现的，并且工作在 E1 的数据速率上，包括 64kbit/s 和 2.048Mbit/s 的接口。在数据网中，G.703 接口也使用 9 芯接口。

3.4 数据链路控制规程

3.4.1 数据链路概述

1. 数据链路的概念

数据通信与电话通信所不同的是，当数据电路建立后，为了进行有效的、可靠的数据传输，需要对传输操作实施严格的控制和管理。完成数据传输的控制和管理功能的规则，称为**数据链路控制规程**，也就是**数据链路层的协议**。对于数据通信来说，任何两个 DTE 之间只有执行一种数据链路控制规程后，才能建立起双方的逻辑连接关系。因此，数据链路就是发送方和接收方之间能可靠地传输数据的路由，数据链路示意图如图 3-27 所示。

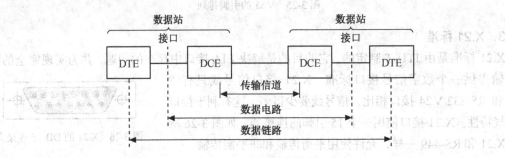

图 3-27　数据链路构成

2. 数据链路与物理连接

物理连接与物理介质是两个不同的概念，前者受时间限制，后者没有时间性。物理连接的建立和拆除过程是用一连串的脉冲信号来表示的。对于数据通信系统，要完成一次通信，首先要建立物理连接，然后建立数据链路。在一次物理连接上可以进行多个通信，即可以建立多条数据链路。物理连接只有在拆除数据链路到建立数据链路这段时间才是空闲的，因此，数据链路与物理连接一样，都受时间限制，即通常所说的它们具有生存期。

3. 数据链路的结构

数据链路的结构分为点对点和点对多点两种，环形链路属于点对多点的派生结构，图 3-28 给出了它们的结构示意图。

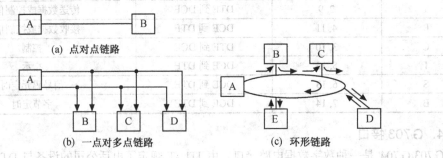

(a) 点对点链路

(b) 一点对多点链路　　　　(c) 环形链路

图 3-28　数据链路结构

4．数据链路的主要控制功能

（1）链路管理

链路管理包括数据链路的建立、维护和释放以及控制信息传输的方向等。

（2）帧同步控制

在数据链路中，数据传送是以帧为基本单位的，当出现差错时，可将出现差错的帧重传一次。帧同步是指收方应能从收到的比特流中正确地区分出一帧的开始和结束。

（3）流量控制

流量控制是数据链路最重要的功能之一。它负责调整在某个时间段内可以发送多少数据（关键是传输速率），即能够决定暂停、停止或继续发送信息，不使接收方过载。

（4）差错控制

在计算机通信中，主要采用自动检错重发 ARQ 方式。收方能检测链路上产生的差错，对于正确接收的帧予以确认，对接收有差错的帧要求发方重发。为了防止帧的错收或漏收，发方对帧进行编号处理，接收方应核对帧编号。在数据链路中，流量控制功能和差错控制是结合在一起实现的，是数据链路的重要功能。

（5）透明传输

数据通信中的透明传输意味着必须能够把任何比特信息组合当做数据发送，也就是发方送出的数据与接收方收到的数据在**内容和次序上都完全一样**，而且**对用户数据没有限制**。数据链路对用户数据信息没有进行任何处理，使数据信息"透明地"传输到对方。当所传送的数据中出现了与控制信息一样的模式时，数据链路必须采取措施，使收方不至于将数据误认为是控制信息。

（6）异常状态的恢复

数据链路控制规程具有发现各种异常情况的功能，例如序列不合法、码组流停止、应答帧丢失及重发超过规定的次数等，能够通过重新启动，恢复到正常的工作状态。

3.4.2　数据链路控制规程种类

数据链路控制规程即是实现数据链路层的协议。数据链路协议可以分为异步数据链路协议（异步协议）和同步数据链路协议（同步协议）两大类。异步协议对于比特流中的每个字符都单独处理；同步协议则将整个比特流当做一个整体，并将其分成大小相等的一个个字符串进行处理。

1．异步协议

异步协议主要在调制解调器（Modem）中采用，它引入了起始位和结束位以及字符之间可变长度的空隙。在过去的几十年里出现了许多异步协议，例如，XModem、YModem 及 ZModem 等。异步协议并不复杂，但要通过采用额外的起始位和结束位构成数据单元的方式实现；其传输速率受到限制，因而逐渐被更高速的同步协议替代。

2．同步协议

同步协议的速度要比异步协议快得多，已在各种网络中成为一个很好的选择。同步协议分为面向字符的协议（或面向字节的协议）和面向比特的协议两个类型。

面向字符的协议将传输帧看做一系列字符，每个字符通常包含一个 8 比特的字节，所有控制信息以 ASCⅡ码的编码形式出现。

面向比特的协议将传输帧看做一系列比特，通过比特流在帧中的位置和与其他比特的组合模式来表达其含义。根据内嵌在比特模式中的信息的不同，面向比特的协议中的控制信息可以是一个或多个比特。

3.4.3 面向字符的协议

在面向字符的协议中，有 ISO 的基本型传输控制规程、IBM 的二进制同步通信规程（BSC）、美国国家标准协会（ANSI）、中国的数据通信基本型控制规程（GB 3452—82）等，这些规程也称为基本型传输控制规程。这些规程的共同特点是利用专门定义的传输控制字符和序列完成数据链路的控制功能，主要适用于低、中速数据通信，以半双工通信的方式进行操作。

1．传输控制字符

表 3-4 给出了 IBM 的基本型传输控制规程使用的控制字符列表。基本型传输控制规程依靠这些特殊字符来界定用户信息，并以确定的字符来执行通信管理功能。在基本型传输控制规程中，被传输的信息是以字符的形式存在的，由一串字符构成一个报文（Message），通常称为信息文电，它载荷着用户信息。为了便于在数据链路上传输，信息文电可划分成若干个码组（Block）。

表 3-4　　　　　　　　　　　　　　　　IBM 的 BSC 协议控制字符

字　符	定　义	功　能
ACK	确认应答	正确接收数据
NAK	否认应答	接收的数据有错误
ENQ	询问	请求访问线路
DLE	数据链路转换码	实现透明传输
SYN	同步	建立同步
STX	文本开始	开始传送数据
SOH	首部开始	首部字段接在后面
ETX	文本结束	结束整个数据文件
ETB	传送块结束	结束数据块
EOT	传送结束	终止传送

2．面向字符的协议操作规程

（1）点对点的数据链路操作规程

点对点的数据链路操作规程比较简单，但它却是各种不同结构的数据链路操作规程的基础。图 3-29 所示为一种最基本的半双工通信方式的控制过程。

假定一条数据链路上的两个通信实体分别为站 1 和站 2，在某一时刻的 S 状态，站 1 有数据要传送到站 2，则站 1 主动发出 ENQ 信息，此时站 1 就成为主站。当站 2 收到 ENQ 后，站 2 就成为次站。若站 2 已准备好接收，就给对方回送一个确认信息 ack，于是完成一次建立半双工数据链路。

站 1 收到 ack 信息后，就以同步或异步方式开始发送数据帧（DATA）。为了数据传输的可靠，发送一定数据后，必须暂停一会，收到对方的确认信息 ack 后才能继续发送数据。若全部数据发送完毕，就发送一个结束信息 EOT，表示本站此次传输已经结束，于是变为 E 状态。

若由于实际通信线路造成的传输差错，或接收站尚未准备好的情况，接收站可以回送否认信息 nak，或不回送任何信息。对于发送站，收到 nak 后，应立即重发在此之前刚发送的信息 ENQ 或 DATA。若发送站在等待回送期间收不到任何信息，就认为出现了异常情况。发送站必须有正确处理这种异常情况的措施，对异常情况的处理过程称为恢复过程。

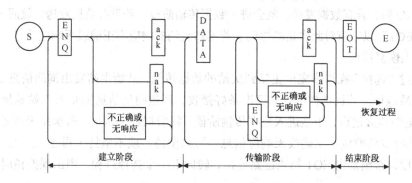

图中大写字母表示发送，小写字母表示接收；S 代表起始状态，E 代表结束状态

图 3-29　点对点数据链路半双工传输控制过程

在点对点链路组成的半双工通信系统中，若一条线路连接两个数据站，两个站同时要求建立数据链路时就会产生冲突，这种操作方式称为争用方式（Contention）。

（2）多点数据链路操作规程

多点数据链路上操作方式的选择，取决于是否存在一个被指定的主站。若存在一个主站，则数据传输只能在主站与某一个次站之间进行，次站之间不传输数据。多点数据链路的操作规程是**探询/选择方式**。

① 探询方式是主站不断地依次地向各个从站发送"询问序列"，询问哪个站要发送数据，从站只有在收到"询问序列"后才能向主站发送数据；发送完毕后，主站向从站返送"确认序列"的方式。

② 选择方式是由主站根据从站的地址信息发送"选择序列"，当从站收到"选择序列"后，准备接收数据的方式。

不论是探询与选择方式，还是争用方式，都要经过建立链路、数据传输和链路拆除 3 个阶段。由于在多点链路中存在 1 个以上的次站，在建立阶段需要在控制信息中附加地址信息，因而要求通信实体必须具有寻址的能力。图 3-30 给出了探询与选择方式的链路建立过程图。

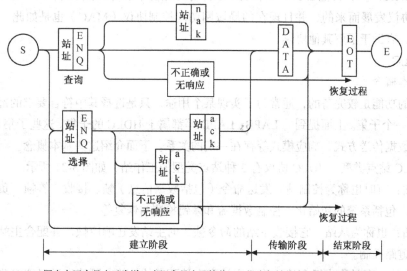

图中大写字母表示发送，小写字母表示接收：S 代表起始状态，E 代表结束状态

图 3-30　多点数据链路传输控制过程

主站通过"探询"操作依次向次站发出询问信息 ENQ，并携带被查询的次站地址。被查询的次站收到 ENQ 后，若有数据发送，就会进入数据传输阶段；若没有数据发送，就回送 nak，然后主站送出"EOT"以结束对此次站的探询。若主站收到的响应不正确或无响应信息，则作异常情况处理，进入恢复过程。

主站通过"选择"操作来完成主站到次站的数据传输，开始主站发出询问信息 ENQ 并携带被查询的次站地址。若被选择的次站已准备好接收，回送确认信息 ack 及本站地址。主站收到 ack 后完成链路建立过程，于是进入数据传输阶段，将数据逐块送出。若次站未准备好，可回送 nak。若主站收到的响应不正确或无响应信息，可以坚持（或不坚持）再送 ENQ。若成功，则进入传输阶段，否则发出 EOT 结束链路连接，转向下一个选择过程。当出现差错时，进入相应的恢复过程。

上面所述的操作规程是最基本的，不管采用哪一种实用的数据链路控制规程，其基本原理都是相似的。对于探询/选择方式，实际应用主要有用于卫星通信的 ALOHA 以及用于局域网的 p-坚持、非坚持、CSMA（载波侦听多址访问）、CSMA/CD（带碰撞检测的载波侦听多址访问）、令牌环和令牌总线等竞争协议，有关协议内容请参考相应的参考书。

3.4.4　面向比特的协议

1. 概述

在过去的 20 年里出现了许多不同的面向比特的协议，制定的每个协议都想成为标准。但是大多数协议是专用的，是厂商为了支持他们自己的产品而设计的。高级数据链路控制协议（HDLC）是 ISO 组织设计的，并已成为现在所有使用的面向比特的协议的基础。

1975 年，IBM 首先研究开发了面向比特的协议——同步数据链路控制（SDLC），并使 ISO 接受 SDLC 协议，使之成为标准。1979 年，ISO 提出了 HDLC 作为回应，该协议是基于 SDLC 的。从 1981 年开始，ITU-T 开发了一系列基于 HDLC 协议的协议，称为链路访问协议（LAPx：LAPB、LAPD 及 LAPDm 等），其他由 ITU-T 和 ANSI 研制的协议（如帧中继协议、PPP 协议等）也都是从 HDLC 协议发展而来的，并且现在的局域网访问控制协议（MAC）也是如此。因此，了解 HDLC 协议，有助于了解其他协议。

2. HDLC

（1）基本概念

HDLC 的功能是较完备的，通常为了实现某个用途，只是选择其中符合要求的部分功能，构成 HDLC 的一个子集。上面提到的 LAPB、LAPD 等都属于 HDLC 的子集。这些子集与站点类型、链路结构、数据传送方式和响应模式等存在一定的关系。下面介绍这些基本概念。

① HDLC 站点类型。HDLC 协议有 3 种站点类型的工作站，如图 3-31 所示。

● 主站：有时也称为控制站。发送命令（包括数据信息）帧、接收应答帧，负责对整个链路实行管理，包括系统的初始化、控制数据流和差错检测与恢复等。

● 次站：也称为从站。它接收主站的命令帧，向主站发送响应帧，并配合主站参与差错控制与恢复等链路控制。

● 复合站：有时称为组合站，兼有主站和次站两者的功能，既能发送又能接收命令帧和响应帧，并负责整个链路的控制。

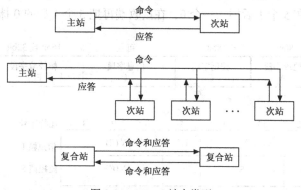

图 3-31　HDLC 站点类型

体现主站与从站关系的一个实例是计算机与终端的关系。

② HDLC 链路结构。HDLC 链路结构分为非平衡型结构和平衡型结构两种。

● 非平衡型结构：非平衡由一个主站和一个或若干个次站组成，前者为点对点式链路结构；后者为多点式链路结构。非平衡型结构的一个典型实例即是一台计算机和一台或多台终端。

● 平衡型结构：平衡型结构又分为两种，一种是对称结构，链路两端的站均有主站和次站组合而成；一种是平衡结构，通信双方的站点均由组合站构成。

注意，HDLC 并不支持多点平衡配置，因此，在局域网中必须引入媒体访问协议。

③ HDLC 操作模式。根据通信双方的链路结构和传输响应类型，HDLC 支持正常响应方式（NRM）、异步响应方式（ARM）和异步平衡方式（ABM）3 种不同的操作方式。

● 正常响应方式：在正常响应方式下，仅当次站被主站探询后，才能传输信息帧和有关帧。

● 异步响应方式：异步响应方式时，只要信道有空闲，次站可不经过主站探询就发送信息帧和有关帧。

● 异步平衡方式：在这种方式中，所有站点是平等的，任意复合站均可以在任意时间、也不需要收到复合站发出的命令帧就发送响应帧。

（2）HDLC 帧格式（帧结构）

HDLC 使用的是同步传输，所有的传输均为帧的形式。所谓帧，是通过通信线路传输信息的基本单元，HDLC 协议定义了信息帧（I 帧）、监控帧（S 帧）和无编号帧（U 帧）3 种类型的帧。其中，I 帧用来传输用户数据以及与用户数据有关的控制信息；S 帧用来传输控制信息，包括数据链路层流量和差错控制信息等；U 帧用于链路的建立、拆除及多种控制功能，不包含任何确认信息，U 帧所携带的信息作用是对链路进行管理。

HDLC 的帧结构如图 3-32 所示。一个完整的帧由标志字段、数据站地址字段、控制字段、信息字段和帧校验字段组成。位于信息字段前的字段统称为首部（Header），而跟在信息字段后的 FCS 和标志字段称为尾部（Trailer）。

① 标志字段。标志字段（F）为 8bit 序列 01111110，所有帧都必须以标志字段为开始和结束，单个标志可兼作上一个帧的结束和下一个帧的开始标志。连接数据链路上的数据站时，都要不断地搜索这个序列，用作帧同步，然后再送往线路校验字段——FCS 字段。当信息字段中出现比

特序列 01111110 时，采用"插 0 技术"对进入信息字段的比特流进行处理。若信息字段发现有连续的 5 个 1 出现，就在 5 个 1 后插入一个 0，在接收端再把 5 个 1 后的 0 抹去。

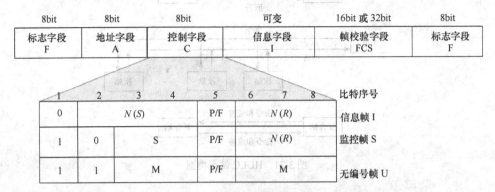

图 3-32 HDLC 帧的基本格式

② 地址字段。地址字段（A）位于开始标志字段之后、控制字段之前，用 8bit 表示链路上发送或接收帧的地址。在命令帧中，地址总是标识该帧所要到达的数据站；而在响应帧中，地址总是标识发出该响应的数据站。

③ 控制字段。控制字段（C）用 8bit 构成各种命令和响应，还可能包含序号，用来标识帧的功能和目的。控制字段包含命令、响应以及帧序号。命令用于指示对方站完成某种操作，响应表示对命令的应答。为了区分所传送的是信息还是监控序列，存在 3 种不同的控制字段，如图 3-32 所示。第 1 比特为 0 的控制字段表示信息传送格式，第 1 和第 2 比特为 10 的控制段表示监控格式，为 11 的表示无编号格式，即分别为 I 帧、S 帧和 U 帧。I 帧第 2～4 比特所表示的 $N(S)$ 是发送信息帧的序号，第 6～8 比特所表示的 $N(R)$ 为所等待的下一个接收帧序号，即表示对已收到的 $N(R)-1$ 个信息帧做出肯定应答。控制字段中，第 5 个比特称为 P 比特或 F 比特，在命令帧中使用 P 比特，称为探询比特；在响应帧中使用 F 比特，称为终了比特。在发送 U 帧时，不改变 $N(S)$ 和 $N(R)$ 的值，因此不需要送这两个值，各种命令和响应均用 5 个比特的 M 表示。S、M 比特位分别表示 S 帧与 U 帧的命令（或响应）格式。

④ 信息字段。信息字段（I）可以是任意的比特序列，通常在具有数据的 I 帧里同时包含流量、错误等控制信息。在数据通信中，将想要发送的数据和控制信息结合在一起，称为**捎带确认**。

⑤ 帧校验字段。每帧都包含一个循环冗余校验序列（FCS），校验范围是除帧标志以外的字段，即 A、C 和 I 字段。HDLC 采纳了 ITU-T 建议的校验生成多项式，即 $G(x) = x^{16} + x^{12} + x^5 + 1$。后来又提出用 32 比特的 FCS 规定，以增强检错能力。FCS 字段的产生示意如图 3-33 所示。

⑥ 其他内容。U 帧的 M 字段的值定义了通信的协议，即主站发送命令，从站通过对这两个字段的设定来响应这些命令。表 3-5 列出了一个 U 帧的命令和响应。

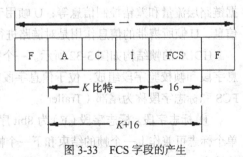

图 3-33 FCS 字段的产生

表 3-5   U 帧的命令和响应

名 称	含义（C=命令，R=响应）	名 称	含义（C=命令，R=响应）
SNRM	设置正常响应模式（C）	UP	无编号探询（C）
SNRME	设置扩展正常响应模式（C）	UI	无编号信息（C 或 R）
SARM	设置异步响应模式（C）	XID	交换标识（C 或 R）
SARME	设置扩展异步响应模式（C）	RIM	请求初始化模式（R）
SABM	设置异步平衡模式（C）	RD	请求断开连接（R）
SABME	设置扩展异步平衡模式（C）	DM	断开连接模式（R）
DISC	断开连接（C）	UA	无编号确认（R）
RESET	重设（C）	TEST	测试（R 或 C）
SIM	设置初始化（C）	FRAM	拒绝帧（R）

S 帧用来指出站的工作状态或用于未正确接收的帧的应答，S 字段定义如下。

- RR：主站或次站用以表示已准备好接收信息，并确认前面收到的编号至 $N(R)-1$ 为止的所有 I 帧。
- REJ：数据站用以请求重发编号以 $N(R)$ 为起始的帧，而 $N(R)-1$ 以前的帧已被确认。当收到一个 $N(S)$ 等于 REJ 的 $N(R)$ 的 I 帧时，REJ 异常状态可被清除。
- RNR：数据站未准备好，表示处于忙状态，不能接收后续的 I 帧，而 $N(R)-1$ 为止的 I 帧已被确认。必须通过发送 RR 或 REJ，才能开始发送信息帧。
- SREJ：数据站用以请求重发编号为 $N(R)$ 的单个帧，而编号到 $N(R)-1$ 为止的帧已被接收。收到一个 $N(S)$ 等于 SREJ 帧的 $N(R)$ 的 I 帧时，SREJ 的异常状态就消除。

（3）HDLC 实例

下面给出几个使用 HDLC 进行通信的实例。

【例 3-1】用 REJ 进行差错恢复的 HDLC 传输实例。

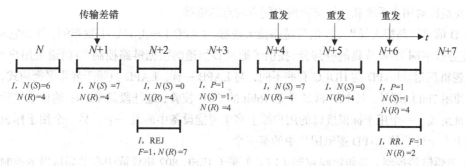

注意：REJ 用以请求重发编号以 $N(R)$ 为起始的帧，这里 $N(R)=7$。

【例 3-2】用 SREJ 进行差错恢复的 HDLC 传输实例。

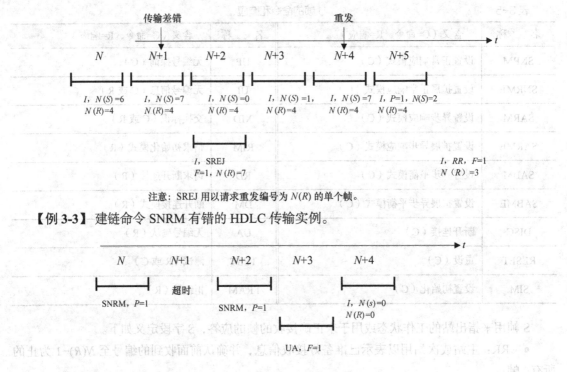

注意：SREJ 用以请求重发编号为 $N(R)$ 的单个帧。

【例 3-3】 建链命令 SNRM 有错的 HDLC 传输实例。

解析：主站发送的建链命令 SNRM 有差错，在超时时限内没有收到次站的 UA 响应，这时主站重发 SNRM 命令，且 $P=1$；次站收到该命令后，发送 $F=1$ 的 UA 响应。

独立的链路产品中最常见的当属网卡，网桥也是链路产品。目前，HDLC 的功能已经固化在超大规模集成电路中，使用者只要了解其协议的功能和这种超大规模集成电路的使用方法，用它构成一个通信系统，就可方便地实现计算机间的通信。

（4）其他数据链路控制协议

除 HDLC 外，还有许多其他重要的数据链路协议，它们都类似于 HDLC，有些实际上是对HDLC 的修改，有些则提供了一些附加功能。这里只简单地介绍一些重要的协议。

① 平衡链路接入规程。平衡链路接入规程（LAPB）是由 ITU-T 发布的，作为分组交换网接口标准的一部分。它是 HDLC 的子集，只提供了异步平衡模式下的 HDLC。它的格式与 HDLC 一致，主要是针对用户系统和分组交换网之间点对点的链接。

② D 信道链路接入规程。D 信道链路接入规程（LAPD）是由 ITU-T 发布的，作为它对 ISDN（综合业务数字网）的规范集的一部分，提供了通过 D 信道的数据链路控制。D 信道是用户与 ISDN接口的逻辑信道。LAPD 与 HDLC 有些不同，与 LAPB 一样，LAPD 只限于异步平衡模式。LAPD只允许使用 7bit 的序号，其中的 FCS 总是 16bit 的 CRC 校验，地址段是 16bit；地址段实际上由两个子地址组成，一个用于标识接口的用户端上多个可能设备中的某一个，另一个用于标识接口的用户端上多个可能的 LAPD 逻辑用户中的某一个。

③ 逻辑链路控制。逻辑链路控制（LLC）属于 IEEE 802 协议族中有关局域网的控制操作标准，不具有 HDLC 中的某些属性，而它的一些属性在 HDLC 中也没有。LLC 和 HDLC 之间最明显的区别在于格式上的不同。实际上，LLC 被分为媒体接入控制（MAC）和 LLC 层两层，LLC层的操作位于 MAC 层之上。

其他数据链路层协议还有帧中继和 ATM（具体内容见第 5 章），以上所介绍的都是面向比特的数据链路协议。另外，Internet 网的链路协议——"PPP"也是数据链路层协议，不过它是面向字符的，相关内容将在下面重点介绍。

3.4.5 Internet 的点对点协议

Internet 是由各种各样的主机、网络设备和通信网基础设施互连而成的网络。在单个建筑物内广泛采用局域网（LAN）进行互连，但在大多数宽阔的区域内（即通常所说的广域网），网络是由点到点（Point to Point）链路进行互连的。目前，有串行线路 Internet 协议（SLIP）和点到点协议（PPP）两种点到点链路协议广泛用于 Internet 上。本节将介绍 Internet 中点到点链路上使用的数据链路协议。

1．Internet 中的点到点链路

在实际应用中，点到点的通信主要用于以下两种情况。

（1）路由器—路由器租用线路

单个 LAN 或多个 LAN 连接一个路由器，每个 LAN 都有一些主机（如个人计算机、用户工作站和服务器等）。通常这些路由器是通过一个主干局域网互联的，路由器与远处的路由器通过点到点的线路连接。这些路由器和线路构成了通信子网，在通信子网的基础上构成了 Internet。

（2）拨号主机—路由器

单个计算机通过 Modem 和拨号电话线直接和 Internet 相连，这种情况是点到点线路连接的典型。

图 3-34 所示为 Internet 上点到点的连接。不论是上述哪一种情况的连接方式，都需要点到点的数据链路层协议来完成成帧、差错控制和数据链路层的其他功能。

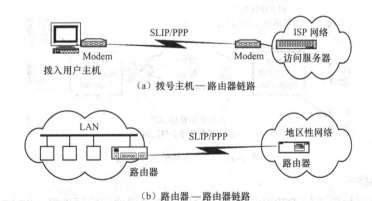

（a）拨号主机—路由器链路

（b）路由器—路由器链路

图 3-34　Internet 上的点到点链路

2．串行线路 Internet 协议

虽然串行线路 Internet 协议（Serial Line Internet Protocol，SLIP）被用于 Internet 中，但它并不是一个 Internet 标准。SLIP 是较早用于 Internet 的链路协议，是于 1984 年由 Rick Adams 设计用于 SUN 工作站通过拨号线路经 Modem 接入 Internet 的一种简单协议。SLIP 包含在 Unix 操作系统的几个版本中，是一个相对简单的协议。在 SLIP 中只定义使用 END 和 ESC 两个字符。SLIP

需要在连接的两端设置一致的数据包。SLIP 一直没有成为 Internet 的标准协议，存在许多不兼容的版本，使网络互通经常发生问题。

3．点到点链路协议

在 20 世纪 80 年代末，SLIP 阻碍了互联网的发展，1990 年由 IETF 提议点到点链路协议（PPP）作为标准替代 SLIP。PPP 是可以在异步的和同步的拨号和串行的点到点线路上传输的协议。PPP 是基于高级数据链路控制（HDLC）标准的，能够进行错误检测，支持多种协议，能够建立路由器之间或者主机到网络之间的连接。

（1）PPP 的特性

PPP 的特性如下所述。

- 能够控制数据链路的建立。
- 能够对 IP 地址进行分配。
- 允许同时采用多种网络层协议。
- 能够配置和测试数据链路。
- 能够进行错误检测。
- 能够对网络层的地址和数据压缩等进行协商。

（2）PPP 的组成

PPP 主要由以下 3 部分组成。

- PPP 采用 HDLC，作为在点到点的链路上封装数据包的方法。
- 链路控制协议（LCP），用来建立、配置和测试数据链路。
- 网络控制程序（NCP），用来建立和配置不同的网络协议。

目前，PPP 除了支持 IP 外，还支持 IPX 协议和 DECnet 协议，如图 3-35 所示。PPP 使用网络控制程序对多种协议进行封装。

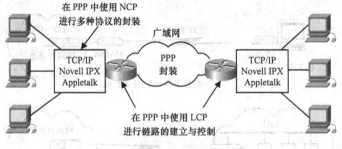

图 3-35　PPP 支持的网络组成

（3）PPP 帧格式

PPP 用于高层协议（如 TCP/IP）在用户之间建立简单的广域网连接。PPP 帧内嵌有信息，可以直接到达正确的数据链路层上的目的地址。PPP 帧格式很像 HDLC 帧，根据 PPP 帧携带的是数据还是控制信息，可将它分成 3 种帧格式。

① PPP 信息帧。PPP 信息帧的报头字段如图 3-36 所示。

标志位	地址	控制	协议	信息	FCS	标志位

图 3-36　PPP 信息帧

PPP 信息帧报头字段包括如下几部分。

- 标志位——8bit，同步比特。
- 地址、控制——均为 8bit。
- 协议——16bit，包括高层寻址及如 0021H（TCP/IP）、0023H（OSI）、0027H（DEC 公司）、002BH（Novell 公司）等一些公用地址。
- 信息——可变信息段包含可能由 IP 等网络层报头打头的数据。
- FCS——16bit，用于差错控制。
- 标志位——1bit，表示帧的结束，可以开始下一帧。

② PPP 链路控制帧。该帧可以用来指定特定的数据链路选择方案，例如在异步链路上要释放哪些字符；也可以通过协商，不发送标志位或地址字节，将协议段由 2 字节减少为 1 字节，以便更有效地利用线路。图 3-37 给出了一个 PPP 链路控制帧的报头。

标志位	地址	控制	协议	链路控制数据	FCS	标志位

图 3-37 PPP 链路控制帧

③ 网络控制帧。它用来协商使用报头压缩等问题，也可以用来动态地协商链路每一端的 IP 地址。图 3-38 所示为 PPP 网络控制帧的报头格式。

标志位	地址	控制	协议	网络控制数据	FCS	标志位

图 3-38 PPP 网络控制帧

（4）PPP 会话的建立过程

PPP 提供了建立、配置、维护和终止点到点连接的方法。PPP 经过以下 4 个阶段在一个点到点链路上建立通信连接。

- 链路的建立和配置协调：通信的发起方发送链路控制帧来配置和检测数据链路。
- 链路质量检测：在链路已经建立、协调之后，这一阶段是可选的。
- 网络层协议配置协调：通信的发起方发送网络控制帧，以选择配置在这一阶段选定的网络层协议。例如 TCP/IP、Novell IPX 和 AppleTalk。配置完成后，通信双方可以发送各自的网络层协议数据包。
- 关闭链路：通信链路将一直保持到链路控制或网络控制帧关闭链路。

总之，PPP 适用于 Modem 线路、HDLC 比特流线路、同步数字系列（SDH）高速线路以及其他物理层连接，是一种具有多协议封装机制的数据链路协议。

4. PPP 在 Internet 中的应用

目前，计算机用户可以采用 PPP 方式拨号上网，成为 Internet 上的一个注册节点，也就是成为一台具有独立有效 IP 地址的 Internet 主机。以 PPP 方式入网，在性能上优于以仿真终端方式入网，特别是 PPP 方式可以使用具有图形界面的应用软件，如 Netscape Navigator、Microsoft IE 等。以 PPP 方式入网是近年来发展最快的一种 Internet 入网方式，但这种方式在使用图形界面时对通信速率有一定要求（不小于 9 600bit/s）。相对于专用访问方式来说，PPP 被称为"准专用访问"技术。这种连接方式使用电话线和调制解调器拨号连接到 Internet 的某台主机上，当不需要访问 Internet 时，电话线仍然可以作为他用。一旦通过运行 PPP 软件与 Internet 上的某台主机相连，用户就可以成为 Internet 的正式成员了。用户的计算机并不作为终端，它和主机都使用 PPP 通信，主机只作为 Internet 的"访问点"，用户的计算机是 Internet 物理上的一部分，可以有自己的主机名和 IP 地址，"访问点"主机将 TCP/IP 数据包转发给用户的计算机，用户的计算机再重新组合这些数据包。这种连接方式需要一个最少能以 9 600bit/s 的速率传输数据的 Modem。

3.5 TCP/IP

3.5.1 TCP/IP 概述

1. TCP/IP 模型

TCP/IP 起源于 20 世纪 60 年代末美国政府资助的一个网络分组交换研究项目，是发展至今最成功的通信协议，它被用于当今所构筑的最大的开放式网络系统 Internet 之上。TCP 和 IP 是两个独立且紧密结合的协议，负责管理和引导数据报文在 Internet 上的传输；二者使用专门的报文头定义每个报文的内容，TCP 负责和远程主机的连接，IP 负责寻址，使报文被送到其该去的地方。

TCP/IP 也分为不同的层次开发，每一层负责不同的通信功能。但 TCP/IP 简化了层次设备（只有 4 层），由下至上分别为物理层、网络接口层、网络层、传输层和应用层，如图 3-39 所示。

OSI 参考模型	TCP/IP 模型
应用层（application）	应用层（application）
表示层（presentation）	
会话层（session）	
传输层（transport）	传输层（transport）
网络层（network）	网络层（network）
数据链路层（data link）	网络接口层（data link）
物理层（physical）	物理层（physical）

图 3-39 TCP/IP 模型

各层的主要功能如下所述。

（1）应用层

应用层负责支持网络应用，包括支持 Web 的 HTTP、支持电子邮件的 SMTP 和支持文件传输的 FTP 等协议。

（2）传输层

传输层负责把应用层消息递送给终端机的应用层。Internet 上的传输控制协议（Transfer Control Protocol，TCP）和用户数据包协议（User Datagram Protocol，UDP）都能递送应用层消息，TCP

提供面向连接服务，而 UDP 提供无连接服务。TCP 为应用层提供许多重要的服务，保证把应用层消息递送到目的地，把很长的消息分割成比较小的消息段，提供超时监视和端对端的确认和重递送功能，提供流程控制方法使得源端能够根据拥挤情况调节传输速率。

（3）网络层

网络层为数据包安排从源端到终端的行程。Internet 在网络层上有网际协议 IP 和网际控制消息协议（Internet Control Message Protocol，ICMP）等协议。传输层协议就是依赖 IP 安排传输层消息段从源端到达终端的。

（4）网络接口层

网络接口层负责把数据帧从一个网络单元（主机或者交换机）递送到相邻网络单元。网络接口层协议包括以太网、ATM 和端对端协议等。由于数据包需要途经好几个链路才能从源端到达终端，因此数据包可能要沿着它所经历的路线由不同的链路层协议来处理。例如，一个数据包也许要由一个链路上的以太网协议和下一个链路上的 PPP 来处理。

（5）物理层

物理层的责任是把数据帧中的数据从一个网络单元递送到相邻网络单元。这一层的协议则取决于链路的实际传输介质，例如双绞线和单模态光纤。这一层上要规定位速率、传输电压、调制方式和编码方法。

2．TCP/IP 协议栈

TCP/IP 协议栈不是指这两个单独的协议组成的协议栈，而是由许多协议组成的协议栈。TCP/IP 协议栈组合了 100 多个协议，典型协议如表 3-6 所示，各协议说明如下。

表 3-6　　　　　　　　　　　　　　　TCP/IP 协议栈

层　　次	执行的协议	
应用层	FTP，Telnet，SMTP，MIME，X，HTTP，Kerberos，DNS	NFS，SNMP，TFTP，RPC，DNS，专用协议
传输层	TCP	UDP
网络层	IP，ICMP，IGMP	
网络接口层	HDLC，PPP，SLIP，Ethernet，X.25，FDDI，TokenRing	
物理层	RS-232，V.35，10Base，FiberOptic	

CLNP：Connectionless Network Protocol，无连接网络协议。

DNS：Domain Name System，域名系统。

HDLC：High-level Data Link Control，IBM 高级数据链路控制规。

ICMP：Internet Control Message Protocol，网际控制消息协议。

IGMP：Internet Group Multicast Protocol，Internet 多目标广播协议。

Kerberos：科巴楼司协议，美国麻省理工学院制定的一种网络确认协议。

MIME：Multipurpose Internet Mail Extension protocol，多用途网际邮件扩充协议。

NFS：Network File System，网络文件系统。

RPC：Remote Procedure Call，远程过程调用。

SMTP：Simple Message Transfer Protocol，简单邮件传输协议。

SNMP：Simple Network Management Protocol，简单网络管理协议。

TFTP：Trivial File Transfer Protocol，普通文件传输协议。

TP4：Transport Protocol Class 4，传输协议类4。

X：X-Windows。

协议层上的协议由软件、硬件或者软硬件组合执行。应用层协议（如 HTTP 和 SMTP）和传输层协议（如 TCP 和 UDP）几乎都是用软件执行；物理层和数据链路层协议负责链路上的通信，因此通常在网络接口卡上执行，例如以太网卡或者 ATM 接口卡；网络层上的协议通常由软件或者由软硬件联合执行。TCP/IP 协议堆中的每一层协议都有它自己的职责，此外，为使上下层之间工作协调，层与层之间的接口必须有精确的定义，这些精确的定义在相应的标准中都有详尽的说明。

3.5.2　网络地址的概念

1. 物理地址

网络上需要与他人通信的任何一台设备都需要一个唯一的地址——物理地址（Physical Address），有时也叫做硬件地址。在一个给定的网络上，一个物理地址只能出现一次，否则域名服务系统就无法准确地确定目标设备。硬件地址通常设计在网络接口卡上，通过开关或者软件进行设置。

物理层会对每个过往的数据包（即协议数据单元 PDU）进行分析，如果数据包中接收者的机器地址与这台设备的物理地址相匹配，就把这个数据包传送到这台设备的物理层，否则就不予理睬。不同的计算机平台、不同的网络和不同的软件版本可能使用不同的名称约定，物理地址的长度也不相同。例如，以太网的物理地址使用48位，这是开发以太网的 Xerox 公司指定的地址长度。现在，为子网分配通用物理地址的任务由电气和电子工程师协会（IEEE）承担。IEEE 为每个子网分配24位长的组织唯一标识符（Organization Unique Identifier，OUI），而组织可指派另外一个24位的标识符。OUI 的格式如图3-40所示。

1 位	1 位	22 位	24 位
I/G	U/L	IEEE 指派的子网地址	当地分配的物理地址

I/G（individual / group）= 0 表示个人地址；1 表示组地址（group）

U/L（universal / local）= 0 表示 IEEE 指派；1 表示当地指派

图3-40　组织唯一标识符

在24位 OUI 格式中，有2位用作标志位，其余22位是 IEEE 指派的子网物理地址。当整个 OUI 都设置成1时，表示网络上的所有站点都是目的地址。另外24位用来表示当地管理的网络地址。OUI 的24位和当地管理的24位组合在一起形成的地址称为媒体接入控制（Media Aaccess Control，MAC）地址。当封装在网络上传输信息包时，有发送地址和接收地址两种 MAC 地址。

2. IP 地址

Internet 中的每台联网计算机都需要有一个唯一的地址，这样才能在计算机之间进行通信。

为此，人们定义了两种形式来表示计算机在 Internet 中的地址，一种是机器可识别的用数字表示的地址，通常称为网际协议地址（Internet Protocol address），简称为 IP 地址。Internet 的 IP 地址由美国国家科学基金会于 1993 年组成的 Internet 信息中心注册服务部门（InterNIC Registration Services）进行分配和注册，InterNIC 是 NSFnet（Internet）Network Information Center 的简写。另一种是人比较容易看懂的用字母表示的地址，称为域名地址（domain name address）。这两种地址可通过一个比方来帮助理解，类似于如我国的人口管理，每个公民都有一个用数字表示的身份证 ID 号码，又有一个用中文字表示的名字。IP 地址在扩充之前共有 32 比特，由类别、网络地址和主机地址共 3 个部分组成。

类别	网络地址	主机地址

IP 地址可分成 A 类（Class A）、B 类（Class B）、C 类（Class C）、D 类（Class D）和 E 类（Class E）5 类。其中，A、B 和 C 类地址是基本的 Internet 地址，是用户使用的地址；D 类地址是用于多目标广播的广播地址，E 类地址为保留地址。IP 地址的详细结构如图 3-41 所示。

								w								x								y								z	
位	0	1	2	3	4	5	6	7	8							15	16							23	24							31		
A 类	0	网络地址（数目少）							主机地址（数目多）																									
B 类	1	0	网络地址（数目中等）													主机地址（数目中等）																		
C 类	1	1	0	网络地址（数目多）																			主机地址（数目少）										
D 类	1	1	1	0	多播地址（Multicast Address）																													
E 类	1	1	1	1	0	保留为实验和将来使用																												

图 3-41　IP 地址的组成

A 类地址用于有许多机器联网的大型网络，在这种情况下需要使用 24 位的主机地址（Host address）来标识联网计算机，而网络地址使用 7 位来限制可被识别的网络数目。B 类地址用于联网机器数目和网络数目都为中等程度的网络，在这种情况下使用 16 位的主机地址和 14 位的网络地址。C 类地址用于联网机器数目少（最多 256）而网络数目多的网络。D 类地址用于多播（Multicasting）。

32 位的 IP 地址分成 4 组，每组为 8 位。因此可把 A 类地址想象成"网络地址.主机地址.主机地址.主机地址"，把 B 类地址想象成"网络地址.网络地址.主机地址.主机地址"，而把 C 类地址想象成"网络地址.网络地址.网络地址.主机地址"。32 比特的 IP 地址可用 4 个十进制数表示，用句点（.）隔开，并且每个数都小于 256。例如，10100110 01101111 00000001 01000010，用 4 个十进制数表示即为 166.111.1.66，是某个大学的一台服务器地址；又如，11001010 01100000 00111101 10101000 用 4 个十进制数表示即为 202.96.61.168，是某个电报局的一台服务器地址。如果用 w、x、y、z 分别表示这 4 字节，则这 3 类地址的范围如下。

- A 类：1.x.y.z～126.x.y.z，其中，127.0.0.1 不用作 IP 地址，而用于网络内部使用。
- B 类：128.x.y.z～191.x.y.z。
- C 类：192.x.y.z～223.x.y.z。
- D 类：224.0.0.0～239.255.255.255，其中，243.0.0.0 不可用。

多目标广播的地址范围为 224.0.0.0～239.255.255.255，也就是 D 类地址的范围。例如用于视听会议的 MBone（Multicast Backbone）的地址由 Internet 号码分配局（Internet Assigned Numbers Authority，IANA）指定为 224.2.*.*。网络使用 IP 地址可以确定数据是否要通过网关设备送出，如果网络地址与当前的网络地址相同就不必通过网关设备，否则就要通过网关设备。

3. 域名和域名系统

域名（Domain Name）是连接到网络上的计算机或者计算机组的名称，在数据传输时用来标识计算机的电子方位，有时也指地理位置。域名通常包含组织名，而且始终包括有 2～3 个字母的后缀，以指明组织的类型和所在的国家或地区。例如域名 "microsoft.com"，其中的 microsoft 是组织名，com 是 commercial 的缩写，代表商业组织。在美国使用的其他后缀包括 gov（政府）、edu（教育机构）、org（组织，一般指非营利组织）以及 net（网络，ISP 使用）。在美国以外，两个字的后缀表示该域所在的国家或地区，例如 uk（英国）、de（德国）、jp（日本）。

例如域名 "www.bta.net.cn"，其中，cn 表示在中国的 Internet；"net.cn" 表示原邮电部负责组建的 Internet 商业网，即 CHINANET；"bta.net.cn" 表示北京地区的 ChinaNET；"www.bta.net.cn" 表示北京地区 CHINANET 上一台联网服务器的名字。从这个例子可以看到，域名分成几个区域，从左到右表示区域的范围越来越大。域名最右边的区域具有最高级别，表示国家，如 cn 表示中国。

Internet 中的域名分为顶级（最高级）、二级、三级等不同等级，级别越低，域名越长。顶级域名有如下 3 类。

- 国家和地区，如 CN（中国）。
- 国际顶级域名，INT（仅此一个）。
- 通用顶级域名，共有 10 个（至 1996 年 12 月），如表 3-7 所示。

表 3-7　　　　　　　　　　　　　通用顶级域名

域　　名	域
arts	文化娱乐
com	公司
firm	企业或公司
info	信息提供单位
net	网络单位
nom	个人
org	事业单位
rec	娱乐活动单位
store	售货企业
web	www 单位

由于人们不容易阅读使用 4 个十进制数表示的联网机器和网络的 IP 地址，因此许多系统都采纳人更容易阅读和理解的名称，这种地址叫做域名地址（Domain Name Address）。域名地址是连接到 Internet 或者任何 TCP/IP 网络的某一台设备的地址。在分等级结构的系统中，使用 "词" 来标识服务器、组织和类型。例如 "www.tsinghua.edu.cn" 代表中国教育领域清华大学使用 HTTP 协议的一台计算机。因此一台联网机器在 Internet 中既有用户使用的域名地址（例如，www.tsinghua.edu.cn），又有信息递送软件使用的 IP 地址（例如 "166.111.9.2"），域名系统（Domain Name System，DNS）就是自动地把域名地址翻译成 IP 地址的系统。

DNS 中的域名服务 DNS（Domain Name Service）软件实际上是一张两列的查找表，一列是帮助记忆计算机的名称，另一列是用数字表示的 IP 地址，计算机的名称和它的 IP 地址是相对应的。这个软件存放在域名服务器（Domain Name Server，DNS）上，用户申请入网时需要 Internet 接入服务公司（Internet Service Provider，ISP）提供域名服务器的地址，例如 CHINANET 网络上的一个域名服务器地址是 202.96.0.133，当计算机首次联网时需要人工设置这个地址。

4．统一资源地址

　　Internet 资源所在的地址使用统一资源地址（Uniform Resource Locator，URL）表示法，它是识别 Internet 任何一个文件或资源地址的标准表示法。例如，清华大学网页（Web page）上的一个文件，用 URL 表示即为 http://www.tsinghua.edu.cn/docs/xydy/bjtag.html。又如，微软公司的主页（Home page）用 URL 表示即为 http://www.microsoft.com。

　　URL 的各组成部分的名称如图 3-42 所示。

图 3-42　统一资源地址的结构

3.5.3　网际协议（IP）

1．IP 包提供的服务

　　网际协议（Internet Protocol，IP）是 TCP/IP 协议栈中的一个协议，是网络层上的一个协议。虽然 Internet 这个词在协议名称里面，但它不限于用在 Internet，也可以用在与 Internet 完全无关的专用网络。Internet Protocol（IP）是整个 TCP/IP 协议组合的运作核心，也是构成互联网的基础。IP 对于 TCP/IP 协议栈来说，向上载送传输层的各种协议信息，如 TCP 和 UDP 等；向下将 IP 包放到链路层，通过各种局域网等技术来传送。IP 所提供的服务大致包括 IP 包的传送和 IP 包的分割与重组。

　　（1）IP 包的传送

　　IP 是负责网络之间信息传送的协议，可将 IP 包从源设备传送到目的设备。但是 IP 必须依赖 IP 地址和 IP 路由两种机制。

　　IP 规定网络上所有的设备都必须用一个独一无二的 IP 地址来识别，每个 IP 包都要记载目的设备的 IP 地址，这样 IP 包才能正确地传送到目的地。

若要在互联网中传送 IP 包，除了要确保网络上每个设备都有一个独一无二的 IP 地址外，网络之间还必须有传送的机制，才能将 IP 包通过一个个网络传送到目的地，这种传送机制称为 IP 路由。如图 3-43 所示，每个局域网通过路由器相互连接，路由器的功能是为 IP 包选择传送路径。

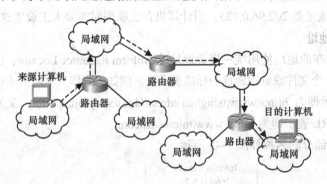

图 3-43　互联网上的 IP 路由传送机制

（2）IP 包的分割与重组

IP 必须将信息包放到链路层传送，每一种链路层的技术都会有所谓的最大传输单位（MTU），即该技术所能传输的最大信息包长度。表 3-8 所示为几种常见的最大传输单位。

表 3-8	常见的数据链路层技术的最大传输单位
技　　术	最大传输单位
以太网	1 500Byte
FDDI	4 352Byte
X.25	1 600Byte
ATM	9 180Byte

在传送过程中，IP 包可能会经过许多个使用不同技术的网络。假设 IP 包是从 FDDI 网络发出，原始长度为 4 352Byte，若 IP 路由途经以太网时的信息包太大，则无法在以太网中传输。为解决这个问题，路由器就必须对 IP 包进行分割与重组，将过长的 IP 包进行分割，以便在最大传输单位较小的网络上传输。分割后的 IP 包再由目的设备重组，恢复成原来的 IP 包长度。

2. IP 包的结构

IP 包是 IP 使用的传输单元，有时更明确地叫做 IP 数据包（IP Datagram）。IP 的主要内容是定义 IP 数据包标题（Internet Protocol Datagram Header），它由 6 个 32 位共计 24 字节组成，结构如表 3-9 所示。如果不使用"选择（option）"域，最短的标题是 5 个 32 位长的字。

表 3-9			IP 数据包标题的结构			
Version Number （版本号）	Header Length （标题长度）	Type of Service（服务类型）		Datagram Length（数据包长度）		
Identification（标识）			0	DF	MF	Fragment Offset（数据块偏移）
Time to Live（TTL）（生存时间）		Transport Protocol （传输协议）	Header Checksum（标题检查和）			
Sending Address（发送端地址）						
Destination Address（目的地地址）						
Options（选择）			Padding（填充）			

● **版本号**（**Version Number**）**域**：4 位长的版本号域包含协议软件使用的 IP 版本号，接收软件根据版本号就可以知道如何处理标题中其他域的内容。目前使用最广泛的版本号是 4。虽然有几个系统正在测试第 6 版本，叫做下一代网际协议（IPng）——IPv6，但 Internet 和大多数局域网目前还不支持这个新协议。

● **标题长度**（**Header Length**）**域**：4 位长的标题长度域包含由发送端创建的 IP 标题的总长度。最短的标题长度为 20 字节，最长为 24 字节。

● **服务类型**（**Type of Service**）**域**：8 位长的服务类型域用来引导 IP 如何处理数据包，它的格式如下。

Precedence（3 bits）	Delay	Throughput	Reliability	Not used

前 3 位表示数据包的优先权（Precedence），数值越大，表示优先权越高。但执行 TCP/IP 的大多数软硬件在实际中都不管这个域的值，对数据包的先后传送次序都一视同仁。后面 3 个 1 位的标志域分别是延迟（Delay）、吞吐量（Throughput）和可靠性标志，如设置为 0，表示正常值；如果设置成 1，则分别表示低延迟、高吞吐量和高可靠性。当前的软硬件也都不管它们的设置。

数据包长度（**Datagram Length**）**域**：16 位长的数据包长度域中的数值是数据本身的字节数和标题长度的字节数之和。一个 IP 数据包的最大长度为 65 535 字节。

标识（**Identification**）**域**：该域包含一个由发送端创建的唯一的标识号，它在接收端用来引导如何把数据包还原成原来的消息。

标志（**Flags**）**域**：该域用来控制数据包的分块。由于一个 IP 数据包的最大长度不能超过 65 535 字节，因此有可能要把消息分成碎块。DF（Don't Fragment）=0 表示数据包可以分成碎块，DF = 1 表示数据包不可以分碎块；MF（More Fragments）=0 表示最后一个碎块，MF=1 表示后面还有碎块要处理。

数据块偏移量（**Fragment Offset**）**域**：当 MF（More Fragments）=1 时，该域包含碎块的位置信息。

生存时间 TTL（**Time to Live**）**域**：该域包含数据包在网络上保留的时间，其值由发送端设置，通常设置为 15s 或者 30s。

传输协议（**Transport Protocol**）**域**：该域包含传输协议的标识号，目前定义和指定了大约 50 个传输协议号，两个最重要的协议是网际控制消息协议（Internet Control Messages Protocol，ICMP）和传输控制协议（Transfer Control Protocol，TCP），协议号分别为 1 和 6。

标题检查和（**Header Checksum**）：该域的值仅由这个协议标题域中的值计算得到，不计算数据域中的值。

发送端地址（**Sending Address**）**和目的地地址**（**Destination Address**）：包含创建数据包时生成的 32 位 IP 地址。

选择（**Options**）**域**：主要用来提供安全保证的方法，有兴趣的读者请参看 RFC 791 文档。

与 IP 一起工作的一个协议是网际控制消息协议（Internet Control Message Protocol，ICMP）。在把消息从发送端传输到接收端的过程中可能会出现许多问题，例如生存时间 TTL 定时器到时、网关设备把数据包错送到其他地方等，让发送者知道数据包传输过程中出现的问题是很重要的事情，ICMP 就是为这个目的开发的协议。

Internet 现在使用的 IP 版本号是 4，使用的 IP 地址是 32 位。随着 Internet 用户量的不断扩大，32 位 IP 地址有可能会不能满足 Internet 发展的需求，因此近年来已经开始开发新的 IP 版本——IP version 6（IPv6），现在正在研究的几个提案是 TUBA（TCP and UDP with Bigger Addresses）和 SIPP（Simple Internet Protocol Plus）等。IPv6 的几个特性如下。

● 使用 128 位 IP 地址替代现在的 32 位 IP 地址。

● 具有更有效的 IP 标题，去除标题检查和（Header Checksum）。

● 可防止数据包分裂。

● 内置安全保密措施。

● 增加流动标签域（Flow Label field），帮助识别传输许多 IP 数据包的发送端和接收端，以提高传输速度。

3．IP 包的传递模式

在传送 IP 包时，一定会指明源地址和目的地址。源地址只有一个，但目的地址可能会代表单一或多个设备。根据目的地址的不同，IP 包的传递模式分为单点传送、广播传送和多点传送 3 种。

（1）单点传送

单点传送即一对一的传递模式。在此模式下，源端发出的 IP 包报头的目的地址只代表单一目的设备，因此，只有一个设备会收到此 IP 包，如图 3-44 所示。在 Internet 中传送的 IP 包绝大多数是单点传送的 IP 包。

（2）广播传送

广播传送是一对多的传递模式。在此模式下，源端设备所发出的 IP 包报头中的目的地址代表某一网络，而非单一设备。因此，该网

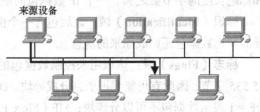

图 3-44　单点传送

络内的所有设备都会收到并处理此类 IP 广播信息。这样一来，广播信息必须小心使用，否则稍有不慎就会波及该网络内的全部设备。由于某些协议必须通过广播实现，如 ARP 地址解析协议，对于局域网就会有不少的广播信息包，如图 3-45 所示。

（3）多点传送

多点传送是一种介于单点传送与广播传送之间的传递模式。多点传送也属于一对多的传送方式，但是它与广播传送有很大的不同。广播传送必定会传送到某一个网络内的所有设备，但是多点传送却可以将信息包传送给一些指定的设备。也就是说，多点传送的 IP 包报头中的目的地址代表的是一些设备，只有这些设备才会收到多点传送的信息包，如图 3-46 所示。多点传送非常适合于传送一些即时共享的信息，例如股票信息、多媒体影音信息等，通过 Internet 时，则沿途的路由器都必须支持相关的协议。

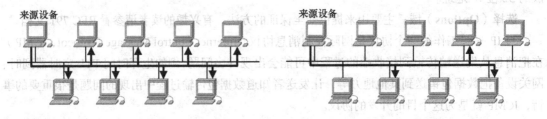

图 3-45　广播传送　　　　　　　　　图 3-46　多点传送

3.5.4 TCP

1．TCP 简介

TCP 是 TCP/IP 协议栈中的一部分。消息在网络内部或者网络之间传递时要打包，TCP 负责把来自高层协议的数据装配成标准的数据包，相当于在数据包上贴包装清单；而 IP 则相当于在数据包上贴收、发人的姓名和地址，TCP 和 IP 之间要进行相互通信才能完成数据的传输。TCP/IP 中的 IP 主要负责在计算机之间搬运数据包，而 TCP 主要负责传输数据的正确性。

TCP 是面向连接的协议。面向连接的意思是在一个应用程序开始传送数据到另一个应用程序之前，它们之间必须相互沟通，也就是它们之间需要相互传送一些必要的参数，以确保数据的正确传送。

TCP 是全双工的协议。全双工的意思是，如果在主机 A 和主机 B 之间有连接，A 可向 B 传送数据，B 也可向 A 传送数据。TCP 也是点对点的传输协议，但不支持多目标广播。TCP 连接一旦建立，应用程序就不断地把数据送到 TCP 发送缓存，如图 3-47 所示；TCP 就把数据流分成一块一块，再装上 TCP 协议标题以形成 TCP 消息段。这些消息段封装成 IP 数据包之后发送到网络上，对方接收到消息段之后就把它存放到 TCP 接收缓存中，应用程序就不断地从这个缓存中读取数据。

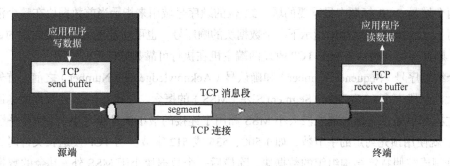

图 3-47　TCP 发送和接收缓存

TCP 为应用层和网络层上的 IP 提供许多服务，其中 3 个最重要的服务如下所述。

（1）可靠地传输消息

可靠地传输消息即为应用层提供可靠的面向连接服务，确保发送端发出的消息能够被接收端正确无误地接收到。接收端的应用程序确信从 TCP 接收缓存中读出的数据正确是通过检查传送的序列号（Sequence number）、确认（Acknowledgement）和出错重传（Retransmission）等措施给予保证的。

（2）流程控制

连接双方的主机都给 TCP 连接分配了一定数量的缓存，每当进行一次 TCP 连接时，接收方主机只允许发送端主机发送的数据不大于缓存空间的大小。如果没有流程控制，发送端主机就可能以比接收端主机快得多的速度发送数据，使得接收端的缓存出现溢出。

（3）拥挤控制

TCP 保证每次 TCP 连接不过分加重路由器的负担。当网络上的链路出现拥挤时，经过这个链路的 TCP 连接将自身调节，以减缓拥挤。

2．TCP 协议标题的结构

如前所述，TCP 递给 IP 的数据块叫做消息段。这个消息段由 TCP 协议标题域和存放应用程序的数据域组成，如图 3-48 所示。

	32 位	
Source Port Number（16 位源端端口号）		Destination Port Number（16 位目的地端口号）
Sequence Number（32 位顺序号）		
Acknowledgement Numbers（确认号）		
Length（标题长度） 未用 URG ACK PSH RST SYN FIN		Window Size（窗口大小）
Checksum（检查和）		Urgent Data Pointer（紧急数据指针）
Options（选择）		
Data（数据）		

图 3-48 TCP 标题的结构

TCP 协议标题有很多域组成，这里将几个比较重要的域作简单介绍。

（1）源端端口号（Source Port Number）域和目的地端口号（Destination Port Number）域

前者的 16 位域用来识别本机 TCP；后者的 16 域用来识别远程机器的 TCP。

（2）顺序号（Sequence Number）域和确认号（Acknowledgment Number）域

这两个域是 TCP 标题中最重要的域。32 位的顺序号域用来指示当前数据块在整个消息中的位置，而 32 位的确认号域用来指示下一个数据块的顺序号，也可间接表示最后接收到的数据块的顺序号。顺序号域和确认号域由 TCP 收发两端主机在执行可靠数据传输时使用。

在介绍顺序号（Sequence Number）和确认号（Acknowledgement Number）之前，首先要介绍 TCP 最大消息段大小（Maximum Segment Size，MSS）的概念。在建立 TCP 连接期间，源端主机和终端主机都可能宣告最大消息段大小 MSS 和用于连接的最小消息段大小。如果有一端没有宣告 MSS，就使用预先约定的字节数，如 1 500、536 或 512 字节。当 TCP 发送长文件时，就把这个文件分割成按照特定结构组织的数据块，除最后一个数据块小于 MSS 外，其余的数据块大小都等于 MSS。在交互应用的情况下，消息段通常小于 MSS，像 Telnet 那样的远程登录应用中，TCP 消息段中的数据域通常仅有一个字节。

在 TCP 数据流中的每个字节都编有号码。例如，一个 10^6 字节长的文件，假设 MSS 为 10^3 字节，第一个字节的顺序号定义为 0。

顺序号就是消息段的段号，段号是分配给该段中第一个字节的编号。例如，第 1 个消息段的段号为 0，它的顺序号就是 0；第 2 个消息段的段号为 1000，顺序号为 1000；第 3 个为 2000，顺序号为 2000；……，依此类推，如图 3-49 所示。

图 3-49 TCP 顺序号和确认号

确认号是终端机正在等待的字节号。在这个例子中，当终端机接收到包含字节 0～999 的第 1 个消息段之后，就回送一个第 2 消息段数据的第 1 个字节编号（本例中为 1000），这个字节编号就叫做确认号，本例中的确认号就是 1000，依此类推。

（3）检查和（Checksum）域

它的功能和计算方法同 UDP 中的检查和域。

（4）标（Flag）域

6 位标志位中的 URG 标志用来表示消息段中的数据已经被发送端的高层软件标为"urgent：紧急数据"，紧急数据的位置由紧急数据指针域中的值指定，遇到这种情况时，TCP 就必须通知接收端的高层软件；ACK 标志用来表示确认号的值是有效的；PSH 功能标志等于 1 时，接收端应该把数据立即送到高层；RST 标志等于 1 时，表示 TCP 连接要重新建立；SYN 标志等于 1 时，表示连接时要与顺序号同步；FIN 标志等于 1 时，表示数据已发送完毕。

（5）窗口大小（Window Size）域

16 位的窗口大小域用于数据流的控制，域中的值表示接收端主机可接收多少数据块。每个 TCP 连接主机都要设置一个接收缓存，当主机从 TCP 连接中接收到正确数据时就把它放在接收缓存中，相关的应用程序就从缓存中读出数据。但有可能当从 TCP 连接来的数据到达时操作系统正在执行其他任务，应用程序就来不及读取这些数据，这就很可能会使接收缓存溢出。因此，为了减少这种可能性的出现，接收端必须告诉发送端它有多少缓存空间可利用，TCP 就是借助它来提供数据流的控制，这也是设置 TCP 接收窗口大小的目的。收发双方的应用程序可以经常变更 TCP 接收缓存大小的设置，也可以简单地使用预先设定的数值，这个值通常是 2KB～64KB。

（6）标题长度（Length）域

4 位标题长度域用来说明 TCP 标题的长度，单位是 32 位组成的字的数目。由于 TCP 选择域（Option）是可选的，所以 TCP 标题的长度是可变的。这个域通常是空的，因此该域中的值通常是 5，标题的长度合计 20 个字节。

3．建立连接

TCP 连接不是端对端的 TDM 或者 FDM 线路连接，因为收发端之间的路由器并不维持 TCP 连接的任何状态，而 TCP 连接状态完全留驻在收发两端的主机中。现在来分析 TCP 连接建立的过程。

假设主机 A 想与主机 B 建立 TCP 连接，主机 A 就发送一个特殊的 TCP 连接请求消息段（Connection Request Segment）给主机 B，这个消息段封装在 IP 数据包中，然后发送到 Internet。主机 B 接收到这个消息段之后分配接收缓存和发送缓存给这个 TCP 连接，然后就给主机 A 回送一个允许连接消息段（Connection-Granted Segment）。主机 A 接收到这个回送消息段后也分配接收缓存和发送缓存，然后给主机 B 回送确认消息段（Acknowledgement Segment），这时主机 A 和主机 B 之间就建立了 TCP 连接，它们就可在这个连接上相互传送数据。由于主机 A 和主机 B 之间连接要连续交换 3 次消息，因此把这种 TCP 连接建立的方法称为三向沟通（Three-way Handshake）连接法，如图 3-50 所示。在三向沟通期间，将完成分配收发缓存、分配发送端端口号和接收端端口号等工作。

4．确认和重传

假设主机 A 和主机 B 之间有一个 TCP 连接，当主机 A 发送一个包含数据的消息段时，启动一个定时器后就等待主机 B 对这个消息段的响应。主机 A 在发送消息段之后等待在一定的时间里接收到主机 B 的响应，这个等待的时间称为传输等待时间（Timeout）。如果在等待时间之内没有接收到确认消息段，主机 A 就重发包含数据的消息段，这个过程如图 3-51 所示。

111

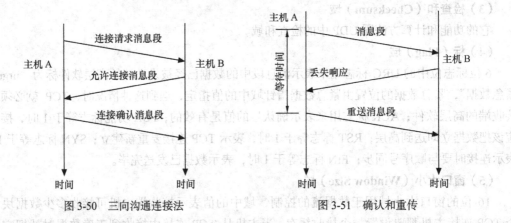

图 3-50 三向沟通连接法   图 3-51 确认和重传

当主机 B 接收到一个消息段时，延迟若干时间（通常 200ms）之后就回送一个确认消息段。
如果主机 B 接收到的消息段是无顺序的，TCP 执行软件会重新整理，使数据流符合主机 A 的发送
顺序，也会去掉重复的消息段。

3.5.5 UDP

1. UDP 简介

Internet 为网络应用提供了两种不同的传输协议，即用户数据包传输协议（User Datagram
Protocol，UDP）和传输控制协议（Transfer Control Protocol，TCP）。UDP 不提供端到端的确认和
重传功能，它不保证信息包一定能到达目的地，因此称为不可靠协议。应用开发人员选择 UDP 时，
应用层协议软件几乎都是直接与 IP 通信。不同的网络应用使用不同的协议，如表 3-10 所示。例
如，HTTP 使用 TCP，而普通文件传输协议（TFTP）则使用 UDP。各协议含义如下所述。

表 3-10   传输层协议与相邻层协议

应用层协议	HTTP, FTP, Telnet, SMTP, NNTP, ……	TFTP, RTP, Real Audio, ……
传输层协议	TCP	UDP
网络层	IP, ICMP, IGMP	

- HTTP（Hypertext Transfer Protocol）：超文本传送协议。
- FTP（File Transfer Protocol）：文件传输协议。
- Telnet：远程连接服务标准协议。
- SMTP（Simple Mail Transfer Protocol）：简单邮件传输协议。
- RTP（Real-time Transport Protocol）：实时传输协议。

2. UDP 的特性

UDP 是一个无连接协议，传输数据之前源端和终端不建立连接，当它想传送时，就简单地抓
取来自应用程序的数据，并尽可能快地把它扔到网络上。在发送端，UDP 传送数据的速度仅受应
用程序生成数据的速度、计算机的能力和传输带宽的限制；在接收端，UDP 把每个消息段放在队
列中，应用程序每次从队列中读一个消息段。

由于传输数据不建立连接，也就不需要维护连接状态，包括收发状态等，因此一台服务机可
同时向多个客户机传输相同的消息。

UDP 信息包的标题很短，只有 8 个字节，相对于 TCP 的 20 个字节信息包，其额外开销很小。

UDP 的吞吐量不受拥挤控制算法的调节，只受应用软件生成数据的速率、传输带宽以及源端和终端主机性能的限制。

虽然 UDP 是一个不可靠的协议，但它是分发信息的一个理想协议，例如在屏幕上报告股票市场、在屏幕上显示航空信息等。UDP 也用在路由信息协议（RIP）中修改路由表。在这些应用场合下，如果有一个消息丢失，在几秒之后另一个新的消息就会替换它。UDP 广泛用在多媒体应用中，例如 Progressive Networks 公司开发的 RealAudio 软件，它是在 Internet 上把预先录制的或者现场音乐实时地传送给客户机的一种软件，该软件使用的 RealAudio audio-on-demand protocol 就是运行在 UDP 之上的协议，大多数 Internet 电话软件产品协议也都运行在 UDP 之上。

3．UDP 的报头结构

UDP 数据包由 UDP 标题和数据组成。UDP 的标题结构如图 3-52 所示，由源端端口（Source Port）、目的地端口（Destination Port）、用户数据包的长度（Length）和检查和（Checksum）5 个域组成。其中，前 4 个域组成 UDP 标题（UDP header），每个域由 4 个字节组成；检查和域占据 2 个字节，用来检测传输过程中是否出现了错误；用户数据包的长度包括所有 5 个域的字节数。

许多链路层协议，包括流行的以太网协议，都提供错误检查，读者也许想知道为什么 UDP 也要提供检查和。原因是链路层以下的协议在源端和终端之间的某些通道可能不提供错误检测。虽然 UDP 提供错误检测，但检测到错误时，UDP 不做错误校

图 3-52 UDP 数据包的报头结构

正，只是简单地把损坏的消息段扔掉，或者给应用程序提供警告信息。收、发两端的两个进程是否有可能通过 UDP 提供可靠的数据传输？答案是肯定的，但必需要把确认和重传措施加到应用程序中，因为应用程序不能指望 UDP 来提供可靠的数据传输。

3.5.6 TCP 与 UDP 通信实例

1．TCP 的建立过程实例分析

（1）TCP 的建立

在主机 100.0.5.22 上通过 Web 页面访问 "www.google.cn"，并通过 sniffer 抓包分析一下 TCP 的工作过程，如图 3-53 所示为 TCP 的建立过程。

No.	Source Address	Dest Address	Summary	Abs. Time
1	[100.0.5.22]	[59.151.21.101]	TCP: D=80 S=1421 SYN SEQ=3265668752 LEN=0 WIN=16384	2006-12-07
2	[59.151.21.101]	[100.0.5.22]	TCP: D=1421 S=80 SYN ACK=3265668753 SEQ=2802975878 LEN=0 WIN=8190	2006-12-07
3	[100.0.5.22]	[59.151.21.101]	TCP: D=80 S=1421 ACK=2802975879 WIN=17520	2006-12-07

图 3-53 TCP 建立过程

这 3 行数据的核心意思就是 TCP 的三次握手。TCP 的数据包是靠 IP 来传输的，但 IP 只管把数据送出去，不能保证 IP 数据包能成功地到达目的地；保证数据的可靠传输是靠 TCP 来完成的。当接收端收到来自发送端的信息时，接收端发送一条应答信息，意思是 "我已收到你的信息了"。

通过第三组数据将能看到这个过程。TCP 是一个面向连接的协议，无论哪一方向另一方发送数据之前，都必须先在双方之间建立一条连接。建立连接的过程就是三次握手的过程。

- 请求端 22 号机（100.0.5.22）发送一个初始序号（SEQ）3265668752 给服务器 101 号机（59.151.21.101）。
- 服务器 101 号机收到这个序号后，将此序号加 1 得到 3265668753，作为应答信号（ACK），同时随机产生一个初始序号（SEQ）2802975878，这两个信号同时发回请求端 22 号机，意思为"消息已收到，让我们的数据流以 2802975878 这个数开始"。
- 请求端 22 号机收到后将确认序号（SEQ）2802975878 设置为服务器的初始序号，加 1 得到 2802975879，作为应答信号。

以上 3 步完成三次握手，双方建立了一条通道，接下来就可以进行数据传输了。具体的抓包过程如图 3-54、图 3-55、图 3-56 所示，注意握手过程中标识位的变化。

```
No. Source Address    Dest Address      Summary
1  [100.0.5.22]      [59.151.21.101]  TCP: D=80 S=1421 SYN SEQ=3265668752 LEN=0 WIN
2  [59.151.21.101]   [100.0.5.22]     TCP: D=1421 S=80 SYN ACK=3265668753 SEQ=28029

DLC: Ethertype=0800, size=62 bytes
IP:  D=[59.151.21.101] S=[100.0.5.22] LEN=28 ID=7163
TCP: ----- TCP header -----
TCP:
TCP: Source port                   = 1421
TCP: Destination port              = 80 (WWW/WWW-HTTP/HTTP)
TCP: Initial sequence number       = 3265668752    ← 初始序列号
TCP: Next expected Seq number      = 3265668753
TCP: Data offset                   = 28 bytes
TCP: Reserved Bits: Reserved for Future Use (Not shown in the Hex Dump)
TCP: Flags                         = 02
TCP:         ..0. .... = (No urgent pointer)
TCP:         ...0 .... = (No acknowledgment)
TCP:         .... 0... = (No push)
TCP:         .... .0.. = (No reset)
TCP:         .... ..1. = SYN                ← 标识位 SYN 置为 1
TCP:         .... ...0 = (No FIN)
TCP: Window                        = 16384
TCP: Checksum                      = 99F9 (correct)
TCP: Urgent pointer                = 0
TCP:
TCP: Options follow
TCP: Maximum segment size = 1460
TCP: No-Operation
TCP: No-Operation
TCP: SACK-Permitted Option
```

图 3-54 TCP 建立连接过程一

```
No. Source Address    Dest Address      Summary
2  [59.151.21.101]   [100.0.5.22]     TCP: D=1421 S=80 SYN ACK=3265668753 SEQ=28029
3  [100.0.5.22]      [59.151.21.101]  TCP: D=80 S=1421     ACK=2802975879 WIN=17520

DLC: Ethertype=0800, size=60 bytes
IP:  D=[100.0.5.22] S=[59.151.21.101] LEN=24 ID=23174
TCP: ----- TCP header -----
TCP:
TCP: Source port                   = 80 (WWW/WWW-HTTP/HTTP)
TCP: Destination port              = 1421
TCP: Initial sequence number       = 2802975878
TCP: Next expected Seq number      = 2802975879
TCP: Acknowledgment number         = 3265668753    ← 确认号
TCP: Data offset                   = 24 bytes
TCP: Reserved Bits: Reserved for Future Use (Not shown in the Hex Dump)
TCP: Flags                         = 12
TCP:         ..0. .... = (No urgent pointer)
TCP:         ...1 .... = Acknowledgment          ← 标识位 ACK 置为 1
TCP:         .... 0... = (No push)
TCP:         .... .0.. = (No reset)
TCP:         .... ..1. = SYN                     ← 标识位 SYN 置为 1
TCP:         .... ...0 = (No FIN)
TCP: Window                        = 8190
TCP: Checksum                      = 2359 (correct)
TCP: Urgent pointer                = 0
TCP:
TCP: Options follow
TCP: Maximum segment size = 1460
TCP:
```

图 3-55 TCP 建立连接过程二

```
No. Source Address   Dest Address    Summary
  3 [100.0.5.22]     [59.151.21.101] TCP: D=80 S=1421      ACK=2802975879 WIN=17520

⊞ 🖳 DLC: Ethertype=0800, size=60 bytes
⊞ 🝔 IP:   D=[59.151.21.101] S=[100.0.5.22] LEN=20 ID=7165
⊟ 🝔 TCP: ----- TCP header -----
     🗋 TCP:
     🗋 TCP: Source port          = 1421
     🗋 TCP: Destination port     = 80 (WWW/WWW-HTTP/HTTP)
     🗋 TCP: Sequence number      = 3265668753
     🗋 TCP: Next expected Seq number: 3265668753
     🗋 TCP: Acknowledgment number = 2802975879     ←— 确认号
     🗋 TCP: Data offset          = 20 bytes
     🗋 TCP: Reserved Bits: Reserved for Future Use (Not shown in the Hex Dump)
     🗋 TCP: Flags                = 10
     🗋 TCP:                        ..0. ....  = (No urgent pointer)
     🗋 TCP:                        ...1 ....  = Acknowledgment    ←— 标识位 ACK 置为 1
     🗋 TCP:                        .... 0...  = (No push)
     🗋 TCP:                        .... .0..  = (No reset)
     🗋 TCP:                        .... ..0.  = (No SYN)
     🗋 TCP:                        .... ...0  = (No FIN)
     🗋 TCP: Window               = 17520
     🗋 TCP: Checksum             = 16A4 (correct)
     🗋 TCP: Urgent pointer       = 0
     🗋 TCP: No TCP options
     🗋 TCP:
```

图 3-56 TCP 建立连接过程三

（2）TCP 数据传输

TCP 数据传输过程如图 3-57 所示。

```
No. Status Source Address   Dest Address    Summary                                                        Len (Bytes) Rel. 
  1  M     [100.0.5.22]     [59.151.21.101] HTTP: C Port=1421  GET / HTTP/1.1                               411         0:
  2        [59.151.21.101]  [100.0.5.22]    HTTP: R Port=1421  HTTP/1.1 Status=OK                           1484        0:
  3        [59.151.21.101]  [100.0.5.22]    HTTP: Continuation of frame 2; 751 Bytes of data               805         0:
  4        [100.0.5.22]     [59.151.21.101] HTTP: C Port=1421  GET /intl/zh-CN/images/logo_cn.gif          397         0:
  5        [100.0.5.22]     [59.151.21.101] HTTP: C Port=1422  GET /intl/zh-CN_cn/images/cn_icp.gi         399         0:
```

图 3-57 数据传输过程

这几行数据是数据传输过程中一个发送一个接收的过程。TCP 提供一种面向连接的、可靠的字节流服务，当接收端收到来自发送端的信息时，接收端要发送一条应答信息，表示收到此信息。

（3）TCP 终止连接的过程

建立一个连接需要三次握手，而终止一个连接要经过四次握手。这是因为一个 TCP 连接是全双工（即数据在两个方向上能同时传递）的，每个方向必须单独进行关闭。四次握手实际上就是双方单独关闭的过程，如图 3-58 所示。

图 3-58 TCP 终止连接的过程

● 第一行数据显示：若长时间不再浏览网页，服务器 44 号机（61.135.152.44）将 FIN 置 1，连同序号（SEQ）2573611649 发给客户端 22 号机（100.0.5.22），请求终止连接。

● 第二行数据显示：22 号机收到 FIN 关闭请求后，发回一个确认，并将应答信号（ACK）设置为收到序号加 1，终止这个方向的传输。

● 第三行数据显示：22 号机将 FIN 置 1，连同序号（SEQ）69409574 发给 44 号机，请求终止连接。

● 第四行数据显示：44 号机收到 FIN 关闭请求后，发回一个确认，并将应答信号（ACK）设置为收到序号加 1，至此 TCP 连接彻底关闭。

TCP 终止连接过程如图 3-59、图 3-60、图 3-61、图 3-62 所示。

No	Source Address	Dest Address	Summary
1	[61.135.152.44]	[100.0.5.22]	TCP: D=2351 S=80 FIN ACK=69492707 SEQ=2573611649
2	[100.0.5.22]	[61.135.152.44]	TCP: D=80 S=2351 ACK=2573611650 WIN=16528
3	[100.0.5.22]	[61.135.152.44]	TCP: D=80 S=2350 FIN ACK=2570079318 SEQ=69409574
4	[61.135.152.44]	[100.0.5.22]	TCP: D=2350 S=80 ACK=69409575 WIN=6432

```
DLC: Ethertype=0800, size=60 bytes
IP:  D=[100.0.5.22] S=[61.135.152.44] LEN=20 ID=7174
TCP: ----- TCP header -----
TCP:
TCP: Source port              =    80 (WWW/WWW-HTTP/HTTP)
TCP: Destination port         = 2351
TCP: Sequence number          = 2573611649        ← 序列号
TCP: Next expected Seq number = 2573611650
TCP: Acknowledgment number    = 69492707
TCP: Data offset              = 20 bytes
TCP: Reserved Bits: Reserved for Future Use (Not shown in the Hex Dump)
TCP: Flags                    = 11
TCP:          .0.. .... = (No urgent pointer)
TCP:          ...1 .... = Acknowledgment
TCP:          .... 0... = (No push)
TCP:          .... .0.. = (No reset)
TCP:          .... ..0. = (No SYN)
TCP:          .... ...1 = FIN                      ← 标识位 FIN 置为 1
TCP: Window                   = 6910
TCP: Checksum                 = 1C9E (correct)
TCP: Urgent pointer           = 0
TCP: No TCP options
TCP:
```

图 3-59 TCP 终止连接过程一

No	Source Address	Dest Address	Summary
1	[61.135.152.44]	[100.0.5.22]	TCP: D=2351 S=80 FIN ACK=69492707 SEQ=2573611649
2	[100.0.5.22]	[61.135.152.44]	TCP: D=80 S=2351 ACK=2573611650 WIN=16528
3	[100.0.5.22]	[61.135.152.44]	TCP: D=80 S=2350 FIN ACK=2570079318 SEQ=69409574

```
DLC: Ethertype=0800, size=60 bytes
IP:  D=[61.135.152.44] S=[100.0.5.22] LEN=20 ID=27522
TCP: ----- TCP header -----
TCP:
TCP: Source port              = 2351
TCP: Destination port         =    80 (WWW/WWW-HTTP/HTTP)
TCP: Sequence number          = 69492707
TCP: Next expected Seq number = 69492707
TCP: Acknowledgment number    = 2573611650         ← 确认号
TCP: Data offset              = 20 bytes
TCP: Reserved Bits: Reserved for Future Use (Not shown in the Hex Dump)
TCP: Flags                    = 10
TCP:          .0.. .... = (No urgent pointer)
TCP:          ...1 .... = Acknowledgment            ← 标识位 ACK 置为 1
TCP:          .... 0... = (No push)
TCP:          .... .0.. = (No reset)
TCP:          .... ..0. = (No SYN)
TCP:          .... ...0 = (No FIN)
TCP: Window                   = 16528
TCP: Checksum                 = F70B (correct)
TCP: Urgent pointer           = 0
TCP: No TCP options
TCP:
DLC: Frame padding: 6 bytes
```

图 3-60   TCP 终止连接过程二

No	Source Address	Dest Address	Summary
2	[100.0.5.22]	[61.135.152.44]	TCP: D=80 S=2351 ACK=2573611650 WIN=16528
3	[100.0.5.22]	[61.135.152.44]	TCP: D=80 S=2350 FIN ACK=2570079318 SEQ=69409574
4	[61.135.152.44]	[100.0.5.22]	TCP: D=2350 S=80 ACK=69409575 WIN=6432

```
DLC: Ethertype=0800, size=60 bytes
IP:  D=[61.135.152.44] S=[100.0.5.22] LEN=20 ID=27524
TCP: ----- TCP header -----
TCP:
TCP: Source port              = 2350
TCP: Destination port         =    80 (WWW/WWW-HTTP/HTTP)
TCP: Sequence number          = 69409574           ← 序列号
TCP: Next expected Seq number = 69409575
TCP: Acknowledgment number    = 2570079318
TCP: Data offset              = 20 bytes
TCP: Reserved Bits: Reserved for Future Use (Not shown in the Hex Dump)
TCP: Flags                    = 11
TCP:          .0.. .... = (No urgent pointer)
TCP:          ...1 .... = Acknowledgment
TCP:          .... 0... = (No push)
TCP:          .... .0.. = (No reset)
TCP:          .... ..0. = (No SYN)
TCP:          .... ...1 = FIN                       ← 标识位 FIN 置为 1
TCP: Window                   = 17302
TCP: Checksum                 = 1F26 (correct)
TCP: Urgent pointer           = 0
TCP: No TCP options
TCP:
DLC: Frame padding: 6 bytes
```

图 3-61 TCP 终止连接过程三

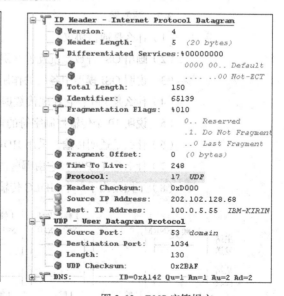

图 3-62　TCP 终止连接过程四

2．UDP 的建立过程实例分析

这里以访问 "www.cncmax.cn" 的 DNS 解析为例，使用抓包软件进行抓包，具体过程如图 3-63 和图 3-64 所示。

Packet	Source	Destination	F...	Size	Relative Time	Protocol	Filter	Summary
588	IBM-KIRIN	IP-202.102.12...		77	0.000000	DNS	UDP	C QUERY NAME=www.cncm...
592	IP-202.102.1...	IBM-KIRIN		168	0.011837	DNS	UDP	R QUERY STATUS=OK NAM...

图 3-63　DNS 解析发送、接收报文

IP Header - Internet Protocol Datagram
- Version: 4
- Header Length: 5 (20 bytes)
- Differentiated Services: %00000000
  - 0000 00.. Default
  - .... ..00 Not-ECT
- Total Length: 59
- Identifier: 32245
- Fragmentation Flags: %000
  - 0.. Reserved
  - .0. May Fragment
  - ..0 Last Fragment
- Fragment Offset: 0 (0 bytes)
- Time To Live: 128
- Protocol: 17 UDP
- Header Checksum: 0x08DB
- Source IP Address: 100.0.5.55 IBM-KIRIN
- Dest. IP Address: 202.102.128.68

UDP - User Datagram Protocol
- Source Port: 1034
- Destination Port: 53 domain
- Length: 39
- UDP Checksum: 0x6AB4
- DNS: ID=0xA142 Qu=1 An=0 Au=0 Ad=0

图 3-64　DNS 请求报文

IP Header - Internet Protocol Datagram
- Version: 4
- Header Length: 5 (20 bytes)
- Differentiated Services: %00000000
  - 0000 00.. Default
  - .... ..00 Not-ECT
- Total Length: 150
- Identifier: 65139
- Fragmentation Flags: %010
  - 0.. Reserved
  - .1. Do Not Fragment
  - ..0 Last Fragment
- Fragment Offset: 0 (0 bytes)
- Time To Live: 248
- Protocol: 17 UDP
- Header Checksum: 0xD000
- Source IP Address: 202.102.128.68
- Dest. IP Address: 100.0.5.55 IBM-KIRIN

UDP - User Datagram Protocol
- Source Port: 53 domain
- Destination Port: 1034
- Length: 130
- UDP Checksum: 0x2BAF
- DNS: ID=0xA142 Qu=1 An=1 Au=2 Ad=2

图 3-65　DNS 应答报文

通过图示可以看出，UDP 报文封装在 IP 报文中，IP 报文中的协议字段 17 表示封装的内容为 UDP。UDP 报文结构非常简单，只包含源端口、目的端口、UDP 长度、校验和及内容（DNS 报

文）。UDP 报文中的 Length 值等于 IP 数据包文中 Total Length（总长）减去 Header Length（IP 头长度），即 Length=150−20 =130。因此，该 UDP 报文中没有任何与可靠性有关的字段所以 UDP 是一种不可靠无连接的协议。

思考题与习题 3

3-1 填空题

（1）根据 CCITT 数字网络接口建议 G.703 的要求，2 048kbit/s 接口的信号编码采用_____编码。

（2）4 种基本的业务原语是_____原语、_____原语、_____原语和_____原语。

（3）数据链路的结构分为点对_____和点对_____两种。

（4）CCITT（现 ITU-T）的 X 系列建议是通过_____网进行数据传输的系列标准。

（5）目前，分组传输有两种方式，一种是_____，另一种是虚电路方式。现在的 Internet 使用的是_____方式。

（6）根据 OSI 模型，网络层的主要功能有_____、_____和通信流量控制等。

（7）OSI 定义了异种计算机互连的标准框架，为连接分散的"开放系统"提供了基础。这里的"开放"表示_____。

3-2 解答题

（1）什么是通信协议？

（2）画出 OSI 开放系统互连 7 层模式示意图（按层次顺序）。

（3）说明 OSI 模型中各层的作用，并说明每一层使用的通信协议。

（4）什么是 PPP？它在现代数据通信中有何应用？

（5）说明 10 个传输控制字符的含义及用途。

（6）什么是透明传输？采用 HDLC 帧传输数据时，如何实现透明的数据传输？

（7）什么是 TCP/IP？它由哪些协议组成？

（8）下图给出了一个 HDLC 传输的实例，试回答下面的问题。

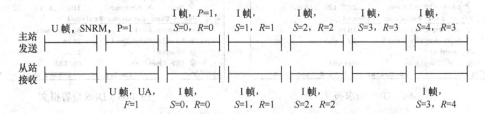

① 该 HDLC 帧采用什么操作方式进行数据传输？

② 数据传输的通信方式采用半双工还是全双工？

③ 该 HDLC 帧中采用了哪几种类型的帧？

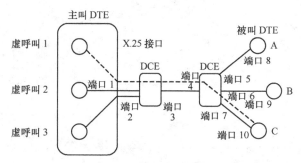

题 3-2 图　虚电路的建立

3-3　选择题

（1）4B/5B 编码是将数字数据交换为数字信号的编码方式，其原理是＿＿①＿＿位编码表示＿＿②＿＿位数据。该编码是＿＿③＿＿采用的编码方法，编码效率是＿＿④＿＿，相对于曼彻斯特编码，效率高了＿＿⑤＿＿。

① A. 4　　　　　　　 B. 5　　　　　　　　 C. 8　　　　　　　　 D. 10

② A. 4　　　　　　　 B. 5　　　　　　　　 C. 8　　　　　　　　 D. 10

③ A. 10Mbit/s 以太网　　　　　　　 B. 100BASE-T4 以太网

　　C. 1 000Mbit/s 以太网　　　　　　 D. FDDI（100BASE-FX）

④ A. 50%　　　　　 B. 60%　　　　　　 C. 75%　　　　　　 D. 80%

⑤ A. 30%　　　　　 B. 50%　　　　　　 C. 60%　　　　　　 D. 80%

（2）PPP 是 Internet 中使用的＿＿⑥＿＿，其功能对应于 OSI 参考模型的＿＿⑦＿＿，以＿＿⑧＿＿协议为基础。PPP 使用面向＿＿⑨＿＿的填充方式，其理由之一是因为＿＿⑩＿＿。

⑥ A. IP 协议　　　　　　　　　　　　 B. 分组控制协议

　　C. 点到点协议　　　　　　　　　　 D. 报文控制协议

⑦ A. 数据链路层　　 B. 网络层　　　　 C. 传输层　　　　　 D. 应用层

⑧ A. TCP/IP　　　　 B. NetBEUI　　　　 C. SLIP　　　　　　 D. HDLC

⑨ A. 位　　　　　　 B. 字符　　　　　 C. 透明传输　　　　 D. 帧

⑩ A. 它的基础协议使用的是字符填充方式　 B. 它是以硬件形式实现的

　　C. 它是以软件实现的　　　　　　　　　　 D. 这种填充效率高、灵活多样

（3）在网络会议（Netmeeting）中，讲话时可以清晰听到或被别人听到，这一功能主要是由 OSI 模型中的＿＿⑪＿＿完成。TCP/IP 通信过程中，数据从应用层到网络接口层所经历的变化序列是＿＿⑫＿＿。

⑪ A. 应用层　　　　 B. 会话层　　　　 C. 表示层　　　　　 D. 网络层

⑫ A. IP 数据包——报文流——传输协议分组——网络帧

　　B. IP 数据包——报文流——网络帧——传输协议分组

　　C. 报文流——IP 数据包——传输协议分组——网络帧

　　D. 报文流——传输协议分组——IP 数据包——网络帧

第4章

数据交换

引言

数据通信发展的一项关键技术就是数据交换技术。各种数据交换技术本质上是通信与计算机结合的产物，交换系统实质上是一个以计算机为基础，在实时多任务操作系统的控制下完成信息处理的应用系统。数据交换的任务是为所有进入通信网的数据流提供从源节点到目的节点的通路。目前，广泛采用的数据交换技术主要有电路交换和存储/转发交换两大类，本章将全面介绍电路交换技术、报文交换技术和典型的分组交换技术内容。

学习目标

- 解释交换的概念及数据业务对交换方式的要求
- 描述电路交换的工作原理和特点
- 讨论电路交换的应用
- 描述分组交换的工作原理、特点和组成分组交换的网络关键元素
- 讨论分组交换的应用
- 比较电路交换、报文交换和分组交换的优缺点
- 定义分组交换的路由概念，重点掌握最短路由算法
- 说明数据交换中的面向连接的服务与无连接服务
- 定义帧中继的概念，解释帧中继的工作原理
- 讨论帧中继的应用和特点
- 定义 ATM 信元交换概念，解释 ATM 异步交换的工作原理
- 讨论 ATM 交换的应用和特点
- 比较软交换与传统电路交换的不同

4.1 数据交换的概念

前面章节内容的讨论主要集中在信号的传输方面，着重于点一点之间的数据通信。

但更多的情况下通信是多对象的和多用户的，计算机通信更是如此，这样就引出了交换的概念。先有了交换的概念，才出现网的概念。

4.1.1　数据交换的必要性

多个用户之间进行数据通信，最简单的实现方法就是在任意两个用户之间建立直达线路，这种实现方式称为**全连接**。由全连接方式形成的通信网叫做**完全连接网**，如图 4-1（a）所示。当用户数为 N 时，需要设置 $\frac{1}{2}N(N-1)$ 条传输线路，图中 $N=6$，则需要 15 条传输线路。用户数越多，所需的传输线路越多，因而全连接存在着极大的浪费，为此引入了交换的概念。

将各个用户终端通过一个具有交换功能的网络连接起来，使任何接入该网络的用户都通过网络实现交换操作。如图 4-1（b）所示，中间为具有交换功能的中心，任何一个用户的信息可以通过该交换中心发送到所需的任何一个或多个用户，这种连接形成了交换网。当用户分布的区域较广时，就要设置多个交换中心，交换中心之间用中继线路相连，如图 4-2 所示。

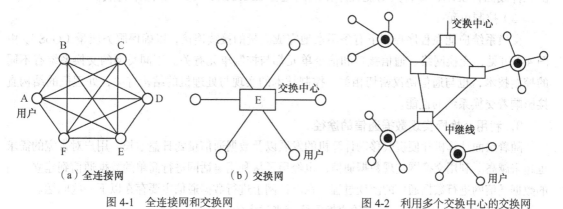

（a）全连接网　　　　　　　　（b）交换网

图 4-1　全连接网和交换网　　　　　图 4-2　利用多个交换中心的交换网

4.1.2　交换的概念

1．什么是交换

所谓交换是指采用交换机（或节点机）等交换系统，通过路由选择技术在进行通信的双方之间建立物理的或逻辑的连接，形成一条通信电路，实现通信双方的信息传输和交换的一种技术。

具有交换功能的网络称为**交换网络**，交换中心称为**交换节点**。通常，交换节点泛指网内的各类交换机，它具有为两个或多个设备创建临时连接的能力。

2．交换节点的基本组成

不论是何种类型的交换节点，都由交换网络、通信接口、控制单元、信令单元等几部分组成，如图 4-3 所示。

（1）交换网络

它主要是与硬件有关的交换结构，其基本功能是提供用户通信接口之间的连接，整个连接过程受控制单元的程序控制。

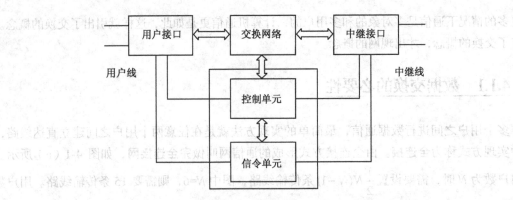

图4-3 交换节点的组成

（2）通信接口

通信接口一般分为用户接口和中继接口两种。用户使用用户线连接到交换系统的用户接口，交换局间通过中继接口连接到中继接口。通信接口技术主要由硬件实现，部分功能也可由软件或固件实现，即将其功能程序化后固化在 EPROM 或 PROM 内来完成。

（3）控制单元

交换系统应能在程序控制下有条不紊地完成大量的接续连接，以确保服务质量（QoS）。由图4-3可见，交换网络、通信接口和信令单元都与控制单元有关。不同类型的交换系统有不同的控制技术，也与通信协议密切相关。控制技术的实现与处理机的结构有关，处理机的结构直接影响着交换系统的性能。

3．利用交换网实现数据通信的途径

随着桌面计算机和便携式移动计算机的发展以及数据通信量的日益增长，用户对带宽的需求也越来越高。利用交换网实现数据通信，也经历了从利用电话网进行简单的数据通信到建立专门的数据通信网进行数据通信的演变过程。在电话网上进行数据通信主要存在以下一些问题。

- 传输数据占用时间较长，给交换网络带来过大的负荷。
- 传输差错率高，误码率在 $10^{-3} \sim 10^{-5}$ 之间。
- 电话网越来越不适于多媒体数据信息的传输。

数据通信是实现计算机之间和人与计算机间进行通信的手段，而电话通信则是实现人与人之间进行通信的网络。计算机不具有人脑的思维应变能力，因此计算机间的通信需要事先定义严格的标准和通信协议，而电话通信相对简单。此外，数据通信对传输可靠性要求极高；由于数据通信的突发性和业务量特性，其通信持续时间和通信建立过程也有别于电话通信。因此，电话网在很多方面都不适合现代数据通信的要求。为了满足数据通信的要求，必须构建适应数据传输要求的专门的数据通信网络。

4.1.3 交换方式的分类

所谓交换方式是指对应于各种传输模式，交换节点为完成其交换功能所采用的互通（Intercommunication）技术。交换方式主要分为如下两类。

1．电路交换方式（或线路交换方式）

电路交换方式下，交换节点内部完成对通信线路（在空间或时间上）的连通，为数据流提供专用的（或物理的）传输通路。

2．存储/转发交换方式（或信息交换方式）

存储/转发交换方式下，交换节点运用程序方法先将途经的数据流按传输单元接收并存储下来，然后选择一条合适的链路将它转发出去，**在逻辑**上为数据流提供了传输通路。

存储/转发交换方式又分为报文交换和分组交换（或包交换）。从交换原理上看，电路交换是一种同步传送模式（STM）。结合了电路交换和分组交换的优点而产生的高速异步传送模式（ATM）已由 ITU-T 确定为今后 B-ISDN（宽带综合业务数字网）的基本传送模式。图 4-4 所示为主要的交换方式分类，在后续章节中，将介绍电路交换、分组交换、ATM 交换等典型交换技术的工作原理和特点。

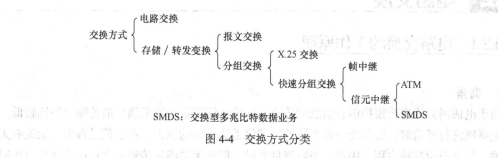

SMDS：交换型多兆比特数据业务

图 4-4　交换方式分类

4.1.4　数据业务的特点及其对交换方式的要求

交换方式的选择和发展，主要取决于通信业务的特点。对于数据通信业务来说，它所具有的特点对交换方式有更高的要求。

1．通信速率、信号形式

数据通信的信号可以分为同步信号和异步信号两类，字符结构常用的有 5～8 比特/字符。为了完成各种信号的同步，就要正确地进行比特、字符和数据块的划分，因此，要求交换机最好能够适应各种速率和各种不同信号形式的使用。

2．业务量、实时性

数据通信的不同应用，其业务量和对实时性的要求也大不相同。

（1）短数据传送

短数据传送业务的特点是，呼叫次数多，但每次要传送的量少，如商业销售点业务。其对数据交换方式的选择要求是，最好无呼叫连接，有信息立即发送出去。

（2）交互式数据传送

交互式数据传送业务的特点是，呼叫次数不多，但占线时间长，而真正利用线路的时间可能少，如操作员访问远程数据库。这种业务对数据交换的要求是，要有较快的响应、交换机传输延迟小，最好把通信线路上出现的空闲时间利用上。

（3）批方式数据传送

批方式数据传送业务的特点是，呼叫次数一般低，但每次要传送量大。通常要求交换机具有较大的传送能力，尽量减少附加信息的开销。

3．传输差错

数据通信的不同应用，对差错率的要求也大不相同，比特差错率一般在 $10^{-6}\sim10^{-7}$ 就可以。在基本的差错率基础上，用户还可以采用各种差错控制技术做到无差错传输。因此，要求交换机能及时纠正传输中所发生的差错。

4．呼叫/应答

数据业务经常需用自动呼叫/应答，以适应计算机参与通信的要求，这就要求交换机的信号系统、交换机与用户的接口能适应这种特点，使用户设备能自动处理呼叫中遇到的各种问题，如用户忙、网络忙、差错等。

4.2 电路交换

4.2.1 电路交换的工作原理

1．背景

由于电话网只能进行模拟语音信息的传输，利用电话网进行数据通信的传输效率比较低。当利用电话网进行通信时，要分配一条实际的物理信道给通信的双方，在通信过程中，无论有无信息传输，信道资源都被占用。因此，当数据量大时，信道无法满足传输要求；而当数据量小时，又会造成信道资源的浪费。

为了解决用户端电话线带宽限制和弥补电话交换机的缺陷，人们在 20 世纪 70 年代提出了基于电路交换的数据交换网络，通过改造电话线直接进行数据传输，这样整个网络就成为数字接入、数字传输和数字交换的电路交换数据网络。其中，数字接入可以提供 64kbit/s 和 128kbit/s 速率的数字信号接入功能，不必再加 Modem 设备；数字传输就是指 PCM 传输；数字交换即程序控制交换；电路交换数据网采用的信令方式与电话网不同。值得注意的是，电路交换是根据电话交换原理发展起来的一种交换方式，但电路交换并不意味着就是电话交换网，也就是说它不同于利用电话交换网进行数据交换的方法，利用电路交换的数据网属于公用的数据交换网，这是初学者容易混淆的地方。

2．工作原理

采用电路交换方式的交换网能为任何一个入网的数据流提供一条临时的专用物理通路。它是由通路上各节点内部在空间上（布线连接，即空间交换）或时间上（时隙互换）完成信道转接而构成的，为源 DTE 和宿 DTE 之间建立起的一条直通线路。在通路连接期间，不论这条线路有多长，交换网为一对 DTE 所提供的都是点—点链路上的数据通信。所有电路交换的基本处理过程都包括线路建立、数据传送和线路拆除 3 个阶段。图 4-5 所示为利用电路交换的数据通信过程示意图。

（1）线路建立阶段

在传输任何数据之前，都必须建立端到端（或站到站）的线路。例如，A 站发送一个请求到节点 1，请求与 B 站建立一个连接，连接的过程如下。

从 A 站到节点 1 的线路是一条专用线路，因此这部分连接已经存在。节点 1 必须在通向节点 5 的路径中找到下一个路线，并根据路径选择信息。节点 1 选择到节点 3 的线路，在此线路上分配一个未用的通道，并且发送一个报文请求连接到 B 站，这样就建立了一条从 A 站经过节点 1、节点 3 到节点 5 的专用通路。

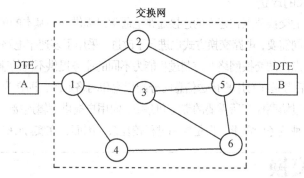

图 4-5 利用电路交换的数据通信过程示意图

（2）数据传送阶段

A 站与 B 站的一对通信实体在链路传输规程的控制下完成链路的连接，随之进行单工、半双工和全双工数据传输。在传输期间，交换网的各有关节点始终保持线路连接，不对数据流的速率和形式做任何解释、变换和存储等处理，完全是直通的透明传输。

（3）线路拆除阶段

数据传输完后，由任一站主动向交换网发出"拆线请求"信令，该信令沿着通路各节点传送，拆除各段链路，以释放信道资源。这个拆线过程只是交换网的内部过程，一般与通信双方的站设备无关。

4.2.2　电路交换的特点及应用

1．电路交换的特点

（1）优点

● 信息传输延迟时间短（对于一次连接来说，传输延迟是固定不变的）。

● 交换机对用户的数据信息不进行存储、分析和处理。交换机在处理方面的开销小，对用户的数据信息不需要附加许多用于控制的信息，传输效率高。

● 信息的编码方法和信息格式不受限制，即可在用户间提供"透明"的传输。

（2）缺点

● 电路接续时间较长，短报文通信效率低。

● 电路资源被通信双方占用，电路利用率低。

● 通信双方在信息传输速率、编码格式、同步方式、通信规程等方面应完全兼容，这就限制了各种不同速率、不同代码格式、不同通信规程的用户终端之间的互通。

● 有呼损。

● 传输质量较多依赖于线路的性能，因而差错率较高。

2．电路交换的应用

电路交换的实质是在交换设备内部由硬件开关接通输入线与输出线，通信双方的内容不受交换机的约束，即传输信息的符号、编码、格式，通信控制规程等均随用户的需要决定。电路交换适合于高负荷的持续通信和实时性要求高的通信场合，多用于传输信息量较大、通信对象比较确定的情况，如数字语音、传真等业务。电路交换不适合传送计算机与终端或计算机与计算机之间的数据。

3．电路交换方式的改进

采用电路交换方式的交换节点在建立的连接通路上通常只提供一种基本的传送速率（如64kbit/s），为了适应各种业务的不同需要，电路交换方式也进行了改进，采用了多速率电路交换方式和快速电路交换方式。前者使交换节点内的交换网络及控制过程能为不同的业务提供不同的速率，如基于 8kbit/s 或 64kbit/s 的基本速率。后者是在有用户传送信息时分配带宽和网络资源，即在为用户建立连接的过程中由网内相关交换节点通过协商保存所需要的带宽和路由，向用户提供逻辑连接。这两种方式虽然改善了电路的利用率，适应多种业务的需求，但是控制过程较复杂，因而，在实际中未能广泛应用。

4.3 报文交换

4.3.1 报文交换的工作原理

由于电路交换的资源利用率低，不同类型的用户间不能直接互通，灵活性差，所以又发展了报文交换，也称为信息交换方式（或文电交换方式）。

报文交换的基本思想就是"存储—转发"。假定用户甲有报文 A、B 和 C 要发往乙用户，甲用户不需要先接通与乙用户之间的电路，而是先与连接甲的一中间节点接通，将报文 A、B 和 C 先存储下来；然后分析报文提供的乙地址信息，根据地址信息接通下一个中间节点，将报文 A、B 和 C 转发出去；如此进行下去，直到将报文 A、B 和 C 发往乙用户。图4-6所示为报文交换方式的报文传输过程。

报文交换机的一般组成如图 4-7 所示。报文交换中的数据以报文为基本单位，一份报文包括报头（含源地址、目的地址以及一些相关的辅助信息）、正文（用户信息）和报尾（报文的结束标志）3个部分。

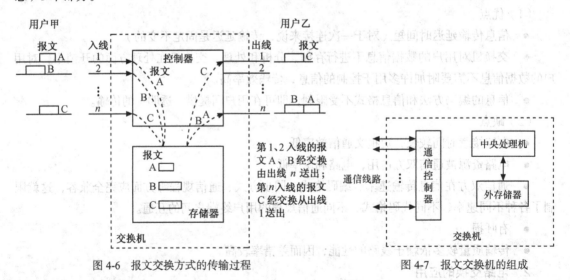

图 4-6 报文交换方式的传输过程   图 4-7 报文交换机的组成

4.3.2 报文交换的优缺点

1．优点

报文交换的主要特征是交换机存储整个报文，并进行必要的处理。报文交换的主要优点如下。

- 报文以存储/转发方式通过交换机，输入/输出电路的速率、代码格式可以不同，很容易实现各种不同类型用户间的相互通信。
- 报文交换中没有电路接续过程，来自不同用户的报文可以在同一线路上以报文为单位实现时分多路复用，线路的利用率大大提高。
- 用户不需要叫通对方就可以发送报文，没有呼损，并可以节省通信终端操作人员的时间。
- 同一报文可由交换机转发到许多不同的收信地点。

2．缺点

报文交换有以下主要缺点。

- 报文通过交换机的时延大，且时延抖动也大，不利于实时通信。
- 交换机要有能力存储/转发用户发送的报文。其中有的报文可能很长，这就要求交换机有高速处理能力和大的存储空间，因此，报文交换机的设备比较庞大，费用高。

报文交换的上述优缺点使其主要适用于公众电报和电子信箱业务。

4.4 分组交换

4.4.1 分组交换概述

1．分组交换产生的背景

虽然分组交换目前广泛地应用于计算机通信，但有趣的是，这个技术起源于一个语音通信系统的研制计划。20 世纪 60 年代初期，欧洲兰德公司为北大西洋公约组织制定了一个基于语音打包的传输与交换的空军通信网络体制，目的在于提高语音通信网络的安全性和可靠性；这个网络的工作设想是把送话人的语音信号分割成数字化的一些"小片"，各个小片封装成"包"在网内的不同通路上独立地传输到目的地；最后从包中卸下"小片"装配成原来的语音信号送给对方。这样，除目的地之外的任何其他节点站所能窃听到的只是个别片言碎语，不可能是一个完整的语句。另外，由于每个语音小片可有多条通路达到目的站，因而，网络具有较高的可靠性。1976 年，原 CCITT 接受了广泛采用的分组交换网用户接入规程，将其标准化为原 CCITT X.25 建议，并推荐给国际上使用。

2．分组交换的概念

原 CCITT 曾给分组交换的含义作了如下的叙述。

"在网络中进行交换的是这样一个组合实体——一组包含着数据和呼叫控制信息（如地址）的二进制数，这些数据、呼叫控制信息以及可能附加的差错控制信息都按规定的格式排列。"

分组交换是计算机技术和通信技术相结合的产物，按照分组交换方式，每个数据报文被分割成**分组**（**数据块**），然后附上控制信息被打包成一个个**数据包**（Packet）。所以，分组交换又称为**包交换**（Packet Switching），分组是指包内的数据块。注意：经常提到的分组、包和数据包是同义的。

分组交换与报文交换同属于存储/转发方式，它们之间的差别在于参与交换的数据单元的长度不同。报文交换的数据单元是报文（Message），而分组交换的数据单元是分组（Packet）。

4.4.2 分组交换原理

1. 分组长度

数据以短的分组传输，一般分组长度上限为几十到一千字节，实际所用的长度还受许多因素的限制。若源站点要发送的报文较长，可以分为几个分组，在每个分组中包含一部分用户数据和一些控制信息，控制信息包含源地址和目的地址信息。在通过的每个节点上，报文被接收、存储后再发送到下一个节点，图 4-8 所示为分组交换中报文的分组和组合过程。

在分组交换方式中，分组是被交换处理和传送处理的对象。但是，接入分组交换网的用户终端有分组型终端和非分组型终端两类，前者能按照分组格式收发信息；后者必须在分组网内配置具有分组装拆功能的分组装拆设备（PAD），才可以使不同类型的用户终端互通。

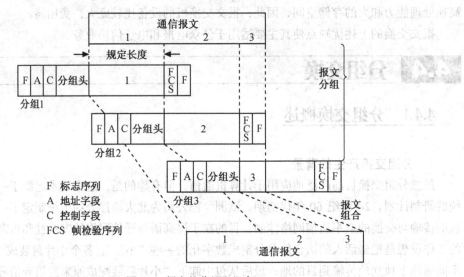

图 4-8 报文的分组和组合

原 CCITT 对分组长度作如下规定：分组长度以 16～4 096 字节（每字节为 8 个比特）之间的 2^n 字节为标准分组长度，如 32、64、256、512、1 024 字节等。一般选用分组长度为 128 字节，不超过 256 字节。

2. 分组交换发送数据信息的过程

分组交换的原理示意图如图 4-9 所示。分组交换的计算机或终端可分为两种，一种是能把报文进行分组，以分组形式发送信息的分组型终端，它发出的信息能直接进入分组交换网；另一种是只能以字符形式收发信息的一般终端，它发出的信息必须要通过一个具有分组和合并功能的设备——PAD，然后才可进入分组交换网。

交换机接到分组后首先把它存储起来，然后根据分组中的地址信息、线路的忙闲情况等选择一条路由，再把分组传输给下一个交换机；如此反复，直到把分组传输到接收方所在的交换机。此交换机把分组交给 PAD（对一般终端），由它们完成报文的合并工作，并送交收方计算机或终端，或直接送交计算机或终端（对分组型终端）。在分组交换中，交换机根据每个用户需传输的信息量分配信道，传输信息量大的用户占用信道时间长，传输信息量小的用户占用信道时间短。因此，分组交换是一种统计时分多路复用方式。

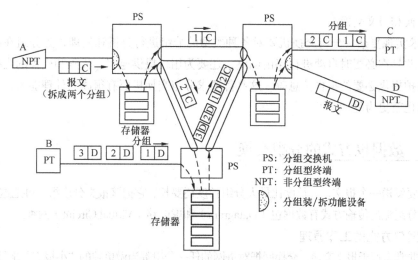

图 4-9   分组减缓的原理示意图

4.4.3   分组交换的优缺点

分组交换除了具有报文交换的各种优点外，还由于分组长度较短，具有统一的格式，因而便于交换机存储（注意只用内存储器）处理。

1．主要优点

● 向用户提供不同速率、不同代码、不同同步方式以及不同通信控制协议的数据终端间能够相互通信的灵活的通信环境。

● 在网络负荷较轻的情况下，信息传输时延较小，而且变化范围不大，能够较好地满足会话型通信的实时性要求。

● 可实现线路的动态时分复用，通信线路（包括中继线和用户线）的利用率高。在一条物理线路上可以同时提供多条信息通路。

● 可靠性高。每个分组在网络中传输时都可以在中继线和用户线上分段独立地进行差错校验，使信息在分组交换网中传输的误码率大大降低，一般可达 10^{-9} 以下。由于报文分组在分组交换网中的传输路由是可变的，当网中的线路或设备发生故障时，分组可以自动选择一条新的路由避开故障点，使通信不会中断。

● 经济性好。信息以分组为单位在交换机中进行存储和处理，不要求交换机具有很大的存储容量（通常分组交换机只设内存，没有硬盘），降低了网内设备的费用。对线路的统计复用也大大降低了用户的通信费用。分组交换网通过网络和管理中心（NMC）对网内设备实行比较集中的控制和维护，节省了管理费用。

● 能与公用电话网、用户电报网和低速数据网及其他专用网互连。

2．主要缺点

● 由网络附加的传输信息多，对长报文通信的传输效率比较低。当把一份报文划分为许多分组在交换网内传输时，为了保证这些分组能够按照正确的路径安全准确地达到终点，就要给每个数据分组加上控制信息（分组头）。除此之外，还要设计许多不包含数据信息的控制分组，用以实现数据通路的建立、保持和拆除，并进行差错控制、流量控制等。因此，分组交换的传输效率不如电路交换和报文交换高。

● 技术实现复杂。分组交换机要对各种类型的分组进行分析和处理，为分组在网中的传输提供路由，并且在必要时自动进行路由调整；还要为用户提供速率、代码和规程的变换，为网络的管理和维护提供必要的报告信息等。这些都要求分组交换机要有很高的处理能力，因而，相应的实现技术也就更为复杂。

4.4.4　数据包方式的分组交换

一个站要发送一个报文，其长度比最大分组长度还要长，它把该报文分成组，再把这些分组发送到节点上。分组流的传输方式有数据包（Datagram）和虚电路（Virtual Circiut）两种。

1．数据包方式的工作原理

数据包非常类似于报文交换，交换网把对进网的任一分组都当做单独的"小报文"来处理，而不管它是属于哪个报文的分组，就像在报文交换方式中把一份报文进行单独处理一样。这里通过图 4-10 来进行说明，假设图中分组网有 6 个节点 1～6，有 3 个数据用户站 A～C；假设 A 站有 3 个分组的报文要传送到 C 站，先将分组 1、2、3 一连串地发给节点 1，节点 1 在收到分组后必须对每个分组进行路由选择。在分组 1 到来后，若节点 1 得知去节点 2 方向的分组队列短于去节点 4 的，于是将分组 1 排入去节点 2 方向的队列。若分组 2 也是如此，但对于分组 3，节点 1 发现此刻去节点 4 的分组队列最短，因此，将分组 3 排入去节点 4 的分组队列中。在通往 C 站路径的各节点上都作类似的处理。从图中还可以看出：虽然每个分组都有同样的终点地址，但并不遵循同一路由，因而它们的时延也不同。

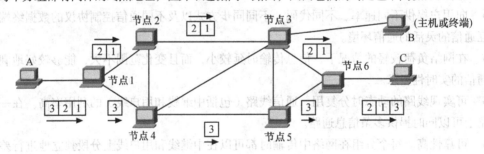

图 4-10　数据包方式的分组交换

2．数据包方式的特点

● 用户之间的通信不需要经历呼叫建立和呼叫清除阶段，对于短报文通信传输效率较高。

● 数据分组传输的时延较大。

● 对网络拥塞或故障的适应能力较强。如在网络的一部分形成拥塞或某个节点出现故障，数据包可以绕开那个拥塞的部分和某个故障节点另找路由。

现今的 Internet 网络就是以数据包方式进行数据信息传输的。

4.4.5　虚电路方式的分组交换

1．基本概念

（1）虚电路

虚电路（Virtual Circuit）以分组的统计多路复用为基础，采用虚电路服务可以有效地利用线路资源。所谓虚电路，就是网络内一对数据终端（**DTE**）之间的**逻辑连接**，允许数据同时双向传输，而且通过逻辑连接的全部数据传输均采用分组形式。虚电路允许 DTE 在一条实际电路上建立多条与多个 DTE 相连接的并发虚电路，即一个 DTE 可在一条实际电路上与多个 DTE 同时建立通信。

（2）逻辑信道

虚电路方式下，为了区分一条线路上不同终端的分组，对分组进行了编号，即每个分组的分组头上的一个**逻辑信道号（LCN）**，用来标识该分组应在哪一条虚电路上传输。逻辑信道是用户 DTE 与它的网络接口之间的逻辑接口，**具有本地性质**。不同终端送出的分组，其逻辑信道号不同，就好像把线路也分成了许多子信道一样，每个子信道用相应的逻辑信道号表示，称为**逻辑信道**。逻辑信道的标识包括信道组号和信道号两个部分，它们共同标识一条特定的逻辑信道。每个信道组都携带各自的逻辑信道标识，一个 DTE 能使用多至 15 个逻辑信道组，而每个逻辑信道组包含 255 个逻辑信道号。一条虚电路的两端 DTE 可各自选择不同的逻辑信道号，由源/宿节点的交换机把逻辑信道转换成网络操作所需要的地址，当 DTE 建立虚呼叫时，就从分配给它的一组逻辑信道中选择一个**空闲的逻辑信道号**。

（3）虚呼叫

虚呼叫是一个临时的或交换的虚电路，必须在进行信息传送之前通过交换分组来建立。

2．虚电路的建立

根据分组交换方式的虚电路和分组复用的概念，在一条物理的线路上能够传输多对用户终端之间的数据。**虚电路的实现借用了逻辑信道标识**，每一条已建立的虚电路被标识为一个逻辑信道号。在虚呼叫过程中，主叫/被叫终端从各自的信道号表中选取一个未用号，通知源/目的节点；然后由通信网络中的沿途各节点交换机通过路径将将一对终端进行逻辑上的连接，从而完成虚电路的建立过程。一般来说，由于主叫和被叫两端信道号的选取相互独立地进行，所以对某一指定的呼叫所选取的逻辑信道号，双方可能各不相同。图 4-11 所示为一虚电路的建立过程，表 4-1 和表 4-2 分别是虚电路建立时的本地 DCE 和远端 DCE 的路由表。图 4-11 中的虚电路 VC1 是主叫 DTE 的分组经端口 1 及 LCN=85 到本地 DCE 的端口 4。在本地 DCE 内存有路由表，指明用网内规程分配的 LCN=150，且将分组转换成网内分组格式，从端口 3 到端口 4；被叫 DCE 内的路由表选择端口 7，LCN=10 与被叫 DCE C 相连。同理可知，虚呼叫 2、3 分别与被叫 DTE B 和 A 相连，主叫 DTE 按动态时分复用方式实现了分组多路通信。

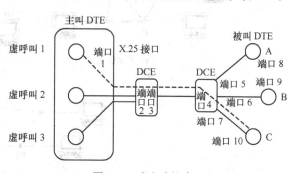

图 4-11　虚电路的建立

表 4-1　　　　　　　　　　　　　　　　　本地 DCE 路由表

虚　呼　叫	入　　口		出　　口	
	端　口　号	LCN	端　口　号	LCN
1	2	85	3	150
2	2	84	3	149
3	2	84	3	148

表4-2 远端 DCE 路由表

虚 呼 叫	入 口		出 口	
	端 口 号	LCN	端 口 号	LCN
1	4	150	7	10
2	4	149	6	11
3	4	148	5	12

3. 虚电路的特点

虚电路是在数据传送之前建立的站与站之间的一条路径，但并不像电路交换有一条专用的线路。分组在每个节点上仍然需要缓冲，并在线路上进行输出排队，而各个节点不需要为每个分组做路径选择判定。

4. 虚电路实现方法

目前，虚电路有两种实现方法即交换虚电路（SVC）和永久虚电路（PVC）。

（1）SVC

SVC 方法中，每条虚电路在需要的时候被创建，而且仅仅在此次通信交换的过程中存在。如图 4-12 所示，假设站点 A 需要发送 3 个包到站点 X，首先 A 请求到 X 的连接，一旦连接建立成功后，包将按顺序发送；当最后一个包接收后，若被确认，这条连接将被释放，虚电路就拆除了。

每当 A 要和 X 通信时，一条新的路径就将建立起来。这条路径可以是相同的，也可以根据网络的状况不同而有所变化。正因为如此，SVC 满足虚电路可靠性的同时，也在一定程度上具有数据报的灵活性。SVC 的费用低，主要适合于随机性强、数据传输量较小的通信。

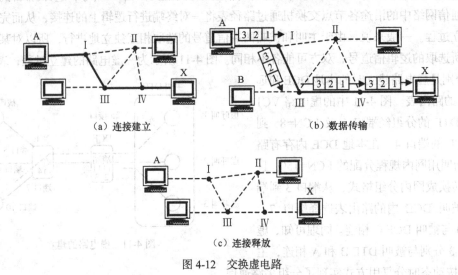

图 4-12　交换虚电路

（2）PVC

PVC 类似于租用线路，在这种方法中，两个用户之间存在一条专门的虚电路，此虚电路是专门提供给特定用户的。同时，由于这条虚电路总是建立好的，因此它的使用可以不通过建立连接和连接终止过程。两个 SVC 用户每请求一个连接都可能获得不同的路径，但是两个 PVC 用户总是获得相同的路径。PVC 方法通信响应时间短，适合于通信对象固定、数据传输量较大的场合。

4.4.6　分组交换的路由选择

分组交换的重要特征之一是分组能够通过源节点经多条路径到达目的节点，因此选择哪条路径最合适成为分组交换网的重要问题。源节点和中继节点都存在路由选择问题。

1．分组交换路由选择的要求

分组交换的路由选择与交通中的行车路线选择是相似的。驱车从一个城市到另一个城市，中间可能要经过其他城市或地区，通常在出发之前都要查看地图，以选择最佳路线。所谓最佳路线，可以是一条距离最短的路线，或者是一条行车路线最短的路线，也或者是一条沿线风景好的路线。因此，目的不同，最佳路线的选择也不同。随着交通服务的发展，行车途中可从 FM 广播中听到沿路交通的情况，在遇到沿路前方出现交通事故或阻塞时，可及时调整已定的行车路线，绕道前进。分组的传输与此很相似，每个分组交换都要根据自己的设计目标和服务要求设计路由的选择算法。一般情况下，路由选择算法的要求如下所述。

- 在最短的时间内使分组到达目的地。
- 使网中各节点的工作量均衡。
- 算法简单，易于实现。
- 不应过重地增加全网或各节点的开销。
- 算法要能适应分组交换网的变化和扩展，并能适应部分网络节点暂时性故障带来的影响。

2．路由算法中使用的度量

路由算法使用不同的度量确定最佳路线。所谓最佳，是在一定度量下的最佳。复杂的路由算法可以基于多个度量选择路由，并把它们结合成一个复合度量。路由算法中常用的度量有如下 4 种。

（1）路径长度

路径长度是最为常用的一种路由度量标准。有些路由协议可以允许网络管理员为每一条链路指定路由成本。在这种情况下，路径长度就是所有有关链路的路由成本的总和。其他一些路由协议还可以定义跳数，即数据包从源地址到目的地址必须经过的路由器的个数。

（2）延时

路由延时是指经过网络把数据包从源地址发送到目的地所需要的时间总和。影响路由延时的因素有很多，其中包括网络连接的带宽、途经的每一个路由器的负载、网络拥塞状况以及数据分组所需要经过的物理距离等。

（3）带宽

带宽是指一条网络链路所能提供的流量吞吐能力。很明显，10Mbit/s 以太网的带宽要比64Kbit/s 专线的带宽大。虽然带宽反映了一条网络链路所能提供的最大速率，但有时使用带宽连接路由并不一定是最优路径。例如，若一条高速链路非常繁忙，数据包实际等待发送的时间可能会很长。

（4）负载

负载是指像路由器这样的网络资源和设备的繁忙程度。负载可以通过多种方式进行计算，如CPU 的使用率、每秒需要处理的数据分组的数目等。对路由负载进行长期地持续监控可以更加准确有效地管理和配置网络资源。

3．路由算法

路由算法属于网络软件的一部分，一般可分为非自适应型算法（或静态路由算法）和自适应型算法（或动态路由算法）。非自适应型算法依据网路的流量、时延等参数，而自适应算法依据当前通信网的各有关因素的变化随时做相应的修改。下面从概念上介绍几种路由算法。

（1）非自适应型算法

① 扩散算法。

扩散算法又称洪泛式算法，为全路发送，属于非自适应算法的一种。该算法中，每个节点将得到的分组复制多份发送到除分组进入线路以外的所有线路相连的相邻节点。这种方法下，只要目的节点是可达的，分组总能送到目的节点，而且目的节点收到的最早分组来自最佳路由。这种方法在分组转发的过程中迅速造成了许多复制的分组，网络资源利用率低，吞吐量小。由于重复的分组越来越多，最后可能泛滥成灾，所以这种路由算法要用某些方法限制分组的无限循环转发。如在分组报头中设置段数计数器，每转发一次，报头的段数计数器就加 1，当计数器的值超过网络最大可能的值时，就不再转发并将其删除；还有查重复分组等方法，这种方法可靠性高，即使网内许多节点或链路受到破坏，也能保证分组安全到达目的节点。

选择扩散式算法中，节点选择向靠近目的节点方向的一部分节点发送分组，因此也称为多路发送。它是单路发送和全路发送的折衷，保持了扩散算法的优点，但付出额外信息流的代价要小。扩散式和选择扩散式算法如图 4-13 所示。选择扩散式算法仅适合于负荷轻的小规模网络，否则影响网络的利用率。

② 固定算法。

在这种路由算法中，要求根据网络结构编制相应的路由表。图 4-14 和表 4-3 分别表示了一个有 A～G7 个节点的网络结构和它的路由表。路由表上的每项内容叫做路由矢量，就是在该路由上分组应通过的下一个节点的代码或编号。例如，确定从节点 A 到节点 G 的路由，则从上述路由表查找当前节点 A 和目的节点 G 相交的那一项，其中写着 F，就是指节点 A 发出的分组需经过节点 F 送往节点 G。在大型网络内，一对用户终端之间要经过多个节点，每经过一个节点就要查一次路由表。同一张路由表存储于每一节点的交换处理机内，每一节点的交换机便可利用查表的方法确定下一个传送的地点。这张路由表仅反映了各个节点的连接情况，并没有反映对网内各种参数变化的适应情况，所以称为固定路由表。

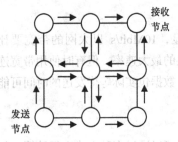

图4-13　选择扩散式和扩散式算法

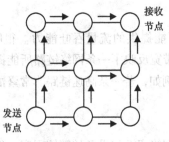

图4-14　固定算法网络结构示意图

表 4-3　　　　　　　　　　　　　　　固定路由表示例

		当前节点						
		A	B	C	D	E	F	G
目 的 节 点	A	—	A	B	A	D	A	B
	B	B	—	B	B	D/G	G	G
	C	B	C	—	B	G	G	C
	D	D	D	B	—	D	E	B/E
	E	D/F	D	G	E	—	E	F
	F	F	G	G	E	F	—	F
	G	F	G	G	B/E	G	G	—

③ 最短路径算法。

最短路径算法是用最小权数的概念引出的准则，是一种常用的算法。这里的"最短路径"是广义的，指在源节点和目的节点之间沿着长度最短的路径来传送分组。"最短"的含义既可以是实际距离，也可以是平均时延或链路费用。下面通过一个例子简要说明最短路径算法。

【例 4-1】 网络结构如图 4-15（a）所示，节点之间的每条链路上加了有关的权数，并假设这些权数是已经充分考虑某一分组网的实际需要后而确定的。以节点 A 为例，说明确定最短路由的方法。

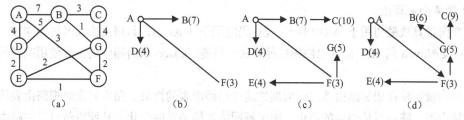

图 4-15　最短路径算法

首先，找出节点 A 的相邻节点，从图 4-15（a）可以看出，B、D 和 F 均为节点 A 的相邻节点；标出到这些节点的权数，并记在相应的节点位置上，如图 4-15（b）所示。

其次，从上述 B、D 和 F 3 个节点向其他节点扩展，并记下权数。对于节点 C，链路为 A→B→C，权数为 7+3 = 10。对于节点 E 的路由有两条，一条是 A→D→E，权数为 4+2 = 6；另一条是 A→F→E，权数为 3+1 = 4，按照最短路径的路由选择原则，应选取 A→F→E 的路由，再将权数 4 记在节点 E 的位置上。从节点 A 到节点 G 也有两条路由，一条是 A→B→G，权数为 8；一条是 A→F→G，权数为 5，应选取 A→F→G 的路由，并标记在节点 G 的位置上，如图 4-15（c）所示。至此，确定了从节点 A 向网内其余节点发送信息时应选的路由。

最后，核实是否已经找出最短路径路由。从图 4-15 中观察到，从节点 A 到节点 B，若取 A→F→G→B，链路权数为 6，小于直接从 A→B 的权数 7，从最短路径路由算法准则出发，应选取 A→F→G→　B 的路由。于是，把节点 B 位置上的权数相应地改为 6。另外，由 A→C 的路由还有另外两条，一条 A→F→G→C，权数为 9；另一条 A→F→G→B→C，权数也为 9，但路由 A→F→G→C 较 A→F→G→B→C 少经过一个节点，所以应选取 A→F→G→C 路由，并将节点 C 位置上的权数改为 9，如图 4-15（d）所示。这样，我们就找出了节点 A 通向各个节点的最小权数路由。

可以利用相同的方法找出节点 B、C 等通向其余节点的最小权数路由，再编制出最短路径的路由表，如表 4-4 所示，然后就可以逐点确定从某一源点到达目的节点的最小权数路由。

表 4-4　　　　　　　　　　　　　　例 4-1 路由表

W＼N 目的节点 ＼当前节点		A		B		C		D		E		F		G	
		W	N	W	N	W	N	W	N	W	N	W	N	W	N
A		0	—	6	F	9	F	4	D	4	F	4	F	5	F
B		6	F	0	—	3	C	5	D	3	G	3	G	1	G
C		9	F	3	C	0	—	8	B	6	G	6	G	4	G
D		4	D	5	D	8	B	2	×	2	E	3	E	4	E
E		4	F	3	G	6	G	2	E	0	×	1	F	2	F
F		3	F	3	G	6	G	1	E	1	F	0	×	2	G
G		5	F	1	G	4	G	2	E	2	E	2	G	0	—

W：最小权数；N：该路由的下一个节点。

（2）自适应型算法

现代计算机网络通常使用自适应型算法，常用的有距离向量和链路状态算法。

① 距离向量算法。

距离向量算法最初用于 ARPANet，现在仍应用于 Internet，其路由协议名称为 RIP。早期的 DECNet 及 Novell 的 IPX 协议也使用这种算法。目前，Cisco 路由器中的协议使用改进的距离向量算法。

距离向量算法在相邻路由器之间周期性地传递路由表的拷贝。路由器定时把路由表传给其他相邻的路由器。路由器从邻居的路由表中了解网络连接关系的变化，从而更新自己的路由表，并把自己更新的路由表再发送给相邻的路由器。距离向量算法采用路径长度作为度量，如 RIP 采用路由器之间的跳数作为度量。每一个路由器接收到相邻路由器到达目标网络的度量值后，再加上本路由器到达相邻路由器的度量值，然后选择度量最小的路由作为自己的路由。

启动的时候，路由器首先对路由表进行初始化，与路由器直接相连的每一个网络均生成路由表中的一个表项。若以跳数作为路径长度度量，直接相连的网络路径长度为零。然后通过在相邻路由器之间交换路由表传播路由，经过多次交换后，每一个路由器对到达每一个网络均生成相应路由表项，网络达到收敛。

图 4-16 所示为距离向量算法选择路由的过程。每一次交换路由信息之后，路由器计算路由表。图 4-16（b）所示为路由器启动时为直接相连的网络生成初始的路由表。如图 4-16（c）通过第一次路由表交换后，路由器 RB 接收到来自路由器 RA、RC 的路由表，路由器 RB 在距离向量上加上一个单位，如来自 RA 的路由"2.0.0.0"加上一个单位变为 1。由于本来路由表中有一条"2.0.0.0"的路由，并且距离为 0，所以选择原来的路由。来自 RA 的路由"1.0.0.0"加上一个单位之后距离变为 1，原来路由表中没有这条路由，因此把这条路由加入本机路由表中。如此一个个路由器传下去。这种方法遍历整个网络后形成网络的拓扑结构数据库（即路由表），但其中某个路由器不会精确了解整个网络的拓扑结构。

距离向量算法比较简单，易于实现，缺点是网络收敛慢。若网络拓扑结构动态变化，就需要路由迅速改变，该算法难以稳定。为了提高网络的收敛速度，目前已研究出许多新的方法对距离向量算法进行了改进。

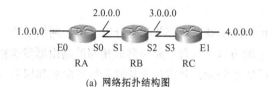

(a) 网络拓扑结构图

RA 的路由表

目的网络	距离	转发端口
1.0.0.0	0	E0
2.0.0.0	0	S0

RB 的路由表

目的网络	距离	转发端口
2.0.0.0	0	S1
3.0.0.0	0	S2

RC 的路由表

目的网络	距离	转发端口
3.0.0.0	0	S3
4.0.0.0	0	E1

(b) 各个路由器初始路由表

RA 的路由表

目的网络	距离	转发端口
1.0.0.0	0	E0
2.0.0.0	0	S0
3.0.0.0	1	S0

RB 的路由表

目的网络	距离	转发端口
1.0.0.0	1	S1
2.0.0.0	0	S1
3.0.0.0	0	S2
4.0.0.0	1	S2

RC 的路由表

目的网络	距离	转发端口
2.0.0.0	1	S3
3.0.0.0	0	S3
4.0.0.0	0	E1

(c) 第一次交换路由信息后各个路由器的路由表

RA 的路由表

目的网络	距离	转发端口
1.0.0.0	0	E0
2.0.0.0	0	S0
3.0.0.0	1	S0
4.0.0.0	2	S0

RB 的路由表

目的网络	距离	转发端口
1.0.0.0	1	S1
2.0.0.0	0	S1
3.0.0.0	0	S2
4.0.0.0	1	S2

RC 的路由表

目的网络	距离	转发端口
1.0.0.0	2	S3
2.0.0.0	1	S3
3.0.0.0	0	S3
4.0.0.0	0	E1

(d) 第 2 次交换路由信号后各个路由器的路由表

图 4-16　距离向量算法选择路由的过程

② 链路状态算法。

简单地说，距离向量算法是"把我所知道的整个网络的情况告诉我的邻居"，而链路状态算法是"我所知道的我与邻居的情况告诉整个网络"，每一个路由器都了解到网络中其他所有路由器及其相互连接状况。

基于链路状态的路由算法，也称为最短路径优先算法（SPF），该算法要求将链路状态信息传给域内所有的路由器，路由器利用这些信息构建网络拓扑图，并根据最短路径优先算法决定路由。

链路状态算法通常通过下面的步骤实现路由选择。

首先路由器发现邻居及其网络地址，并测量到达邻居的延时或开销。当路由器启动的时候，它通过其各个端口向相邻的路由器发送 Hello 报文，从相邻路由器的响应获得邻居的网络地址；然后通过发送 Echo 报文测量每一条到达邻居链路的延迟或开销。

路由器收集了相邻链路的状态信息之后，构造包含这些信息的链路状态分组。每一个路由器的链路状态分组包括发送者标识、分组序列号、分组生存时间、相邻路由器标识及对应的链路状态度量值。

接着向网络内所有其他的路由器发送链状状态分组。由于网络中路由表并没有建立，链路状态分组的发送采用 Flooding 的方式，即每个路由器向相邻的路由器发送链路状态分组，路由器收到链路状态分组后更新自己的数据库，并将接收到的分组再向其邻居发送。

最后，各个路由器计算新的路由。在路由器收集到路由状态之后，它对整个网络的相互连接关系和各条链路状态有了认识，并计算本路由器到全网其他路由器或网络的最短距离。

链路状态算法与距离向量路由算法相比，减少了路由环路的发生，加速了网络的收敛。但是，网络规模很大时，在网络中传递大量的链路状态信息，各个路由器为处理这些信息将耗费大量的资源。OSPF 路由协议和 IS-IS 路由协议都采用链路状态算法，它们在网络中应用广泛。

4.4.7　流量控制

在网络层、数据链路层等协议中通常引入流量控制（Flow Control）来限制发送方所发出的数据流量，使发送速率不要超过接收方能处理的速率。因此，流量控制实质反映的是一种"速度匹配"问题。流量控制的限制量通常需要某种反馈机制配合，使发送方能了解接收方是否能接收到。对于流量控制，通常有以下两个要点需要掌握。

●　任何接收设备都有一个处理输入数据的速率限制，并且存储输入数据的存储器容量也是有限的。一般情况下，每个接收设备都有一个称为**缓冲区**的存储器，用来保存处理之前的输入数据。若缓冲区满，接收方必须通知发送方暂停传输，直到接收方又能接收数据。

●　接收方对数据帧的应答，可以是**一帧一帧地应答**，也可以是**一次对若干帧一起进行应答**。若一个数据帧达到时已经被破坏，接收方要发送一个 NAK 信息否定应答帧。

流量控制可以在不同的层次上实现，在 OSI 模型中的数据链路层、网络层和传输层都可以处理流量控制问题。因此，对于大多数协议来说，采取流量控制是极其重要的。

目前用得较多的链路流量控制技术有停等式流量控制和滑窗式流量控制两类。

1．停等式流量控制

停等式流量控制（Stop and Wait）是一种最简单，也最常用的流量控制方式，分为 X-ON/X-OFF 开关式流量控制和协议式流量控制两种。

（1）X-ON/X-OFF 开关式流量控制

ASCⅡ码为流量控制定义了两个控制字符，即符号 DC3 和 DC1，分别称为 X-OFF 和 X-ON。它们分别对应于 Ctrl-S 和 Ctrl-Q 键盘命令，常常用于终端和主机间的流量控制。

现举一个例子来说明。假设 A 站和 B 站进行全双工通信，若 A 站缓冲区将满，它就在发送到 B 站的数据中插入 X-OFF 字符；B 站接收到 X-OFF 字符后，B 站就停止向 A 站传输数据。若缓冲区有空间，A 站可向 B 站发送 X-ON 字符，指示 B 站可恢复传输数据。这一过程如图 4-17 所示。

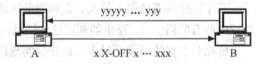

图 4-17　X-OFF/X-ON 进行的流量控制

当某一站发送 X-OFF 字符时，由于 X-OFF 字符发送的时间和另一站的响应时间之间存在延迟，它将继续接收一小段时间的数据。因此，通常在某一站缓冲区内的数据超过某一值时将发送 X-OFF。

X-OFF/X-ON 流量控制的一个常用场合是在显示屏上显示大的文件时，为防止信息滚出显示屏，可以通过输入 Ctrl+S 锁定显示屏，输入 Ctrl+S 发送一个 X-OFF 字符，停止文件传输。阅读完后，再输入 Ctrl+Q，发送 X-ON 字符，并允许文件重新传输。

（2）协议式流量控制

上面介绍的 X-OFF/X-ON 协议是面向比特的，是一种典型的异步通信，传输可在任意给定的比特开始和暂停。协议式流量控制是同步通信，是面向帧的协议。数据传输之前，发送端已将要传输的数据分组装配成一定长度的数据帧，并给予编号。发送时，再次发送一个数据帧后，就停顿下来，等待接收端回送的表示认可的响应帧 ACK。一旦收到确认帧，就可继续发下一数据帧。如此重复，直到数据发送完毕。这一过程如图 4-18 所示。确认帧可以由 ASCⅡ码表中的 ACK 字符构成，或者由双方约定的其他合适的代码组合构成。发送端的发送速度完全受控于接收端的响应信息。若接收端对一帧数据的处理时间较长，ACK 发出的时间就较晚，甚至当接收端因某种原因而不能继续接收数据时，可以发出表示拒绝接收的响应信息，迫使发送端停止发送数据。因此，协议式流量控制使发送端根据接收端对数据流量的要求来调整发送速度，从而保证数据传输的可靠性。协议式流量控制也允许使用半双工链路，控制简单，而且还可与差错控制结合利用，所以得到了比较广泛的应用。

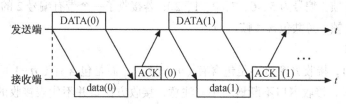

图 4-18　协议式流量控制

2. 滑动窗口协议

停等式流量控制通常适用于近距离通信的场合。若通信距离较远和帧数增大，需要其他的协议，其中一种应用广泛的协议就是滑动窗口协议（Sliding Window Protocol）。在滑动窗口协议中，发送方在收到应答消息前可以发送多个帧，帧可以直接一次发送，这样一来链路的使用能力大大提高。而接收方只对其中一些帧进行应答，并使用一个 ACK 帧来对多个数据帧的接收进行确认。

（1）窗口的概念

滑动窗口协议中的**窗口**是指一个发送方和接收方都要创建的**额外缓冲区**。该窗口可以在收发两方存储数据帧，并对收到应答之前可以传输的数据帧的数目进行限制。滑动窗口协议允许不等待窗口被填满，而在任何一点对数据帧进行应答；若窗口未满，可以继续传输数据帧。为了记录哪一帧已经被传输以及接收了哪一帧，滑动窗口协议引入"窗口大小（Sliding Size）"的标识机制，使用的序号占帧的一个字段，因而对序号的大小就有一个限制。例如，对于 3bit 长的字段，编号的范围只能从 0～7，相应地，帧的编号是模 8 的数值。一般来说，对于 k bit 长的字段，编号范围是 0～（$2^k - 1$）。图 4-19 所示为滑动窗口的示意图。假设使用 3bit 编号，则这些帧从 0～7 顺序编号，从带阴影的窗口得知可以传送以帧 6 为首的 7 个帧。每当有一个帧发送出去，窗口就会变小。

当接收方发出一个 ACK 应答帧后，它采用捎带确认方法，如对以帧 4 结尾的一串数据帧进行应答，接收方就发送一个编号为 5 的应答帧。因此，在发送方和接收方的窗口都可以存储（$n - 1$）帧，在必须接收一个 ACK 帧之前最多可以发送（$n - 1$）帧。

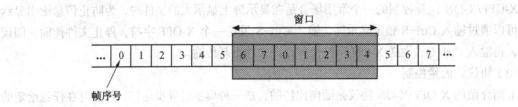

图4-19　滑动窗口示意图

（2）发送窗口

在传输的开始，发送方窗口有（$n-1$）帧。随着数据帧的发送，窗口的左边界向右移动，不断缩小窗口的大小。若窗口大小是w，并且自从最近一次应答以来已经发送了3帧，则在窗口剩余的帧数是（$w-3$）。一旦一个应答帧ACK到来，窗口会根据应答帧中应答的数据帧的个数对窗口进行相同数目的扩展。

如图4-20所示，发送窗口大小为7，若第0～4帧已经发送但还没有收到应答，则窗口内包含有两帧（5号和6号）。若收到带有编号4的应答帧ACK，就知道有4帧（从0～3号帧）已经正确达到，因此发送就扩展其窗口，将它的缓冲区中相邻的4帧扩展到其窗口中。此时，发送方窗口包含有6帧（编号为5、6、7、0、1、2）；若接收了一个带有编号2的ACK帧，则发送方窗口只会扩展2帧，总共包含4帧。

（3）接收窗口

在传输开始时，接收方窗口不是包含有（$n-1$）帧，而是包含有（$n-1$）个空间来接收帧。随着接收数据增多，接收窗口不断地缩小。注意，接收方窗口并不代表接收的数据帧数，而代表在必须发送应答帧ACK前还可以接收的帧的数目。若窗口大小是w，并且在没有返回应答帧前接收了3帧，则在窗口中剩余的空间数是（$w-3$）。一旦发送一个应答信息，窗口就按照已经进行了应答的帧的个数扩展。如图4-21所示，一个大小为7的接收窗口中含有容纳7帧的空间，若第1帧到来，接收窗口开始缩小，从空间0变为空间1，窗口缩小了1帧，接收方现在在不发送应答帧ACK之前还可以接收6帧；若0～3号帧已经到达但未进行应答，窗口中就只包含3帧的空间。

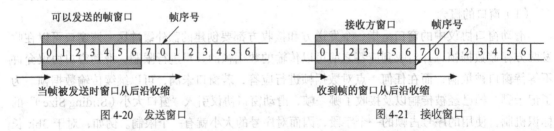

图4-20　发送窗口　　　　　　　　　　　图4-21　接收窗口

随着每个ACK帧的发出，接收窗口按照新应答的数据帧的个数扩充相同数目的空位，窗口扩充的数目等于最近的应答帧中包含的编号减去上一次应答帧中包含的编号。例如，在7帧窗口中，若上一次ACK帧是对3号帧进行应答，而当前ACK帧是对1号帧，则窗口扩展数是$6=1+8-3$。

需要注意的是，上面讨论的滑动窗口协议的前提假设数据帧无差错到达。若接收的帧发现错误，或者在传输中丢失了一帧或多帧，那么传输过程将变得更加复杂。因此，流量控制通常是与差错控制结合运用的。在数据链路层的差错控制是基于ARQ方式的，通常在数据帧丢失、数据帧出错以及应答帧丢失这 3 种情况下要重传数据。ARQ 方式的差错控制在数据链路协议中是以流量控制的附属物形式实现的。实际上，停等流量控制通常以自动重复请求来实现，而滑动窗口通常是以两种自动请求来实现的。

4.4.8 几种交换方式的比较

为了更为全面地理解各种交换方式的特点，我们可以从不同角度的多个侧面去观察和分析比较它们各自的特性，表 4-5 所示为三种交换方式主要特性进行比较的结果。

表 4-5 三种交换方式的比较

方式 性能类别	电路交换	存储/转发交换		说 明
		报 文 交 换	分 组 交 换	
接续时间	较长	较短	较短	在存储/转发交换方式中不需要接通物理线路
传输通路性质	物理的	逻辑的	逻辑的	
信道传输时延	平均短，时延为 ms 级	平均长，时延为 1min	平均短时延为 200ms	在存储/转发方式中，时延包括信息在交换机中的存储时延、处理时延和在线路上的传输时延
误码率	1×10^{-7}	$1 \times 10^{-9} \sim 1 \times 10^{-10}$	$1 \times 10^{-11} \sim 1 \times 10^{-14}$	存储/转发方式中可逐局进行差错控制，分组交换中还可在用户端进行差错控制
可靠性	一般	较高	高	
通路建立方式	要求呼叫建立	不要求建立	两种都有	
电路利用率	低	高	高	
信号传输的透明性	有	无	无	
异种终端相互通信	不可以	可以	可以	
业务适应性	适应各种实时业务	不适应会话业务	会话、批量业务均适应	数据报分组方式适应传输会话业务，虚电路两种都适应
交换机费用	一般较便宜	较高	较高	
数据适应性	同速率、同码制	速率、码制可以相互转换	速率、码制可以相互转换	
以数据业务为主的业务	不适用	适用	适用	
数字传真、可视图文业务	不适用	不适用	适用	
通路的可用性	专用	共享	共享	
链路带宽利用	固定带宽占用	动态使用	动态使用	

4.4.9 X.25 协议的基本概念

1. 概念

X.25 是由 ITU-T 在 1976 年制定的标准，协议文本曾被更新过若干次，是影响现在和未来数据通信的最重要的网络体系结构之一。X.25 标准是一种广泛使用的接口，它定义了数据终端设备与公用数据网相连的 DCE 之间的协议，如图 4-22 所示。通常 X.25 可严格地作为公用数据网的用户—网络接口或用户—用户接口。

X.25 定义 HDLC 作为数据链路层的国际标准，定义了分组模式的终端是如何连接到一个分组网络上并传输数据的；它描述了建立、维护和终止连接所必需的过程，如连接建立、数据交换、确认、流量控制等。X.25 是一种端到端的协议。

2. X.25 协议模型与分组格式

（1）X.25 协议模型

X.25 定义了类似于 OSI 模型下三层的协议，即物理层、平衡式链路访问层和分组层，分别对应 OSI 模型中的物理层、数据链路层和网络层，如图 4-23 所示。

图 4-22　X.25 公共数据网接口　　　　　　图 4-23　X.25 与 OSI 之间的关系

① 物理层。X.25 的物理层可以同时支持 RS-232、V 系列接口。X.25 还定义了一个称为 X.21 的协议。虽然 X.21 是 ITU-T 专门为 X.25 所制定的，但是它和其他物理层协议（如 RS-232 等）极其类似。该层属于硬件接口，可用接口测试设备分析规程。

② 平衡式链路访问层。X.25 提供了一个面向比特的协议来实现数据链路控制，即平衡式链路访问规程（LAPB），它是 HDLC 的一个子集。该层属于软件接口，需用规程分析仪观察。

③ 分组层。X.25 的网络层称为分组交换层或包交换层，这一层主要负责建立连接、传输数据以及终止连接。用户和系统的数据从上层传送到该层。在这一层上，包含控制信息的报头添加到数据包上，数据包转换为分组。分组包按照顺序传送到 **LAPB** 层，再将它们封装入 **LAPB** 的信息帧，然后传送到物理层，物理层最终通过网络实现传输。X.25 在平衡链路访问层和分组层都需要差错检测和恢复。该层属于软件接口，需用规程分析仪观察。

（2）X.25 分组格式

虚电路是 X.25 网络所提供的最有效的业务。所谓虚电路，逻辑上等效于建立一个电话呼叫，它是利用公用设备和电路的临时虚连接，一个虚呼叫完成之前，发送端必须提供它的地址和目的地址。虚电路使用呼叫请求分组和数据传送分组两种分组格式。

① 呼叫请求分组。图 4-24 所示为呼叫请求分组的字段格式，标志序列为 01111110（一个 HDLC 标志），差错控制机制是带 ARQ 的循环冗余校验 CRC-16。链路地址字段及链路控制字段很少使用。其余字段说明如下。

● 格式标识符：用于标识该分组是一个新的呼叫请求，还是一个以前建立的呼叫。格式标识符还标识分组编号序列（0～7 或 0～127）。

● 逻辑信道标识符（LCI）：标识一个给定虚电路的源地址和目的地址。源用户获准进入网络并标识了目的地用户后，它们即被分配一个 LCI。在后续的分组中，源地址和目的地址就没有必要了，只需要 LCI 即可。当两用户断开时，该 LCI 被释放，可重新分配给新用户使用。在任意给定的时间内可以建立多达 4 096 个虚电路。

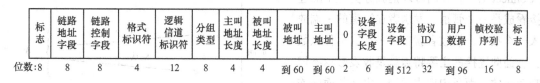

标志	链路地址字段	链路控制字段	格式标识符	逻辑信道标识符	分组类型	主叫地址长度	被叫地址长度	被叫地址	主叫地址	0	设备字段长度	设备字段	协议 ID	用户数据	帧校验序列	标志
位数:8	8	8	4	12	8	4	4	到60	到60	2	6	到512	32	到96	16	8

图 4-24　呼叫请求分组格式

② 数据传送分组。图 4-25 所示为数据传送分组的字段格式，它与呼叫请求分组十分类似。数据传送分组包含收发分组序列字段，而该字段不包含在呼叫请求分组中。

标志	链路地址字段	链路控制字段	格式标识符	逻辑信道标识符	发送分组序列号 $P(s)$	0	接收分组序列号 $P(r)$	0	用户数据	帧校验序列	标志
位数:8	8		4	12	3/7	5/1	3/7	5/1	到1024	16	8

图 4-25　数据传送分组格式

在数据传送分组字段中，标志、链路地址字段、链路控制字段、格式标识符、逻辑信道标识符及帧检验序列字段均与呼叫请求分组所用的完全一样，只是多了收发分组序列号。

* 发送分组序列号 $P(s)$：它的使用方式与 HDLC 所用的 $N(S)$ 和 $N(R)$ 相同。每个后续的数据传送分组在序列中被分配下一个 $P(s)$ 号。

* 接收分组序列号 $P(r)$：该字段用来证实收到的分组，并对接收错误的分组请求重传（ARQ）。数据传送分组中的 I 字段比呼叫请求分组中的 I 字段具有更多的源。

4.5　数据交换中的连接和无连接

在数据通信中，经常会接触到"连接与无连接"这两个概念，连接不仅仅是指物理上的连接，还包括逻辑上的连接。为了帮助读者进一步理解连接与无连接的含义，本节将从计算机协议体系结构的角度以及连接与无连接的层次等多个方面加以说明。

4.5.1　面向连接服务和面向无连接服务

在计算机协议体系结构中，协议中的层与层之间是完全独立而且是单向依赖的，即相邻层之间通过接口使用服务原语建立通信：下层是上层的服务提供者，通过使用原语操作提供服务；上层是服务调用者。通常，下层向上层提供的服务分为面向连接服务（Connect-oriented Service）和面向无连接服务（Connectionless Service）两种类型。

1．面向连接服务

面向连接服务实际上是对电话系统服务模式的一种抽象。对于远距离的数据交换，从协议的角度看，两个实体之间要建立逻辑上的联系，或者说是连接。通常连接都要经过建立连接、数据传送和终止连接 3 个过程，如图 4-26 所示。

在面向连接的数据传输过程中，各数据信息中不携带信宿地址，而是使用连接号（Connect ID）。我们可以把服务类型中的连接看成是一个管道，发送者在管道的一端放入什么数据，接收者就在另一端取出什么数据。**面向连接的主要特点就是收发数据不但顺序一致，而且内容也相同。**大多数面向连接服务都支持确认重传机制，而确认和重传是计算机网络实现可靠性的一种机制，所以面向连接服务的可靠性高。由于使用确认重传机制会导致额外的延迟，因而，面向连接服务的开销大、传输速率低。例如，对用户来说，打印应用程序就应该是面向连接的。

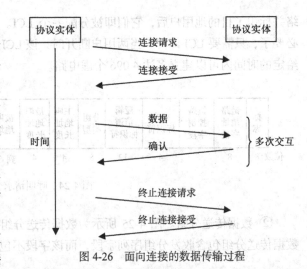

图 4-26　面向连接的数据传输过程

2．面向无连接服务

面向无连接服务实际上是对邮政系统服务模式的一种抽象。在面向无连接的数据传输过程中，每个分组头携带完整的信宿地址，各数据在系统中独立传送。面向无连接服务不能保证分组的先后顺序，由于先后发送的分组可能经过不同路径去往信宿，先发的不一定先到。所以，面向无连接服务不保证传输的可靠性，面向无连接服务的最典型例子是数据报。因此，面向无连接的特点是不可靠，但可提供快速、尽力而为的传输，系统开销小。

概括而言，服务可细分为 6 种不同的类型，如表 4-6 所示。

表 4-6　　　　　　　　　　　　　　　6 种服务类型

服　务　类　型		例　　子
面向连接	可靠的报文流	文件传输
	可靠的字节流	远程登录
	不可靠连接	数字语音
面向无连接	不可靠的数据报	电子邮件
	有确认的数据报	挂号信
	请求—应答	网络数据库查询

报文流（Message Stream）要保持报文边界，发方发出多少报文，收方即收到多少相同的报文；字节流（Byte Stream）则不保持报文边界，发方发出多少报文，收方不知道也不关心，其收到的是一个字节序列。例如，在一个连接中，先发 1 024Byte，再发 1 024Byte，若采用报文流机制，则收方收到两个 1 024Byte 的消息；若采用字节流机制，则收方收到一个 1 024Byte 的单元。

4.5.2　面向连接的方式

在数据交换过程中，连接的实质就是一种接续过程。面向连接与无连接、物理连接与逻辑连接、同步时分交换与异步时分交换以及不同层次的交换都可以用来表明不同交换方式的主要技术特征。面向连接的方式又分为实际的物理连接和逻辑连接，其中逻辑连接包括虚电路连接和由纯软件实现的虚拟连接。

1．物理连接

物理连接是一种实际的物理连线。例如点到点的连线，通常指的是物理层的连接。该连接方式主要通过硬件实现，可以通过转接开关或互换时隙将物理线路接续起来。

2．虚电路连接

虚电路连接主要是通过一组表格（路由表）、队列缓冲区和相应软件实现的，但必须建立在硬件基础上。

3．由纯软件实现的虚拟连接

从协议的角度看，这种连接就是一种层次交换，它是虚拟的、形式上的连接，纯粹由相应的协议软件实现，跟下层无任何关系。例如 TCP/IP 中传输层的 TCP 就是一种为上层应用层提供的面向连接的服务，通常称之为 TCP 连接。维持 TCP 连接的机制完全由两端的 TCP 软件提供。这种类型连接的内部实现既无物理连接，也无虚电路连接。

总之，只要达到上面所述的 3 种类型中的一种效果，不管内部如何实现，都属于面向连接服务。

4.6 帧中继

"帧中继"这个概念在很多场合中使用过，帧中继（FR）可以指一个接口标准协议、一种交换技术或一种公共服务（公共业务）。若将 3 种情况统一起来，帧中继就是需要一个帧中继接口，这个接口支持转化为帧中继的"帧"信息格式，并在帧中继交换或信元交换中进行传输。

4.6.1 帧中继概述

1．背景

帧中继起初是由 ITU-T 定义的，后来美国 ANSI 协会延续了这一版本，并定义了帧中继的信令与核心特征；然后，成立于 1991 年的帧中继论坛对帧中继的核心功能进行了补充。

第一代帧中继服务在 1991 年开始提供，重点是针对局域网（LAN）到 LAN 的互连，而没有支持传统的终端到主机的事务处理、语音和传真的应用。然而今天，很多公司已经使用公共帧中继服务来集成在并行的网络上运行的应用。由于帧中继和 X.25 相似，所以帧中继技术对现存的用户前端设备（CPE）只需极小的造价很低的修改。现在，很多广域网（WAN）接入 CPE 都支持帧中继。支持帧中继的 CPE 包括路由器、集中器、交换机、前端处理器和插入传统的时分复用器的卡和帧中继装/拆设备（FRAD）。1994 年初，帧中继论坛采用了基于 ATM 的帧中继规范，提供了多种技术间的互操作性，这些规范使帧中继在 ATM 基础设施中传输，并在帧中继与 ATM 之间进行无缝连接。

2．帧中继出现的原因

理解数据通信应用的特点，尤其是 LAN 应用的本质，有助于了解帧中继出现的原因。数据通信应用的特点表现为以下几个方面。

（1）突发性

数据通信的一个最大特点是突发性，这意味着每一次通信中所传输的文件通常都是大小不同的，大文件的传输或峰值时间段的通信就是"突发"性的实例。

（2）间歇性

除了突发性外，数据通信过程时常也是间歇性的。这意味着仅在有些时候才需要连续发送数据，其他时间则不需要。这种间歇性与电话相似。

（3）更高的峰值

通过广域网传输数据时，平均传输速率大约为 7.4kbit/s，峰值是 9.6kbit/s。而现在一个单独应用的平均传输要求就达到 64kbit/s，峰值达到几兆比特每秒。特别是更大文件的传输给网络带来了更大的潜在的拥塞，平均峰值也增大了很多。

现有 X.25 网在吞吐能力和时延方面都受到很大的影响和限制，不能适应各种宽带数据业务的开展。帧中继技术则对 X.25 技术有了较大的改进。它是一种面向连接的快速分组交换技术，在通信线路的质量大幅度提高后，特别是光纤技术的发展，采用简化通信协议的办法提出的一种技术提升路径，是一种高速的数据交换技术。

4.6.2   帧中继的基本原理

为了说明帧中继是如何工作的，现把它和 X.25 分组交换技术作分析比较。

从网络层次上看，X.25 协议在 OSI 参考模型的下三层（物理层、数据链路层及网络层）均制定了详细的通信协议与数据检纠错方法。在物理层，X.25 为用户设备与网络设备或两个网络节点之间提供物理的和电气的连接；在数据链路层，它把一条有差错的物理线路变成无差错的数据链路，提供点到点的数据正确性；而在网络层，它提供了源节点到目的节点的数据正确性和完整性，并确保数据到达正确的终点。正因为如此，分组在从源端到目的端的每一步中都要进行复杂的处理；在每一个中间节点都要对分组进行存储，并检查数据是否存在错误。

图 4-27（a）所示为 X.25 网中一个分组从源端节点 A、B 和 C 传送至目的端的过程与帧中继网的对比。对于网络中的每一对相邻节点（包括源端与目的端）而言，如果正确接收到另一节点发来的分组，都应回送一个确认帧；如果发现接收到的分组有错误，则应要求对方重发。当分组经过一系列这样的过程（图 4-27（a）中①～⑧）正确到达目的端后，目的端还应向源端发送一个确认帧。确认帧同样要经过上述过程才能到达源端。因此，图中传输一个分组至少要经过 16 次传输。

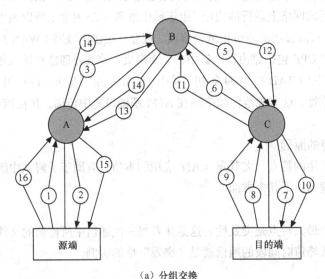

（a）分组交换

图 4-27   X.25 网与帧中继网中数据链路应答过程比较

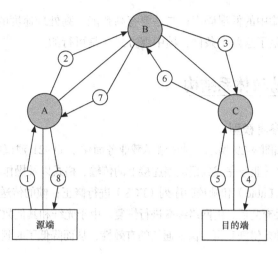

（b）帧中继

图 4-27　X.25 网与帧中继网中数据链路应答过程比较（续）

与 X.25 分组交换技术相比，采用帧中继方式的网络中各中间节点没有网络层，并且数据链路也只是一般网络的一部分（但增加了路由功能）。分组在采用帧中继方式的网络中传输时，中间节点不进行差错控制，一旦知道分组目的地址就立即开始转发它。也就是说，一个节点在接收到帧的头部（含有地址信息）后，就立即转发该帧的某些部分，因此也称这种方式为 X.25 的流水线方式。另外，中间节点也无需回送确认帧，只有目的端接收到帧后才需要向源端发送一个确认帧。因此，若采用帧中继方式，一个分组由源端经 A、B、C 传至目的端最多只需 8 次传输，只有 X.25 方式的一半。显然这些措施减少了传输的时延，提高了整个网络的吞吐量，帧中继的传输时延可比 X.25 减少一个数量级。图 4-28 示意地说明帧中继与 X.25 之间的这种区别。

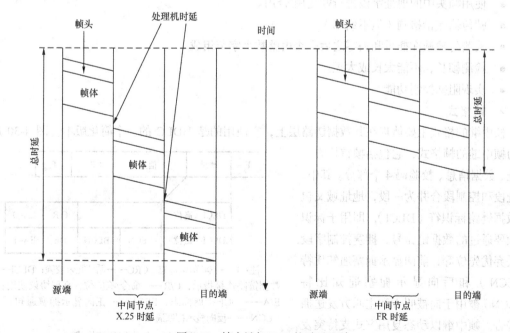

图 4-28　帧中继与 X.25 的时延区别

帧中继减少了传输时延。但需要强调的是，要实现这种方式，必须有两个基础，一是要有优质的线路条件，保证传输中的低误码率；二是要有高智能、高处理速度的用户设备，完成端到端的检纠错。只有同时满足了这两个条件，帧中继方式才是可行的。

4.6.3 帧中继协议体系结构

1．帧中继协议的参考模型

帧中继的协议结构如图 4-29 所示，帧中继承载业务简化了 Q.921 建议中链路层的功能，仅完成其核心功能。另外，帧中继业务完成数据链路连接上的传输、格式以及操作差错的检测；网络透明传送帧，可能仅对帧标记（Lable）和帧校验序列（FCS）进行修正；帧的传送不采用证实方式，这样，被检出的有差错的帧被丢弃之后，由网络终端进行恢复。由于光纤和其他数字传输技术的引入，提高了传输的可靠性，使这种差错恢复可以保证通信的有效性，从而降低了时延，提高了吞吐量。

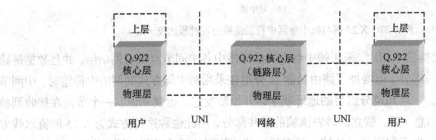

图 4-29　帧中继的协议结构

用户在传送信息时使用 Q.922 建议的核心层功能，主要完成以下功能。

- 帧定界、定位和透明性。
- 使用帧头中的地址字段进行帧复用/合用。
- 帧传输差错检测（但不纠错）。
- 检测传输帧在插零和去零之后是否由整数个字节组成。
- 检测帧长，不能太长或太短。
- 实现阻塞控制功能。

2．帧格式

帧中继的格式主要体现在其数据链路层上，它使用的是 HDLC 的一个简化版本。图 4-30 所示为帧中继的帧格式，它包括帧首标志、地址、数据信息、校验码 4 个部分。其中，地址段和控制段合并为一段，地址域又包含数据链路标识符（DLCI），即用于标识此帧要通过的数据链路号、拥塞控制字段和丢弃优先位等；前向显示拥塞通知比特（FECN）和后向显示拥塞通知比特（BECN）被用于向被叫方和主叫方发送拥塞警告。帧中继以动态复用方式支持突发性的数据传输，因而，当各链路瞬时传输量之和超过网络的传输能力时就会发生网络拥塞。

F	地址		信息	CRC	F

DLCI（高位）				C/R	EA=0
DLCI（低位）	FECN	BECN		DE	EA=1

注：F——帧首/尾标志；CRC——循环冗余校验；DLCI——数据链路连接指示；C/R——命令/响应位，高层协议使用；E/A——地址扩展标志；FECN——正向显示拥塞通知；BECN——反向显示拥塞通知

图 4-30　帧中继的帧格式

4.7 ATM 交换

4.7.1 ATM 概述

1. 背景

网络本身的发展是为了适应各种业务的需求。传统的通信网络都与其所传输的业务特性有关，但其通用性差。例如，电报通信网是为传送文字业务设立的，公用电话网是为传送语音业务设立的，X.25 是为传输数据业务设立的，有线电视网是为传送视频业务设立的。这些网络用于传输非特定业务时，都存在着诸多问题。于是，实现网络的综合成为网络发展的方向。20 世纪 80 年代初提出了综合业务数字网（ISDN）的概念和技术，实现了语音和数据业务的综合，但未出现人们预期的结果。20 世纪 80 年代中期，人们又开始寻求一种新的网络体系结构——宽带综合业务数字网（B-ISDN），在 B-ISDN 这种新的网络体系结构中提出了一个重要的概念，即快速分组交换。1983 年由 O.Reilly 提出的异步时分复用（ATD）最具有代表性，它允许通信系统中的发送时钟和接收时钟可以异步方式工作。有关这方面的研究工作分别由法国科学院（CNET）和美国 AT&T 实验室进行试验和改进，并从传输和交换两方面提出了最初的协议结构模型；最终由 ITU-T 在 1991 年正式将这种技术命名为异步转移模式（Asynchronous Transfer Mode，ATM），并把它作为 B-ISDN 的信息传递方式。

2. ATM 的定义和特点

（1）定义

ATM 已被 ITU-T 于 1992 年 6 月定义为未来宽带综合业务数字网络的传递模式。术语"转移"包括传输和交换两个方面，所以转移模式意味着信息在网络中传输和交换的方式。"异步"是指接续和用户带宽分配的方式。因此，ATM 就是在用户接入、传输和交换及综合处理各种通信量的技术。

ATM 的概念可以由下面几个方面定义。

- 所有信息在 ATM 网中以称为信元（Cell）的固定长度数据单元格式传送，信元由标题（Header）和信息域（Payload）组成。
- ATM 是面向连接的技术，同一虚接续中的信元顺序保持不变。
- 通信资源可以产生所需的信元，每一信元都具有接续识别的标号（位于首标域）。
- 信息域被透明传送，不执行差错控制。
- 信元流被异步时分多路复用。

（2）ATM 的特点

- 协议简单，可通过硬件实现，具有协议处理速度快和时延小的特点。
- 固定长度的信元（53Byte 长度）不受数据类型的影响。
- 具有多媒体传输的特点。
- 采用统计复用的方法，具有动态分配带宽的能力。
- 是有效地跨接 LAN 和 WAM 的高速互联网技术。
- ATM 交换既有电路交换的特点，又有分组交换的特点，它代表了交换技术的最高水平。

4.7.2 ATM 的异步交换原理

在讨论 ATM 异步交换技术前，我们有必要先回顾一下异步时分复用的原理。

1. 异步时分复用

在传统的以电路交换为基础的传递模式中常采用时分复用（TDM）技术，时分复用的基本方法是将时间按一定的周期分成若干个时隙，每个时隙携带用户数据。在连接建立后，用户会固定地占用每帧中固定的一个或若干个时隙，直到相应的连接被拆除为止；而在接收端，则从固定的时隙中提取出用户数据。如图 4-31 所示，某一用户在建立连接时，由网络系统将第 2 时隙分配给它；在通信过程中，它始终占用该时隙，而接收方每次只要从每帧的第 2 时隙中提取出数据就能保证收发双方间数据通信的正确。换句话说，收发双方的同步是通过固定时隙来实现的，因此称这种时分复用技术为同步时分复用（STDM）。

图 4-31 同步时分复用

在异步时分复用中，同样是将一条线路按照传输速率所确定的时间周期将时间划分成为帧的形式，而一帧中又再划分时隙来承载用户数据，用户数据不再固定占用各帧中的某一个或若干个时隙，而是根据用户的请求和网络资源的情况，由网络来进行动态分配。在接收端，则不再是按固定的时隙关系来提取相应的用户数据，而是根据所传输的数据中本身所携带的目的地信息来接收数据。在异步时分复用中，由于用户数据并不固定地占用某一时隙，而是具有一定的随机性，因此异步时分复用也称为统计时分复用。

例如图 4-32，某一用户在建立连接后，数据在第 1 帧中占用的是第 2 时隙，而在第 K 帧中则占用第 3 时隙和第 n-1 时隙。在异步时分复用中，用户数据不再固定占用某一个或若干个时隙，因此，其对带宽资源的占用是动态的，这样就可以实现在数据量少或无数据传输的情况下，将带宽资源供其他用户使用，从而有效地利用带宽资源。若某一用户出现突发性数据，又可通过网络分配相应数量的时隙，以减少时延和避免不必要的数据丢失。与同步时分复用技术比较，异步时分复用十分适用于突发性数据业务，但其同步操作和实现较为复杂。

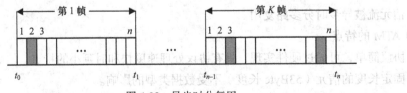

图 4-32 异步时分复用

2. 异步时隙交换

在 TDM 中所使用的固定时隙这种交换技术中，用户数据在交换前输入帧中的位置与其在交换后输出帧中的位置一般是不同的；但是，交换后输出帧中，该用户数据所占用的时隙位置则是固定的。换句话说，在输入帧中某固定位置的时隙将被固定的交换到输出帧中的某一固定时隙，在接收方通过确定时隙的位置就可以提取相应的用户数据。如图 4-33 所示，某一用户数据固定地占用了传输帧中的第 3 时隙，在经过交换机后，其数据并不是占用了第 3 时隙，而是占用了第 5 时隙，而且在整个通信过程中都将保持对第 5 时隙的占用。

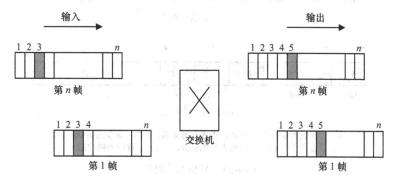

图 4-33　固定时隙交换

在 ATM 中，交换也是固定时隙的。输入帧进入 ATM 交换机后，要在缓存器中进行缓存，并根据输出帧中时隙的空闲情况，随机地占用某一个或若干个时隙，而且，所占用的若干时隙并不要求相邻。这种在时隙位置关系上异步的交换如图 4-34 所示，在输入的第 1 帧中的第 1、3 时隙被交换到输出第 2、n 时隙，而在输入的第 n 帧中的第 1、$n-1$ 时隙被交换到输出第 n 帧的第 4、5 时隙。

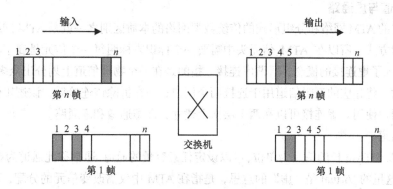

图 4-34　异步时隙交换

4.7.3　ATM 的信元结构

1．信元的概念

ATM 信元是 ATM 的具有固定大小的基本数据单元。一个信元由 5Byte 标题（信元头）和 48Byte 信息域（或称为净荷）构成。根据用户—网络接口（UNI）和网络—网络接口（NNI）的不同，信元头也有所不同，如图 4-35 所示。在宽带网络中，ATM 信元中净荷域所承载的信息只进行透明传输，**信元本身的格式与具体的业务类型无关。**

使用信元形式传输的网络称为信元网络。在信元网络中，所有的数据都被装入相同的信元中，并按照统一的方式进行传输。若不同大小和不同格式的包到达信元网络时，它们将被分割成相同大小的数据单元，并装入信元中。然后这些信元与其他信元复用，并按照指定的路径通过整个信元网络。在信元网络中使用固定长度的小信元有以下优点。

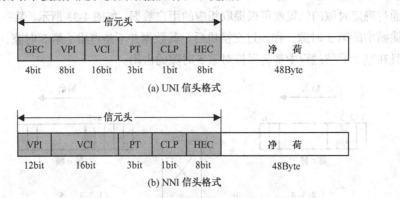

图 4-35　ATM 信元结构

- 由于信元头部只含有必要大的路由信息和控制信息，有助于协议的简化处理，传输时延低。
- 信元不会长期占用传输链路。
- ATM 交换机要维护的信息较少。
- 简化了 ATM 交换机的硬件设计。
- 信元以一致的速度到达目的地，适用于要求以一致速度且快速传输的视频和语音业务。

2. 虚通道与虚通路

信元形式的 ATM 网络和分组形式的传统数据网络的本质区别之一就是 ATM 网络采用面向连接的呼叫接续方式，所以在 ATM 信元头中需要一个标识来标明每一个信元是属于哪一个连接。在 ATM 中引入了虚连接的概念，所谓虚连接，指的是在一个物理信道上划分出众多个逻辑信道，当建立连接时，将相应的逻辑信道用于连接两个用户；而在拆除该连接后，该逻辑信道又可再分配给其他的用户使用。虚连接可以在两个层次上建立，即虚通道和虚通路。

（1）虚通道

ATM 是以 53Byte 长的信元为单位，可以设定任意容量的通道，通常称此通道为虚通道（Virtual Path，VP）。这里的 Virtual 是"虚"的意思，是指在 ATM 中仅需改变信元的分配，而非传统的网络中使用物理连接来连接各种速率接口。VP 的主要含义是显示接收点之间的业务量能达到的传送速率，是为网络的管理、维护和扩容而设置的。在 ATM 信元内为了区别每个 VP，可附加称为虚通道标识符（VPI）的识别号，即相当于 VP 的号码，在 ATM 网络中可选择 256 个 VPI。

（2）虚通路

在 ATM 网络中的电路称为虚通路（VC），它以 53Byte 的信元为单位，可设定任意速率，而且可以改变速率。例如，对于一个 150Mbit/s 的接口，可设定约 65 000 个 VC。为了区别每个 VC，可附加称为虚通路标识符（VCI）的识别号，即相当于 VC 的号码，在 ATM 网络中可以选择 655 36 个 VCI。设定 VC 时，把 ATM 信元的 VCI 和对方的接收点地址等依靠信令登录在 ATM 网内，每当已登录 VCI 号码的信元到达网内时，就把它分配给相应的对方接收点。也就是说，每当有信息发送时才传送。通常，VCI 是由 ATM 交换机硬件读取信头内的地址信息的。

当用户与 ATM 网络提供者签约了虚通道时，就相当于确定了 VPI 的号码。用户可进一步为各个终端分配 VCI 号码，只要在所发出的信息中加上 VPI、VCI 的号码即可。图 4-36 所示为 VP 和 VC 的概念。在图 4-36 中，某企业在北京、上海和广州建立了虚拟专用网，北京到上海之间 50Mbit/s、北京到广州之间 12Mbit/s、广州到上海之间 50Mbit/s 的容量签约了虚通道，与网络提供商签约 VPI 的号码分别为 10000001、10000010、10000011。用户任意给上海的各终端分配 VCI 号码，从北京的终端接入上海的某终端时，例如 VCI 号码为 0010010000010001，则只在发出的信息中加上 VPI = 10000001、VCI= 0010010000010001 的号码就可以了，这样用户可以自由地使用各 VC 的容量和 VCI 号码。

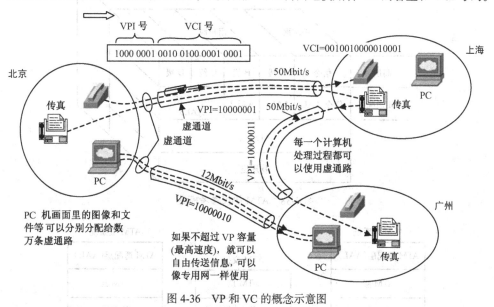

图 4-36　VP 和 VC 的概念示意图

从图 4-36 还可以看出：在 ATM 网中，VP 和 VC 的带宽和物理信道速率有关。因此 VP 和 VC 也对应带宽的概念，我们可以说 VP 或 VC 的带宽单位为 Mbit/s 或 kbit/s。一个 VP 可以分成若干个 VC，对 VP 和 VC 分别加以编号，有利于 ATM 交换机实现 VP 交换和 VC 交换，图 4-37 示出了上述概念。

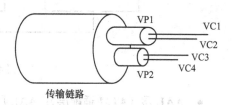

图 4-37　VP 与 VC 的关系示意图

4.7.4　ATM 体系结构

1．ATM 协议参考模型

ATM 协议参考模型是基于 ITU-T 的标准产生的，如图 4-38 所示，它由控制面（Control）、用户面（User）和管理面（Managerment）3 个面组成。控制面处理寻址、路由选择和接续功能；用户面在通信网中传递端到端的用户信息；管理面提供操作和管理功能。这 3 个面使用物理层和 ATM 层工作，AAL（ATM 适配层）是业务特定的，它的使用取决于应用要求。

2．ATM 协议结构与各层的功能

（1）协议结构

ATM 协议结构由 ITU-T 的标准产生，如图 4-39 所示。它分为 AAL 层、ATM 层和物理层 3 层。

（2）各层的主要功能

● **ATM 层**：ATM 层主要执行交换、路由选择和多路复用。ATM 网实际是在终端用户间提

供端到端的 ATM 层连接，所以 ATM 层主要执行网中业务量的交换和多路复用功能，不涉及具体应用。这就使网络处理和高速链路保持同步，从而保证网络的高速性。由于用户设备和网络节点中 ATM 层的位置不同，因而所完成的功能也有所区别。

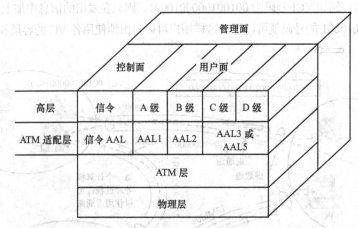

图 4-38 ATM 协议参考模型

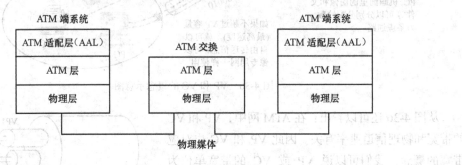

图 4-39 ATM 协议结构

- **AAL 层（ATM 适配层）**：AAL 层主要是将业务信息适配到 ATM 信息流，应用特定业务在通话端 AAL 层提供。AAL 层在用户层和 ATM 层之间提供应用接口，但它不是 ATM 中间交换的用户面部分。

- **物理层**：它在相邻 ATM 层间传递 ATM 信元。

表 4-7 总结了物理层、ATM 层和 ALL 层执行的功能。

表 4-7 　　　　　　　　　　　　　　　ATM 协议各层的功能

各 层 名 称		功　　　能
高层		高层功能
AAL	CS	业务特定（SSCS）； 公共部分（CPCS）
	SAR	分段和重组
ATM		一般流量控制； 信元首标的产生和提取； VPI/VCI 的翻译； 信元多路复用和多路分解

续表

各 层 名 称		功　　能
物理层	TC	信元率解调； 信元定界； 传输帧的产生和提取； 传输帧适配； 首标差错控制信号和证实
	PM	比特定时； 物理媒体

（3）ATM 的 AAL 业务分类

ATM 网支持接入的各种业务具有不同的业务特性，其差别表现在信源速率、信源与信宿的业务时钟是否要求同步和连接方式 3 个方面。AAL 层的功能可按接入的业务特性进行分类，如表 4-8 所示。

表 4-8　　　　　　　　　　　　　　　　ATM 业务分类

类　别 业务特性	A 类 AAL1	B 类 AAL2	C 类 AAL5	D 类 AAL3/4
源/终点间的定时关系	需要		不需要	
比特率	固定	可变		
连接方式	面向连接			无连接
业务示例	● 电路仿真； ● CBR 视频业务	VBR 视频与音频业务	● X.25 分组交换； ● 帧中继； ● IP 包	● SMDS 交换式多兆位数据业务

4.7.5　ATM 信元的复用与交换

ATM 技术最重要的特点就是信元的复用、交换和传输，这些都是在虚通路中进行的。虚通路在传输过程中将组合在一起构成虚通道，例如图 4-37 所示，VC1 和 VC2 组合成 VP1，VC3 和 VC4 组合成 VP2。因此，ATM 网络中不同用户的信元是在不同的 VP，VC 中传送的，而不同的 VP，VC 利用各自的 VPI 和 VCI 来区分。

1．ATM 信元的路由策略

（1）ATM 连接的两种类型

ATM 连接分为虚通道连接（VPC）和虚通路连接（VCC），如图 4-40 所示。VPC 由多条 VP 链路串接而成，VCC 由多条 VC 链路串接而成。VP 交换设备通常就是交叉连接器和集中/分配器，仅对信元的 VPI 进行处理和变换，功能较为简单。VC 交换设备即 ATM 交换机、复接/分接器，则要同时对 VPI/VCI 进行处理和变换，功能较为复杂。注意，VPI 和 VCI 只有局部意义，每个 VPI/VCI 在相应的 VP/VC 交换节点被处理，相同的 VPI/VCI 值在不同的 VP/VC 链路段，并不代表同一个虚连接。

（2）使用 VPI 和 VCI 的交换

分析图 4-41 中信元的选路情况（路由策略）。假设设备 A 发送一个消息给设备 B，该消息中包含许多信元，每个信元都携带识别路径的信息，路径信息是包含在 VPI 的标题域（信元头）中的。

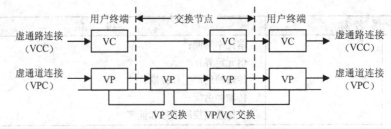

图 4-40 ATM 连接的两种类型

在 ATM 的数据交换过程中，路径本身是固定的。但是标识它的编号在不同链路上是不相同的。如图 4-41 所示，其中的交换机以图 4-42 中的 I 交换机为例，说明一个信元是如何到达一个交换机，又如何被赋予一个新的 VPI 值的。

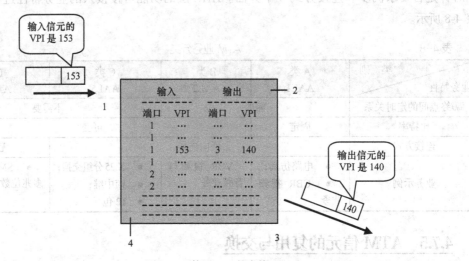

图 4-41 使用 VPI 的交换

ATM 交换机中都包含一个交换表（编号列表），标识到网络中每个其他交换机的路径。这些编号对每个交换机是特定的。每个交换机为每条路径选择自己的 ID 编号，只需要能够容纳它所服务路径的 ID 编号即可。若网络中的每个路径使用一个独一无二的标识符，编号的位数就会很长，那么，相应的报文就会变大。在信元头部中的 VPI 只在一条链路中有效，进入 ATM 交换网的信元是根据 VPI 值传送到输出的各端口的，这时 **VPI 就变换成下一次交换的新值**，也就是每个交换机使用自己的输出 VPI 取代到来的 VPI，设备 A 将使用它表示设备 B 的 VPI，并插入到信元头中。在网络内的每个交换机同时也有一个表来显示从每个端口来的 VPI 映射到哪个输出 VPI 上。

假设一个 VPI = 153 的信元通过端口 1 到达交换机。为了实现信元路由，交换机需要将已知的关于输入信元的信息和存储在交换表中的信息相比较。交换表每行存储到达端口、输入 VPI、相应输出端口编号和新的 VPI 4 项信息。在表中，信元是从端口 1 到达，交换机在端口 1 的条目中寻找 VPI = 153，找到相应的输出端口 3 和 VPI = 140，于是它将信元头中的 VPI 变换成 140，同时将信元从端口 3 发送出去。这样，每经过一个交换机都需要做同样的路由选择。

由于每条路径上可能有多个通道，通常信元头有 VPI 和 VCI 两个标识符，其中端口编号和 VPI 的组合告诉交换机从哪个端口发送信元，而 VPI 和 VCI 的组合则通知交换机信元从这个端口所服务的哪个通道进行传送。

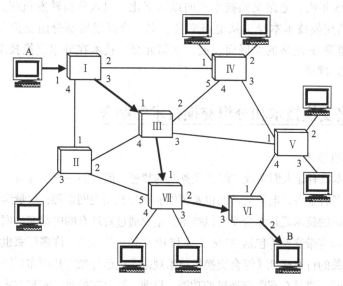

图 4-42　信元交换

2. VP 交换与 VC 交换

图 4-43 表示了 VP 交换与 VC 交换的基本概念。从交换功能方面，ATM 实体具有 VP 交换、VC 交换或兼而有之。由图可见，VP 交换时，VPI 值要变换，而其中的 VCI 都不变；则 VC 交换时；VCI 和 VPI 都要变换。所谓 ATM 实体，就是实现 VP 交换、VC 交换的 ATM 交换机或 ATM 交叉连接器。当前，市场上的 ATM 交换设备具有企业级产品和电信级产品之分，有些企业级的 ATM 交换机只提供 PVC 功能，只具有 ATM 交叉连接功能。

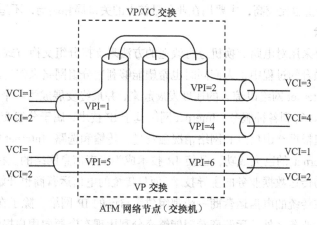

图 4-43　VP 交换与 VC 交换

4.8　数据交换技术的发展

计算机网络对数据通信的高质量要求促进了通信技术的发展，首先是出现了 Modem，之后出现了大量的基于计算机系统的数字通信设备，如程控交换机、通信控制器、多路复用器和集中器等，使通信技术的发展有了更广阔的应用。远程计算机网络主要借助于传统的电信网络基础设施（或数据通信网）进行数据传送。由于历史原因，电信技术是在电路交换技术上发展的，而近 25 年内，电路交换技术正向以数字化、引入分组转发机制、移动化和智能化方向发展。今天的交换技术本身也从电路交换、报文交换发展到分组交换和信元交换，分组交换技术主要是随着 IP 网络的发展而发展；而信元交换技术在分组交换技术基础上产生和发展，主要用于 ATM 网络。

4.8.1　电路交换技术和分组交换技术的融合

1．综合交换机技术

虽然 ATM 技术没有让人们实现"综合业务"的梦想，但人们一直在寻找一种途径，试图实现在一个网络上提供各种业务，电信运营商也希望能够充分利用现网资源，尽量为用户提供丰富的业务。这期间首先提出的技术就是综合交换机技术，主要通过对现有的电路交换网络进行改造，达到同时支持电路交换和宽带交换（包括 ATM 交换和 IP 交换）的目的。许多厂家也相继先后开发了综合交换机，并且相关的行业标准《综合交换机技术规范》也已经制定和颁布。综合交换机具有窄带交换机的功能，同时还要具有宽带交换机的功能。目前，综合交换机的实现方式主要有两种，一种是采用混合交换节点的方式，在交换机内部配置有多个独立交换矩阵，即电路交换矩阵、ATM 和 IP 分组交换模块，传统的 PSTN（公共交换电话网络）呼叫还主要由电路交换模块进行处理，和宽带相关的业务则交由宽带分组处理模块进行处理，当两个模块之间需要交互时需要进行协议转换；另一种是采用融合交换节点的方式，综合交换机内部基本上只有一个单一的 ATM 或 IP 交换矩阵，例如上海贝尔的宽带交换机直接采用 ATM 技术作为核心交换技术，所有的媒体信息都转换成 ATM 信元在交换机内部进行处理，对外则同时支持电路交换网、ATM 网和 IP 网。采用融合方式的综合交换机由于内部已改为统一的交换平台，在灵活快速的业务部署方面有很大的优势。综合交换机综合多种功能，所以造价也比较高，主要用在业务量较大的关口局和端局，不适合全网推行。

2．IP 电话技术

综合交换机主要采用对电路交换机进行改造的方法来支持分组交换方式，在探索电路交换技术和分组交换技术融合的过程中，人们同时也希望能够利用分组网络来传送语音业务。此时基于 Web 应用的出现，Internet 网络以惊人的速度发展起来，并最终发展成为一个全球性的网络，人们使用 Internet 网络可以得到各种服务。Internet 网络基于 IP 技术，属于分组交换技术，采用尽力而为的方式对每个分组根据路由信息和网络情况独自进行传输和选路。Internet 网络主要用来传送数据业务，伴随着 Internet 的巨大成功，已使 IP 技术成为未来信息网络的支柱技术，基于 TCP/IP 的网络技术不仅成为传送数据业务的主导技术，而且传统的电信运营商开始尝试使用 IP 技术来传送语音业务。现在传统的电信运营商一般都组建了自己的 IP 网络，除了在 IP 网络上提供目前利润相对较低的数据业务之外，运营商希望能够充分利用现有资源向用户提供丰富的业务，最主要的是语音业务。目前，语音业务仍然属于运营商最主要的收入来源，最早出现的在分组网上传送语音业务的应用就是 IP 电话技术。

IP 电话技术目前已经成为人们比较熟悉的业务，主要采用 H.323 系列协议，包括负责呼叫建立的信令协议 H.225 协议和负责建立媒体通道的 H.245 协议，语音业务采用 RTP 分组的方式在 IP 网中进行传输。IP 电话的语音质量虽然没有传统电路交换网向用户提供的语音质量高，但 H.323 协议被普遍认为是目前在分组网上支持语音、图像和数据业务最成熟的协议，在 IP 电话领域得到广泛应用。世界上有很多利用 H.323 协议组建的 VoIP 网络正在运营，但 H.323 有些缺点也很明显。首先，H.323 协议中的呼叫控制信令是以 Q.931 为基础的。Q.931 协议是一种基于 UNI 接口的协议，协议本身比较简单，没有关于 NNI 接口的定义。这在专用网内实现计算机—计算机的呼叫没有问题，但要提供全国性业务及 PSTN-to-PSTN 连接就必须依赖 NNI 接口。另外，H.323 网络中使用的是集中式网关，网关要同时处理媒体流和信令流，在处理能力上也限制了 H.323 网络的发展。目前，ITU-T 借鉴 IETF 相关规范的经验，在进一步扩展和修订 H.323 系列协议。另外，和 SIP 相比较，H.323 协议的可扩展性较差，并且为了在 H.323 网络提供类似于在电路交换网络上向用户提供的业务，许多厂家都对 H.323 协议进行了扩展，所以不同厂家的 H.323 设备之间的互连也是 H.323 网络发展所面临的一个重要问题。

但是 IP 电话的成功应用和相当程度的市场占有份额让人们看到了业务融合的曙光，人们逐渐认识到在分组网上可以传送语音业务，并且可以达到较为理想的通信效果。分组交换具有很多潜在的性能优点，其中之一就是高效利用传输通道的通信能力。尽管语音所表现出的突发性没有交互式数据突出，但还是以突发期/静音期的方式表现出一定的突发性，突发期的平均长度取决于所使用的静音侦测器，在典型的电话交谈中，单个语音源只有大约 35%~45%的时间里是活动的。分组交换的另外一个优点是统计复用，这样，呼叫阻塞是所需平均带宽，而不是峰值带宽的函数，因此，分组交换在传输控制和计费等方面可以更灵活。正因为这些优点，Internet 语音应用，尤其是 IP 电话，已经成为"三网合一"大潮中最引人注目的应用之一。

4.8.2　软交换技术

传统的电路交换和分组交换网络在每个网络节点上都集中了太多的智能。在电路交换网络中，网络节点不仅要负责呼叫控制、处理所有和呼叫相关的信息，同时还需要负责进行语音通路的建立。同时，在电路交换网络中，最复杂的部件是呼叫处理控制软件，这个软件执行呼叫路由以及数以百计的常规呼叫处理逻辑。通常这个软件运行在一个与电路交换机硬件集成的专用处理器上，把呼叫处理功能从交换功能的硬件中物理分离，可为接入提供更多的灵活性。软交换技术提出的一个新概念就是将呼叫控制、承载建立和业务逻辑相分离，各实体之间通过标准的协议进行连接和通信，在网上可更加灵活地提供业务。在软交换中，**媒体网关**（MG）完成物理交换功能，**媒体网关控制器**（MGC）完成呼叫处理逻辑。

从广义上看，软交换泛指一种体系结构，利用该体系结构可以建立下一代网络（NGN）架构，其功能可以涵盖传输接入层、媒体层面、控制层面和网络服务层面 4 个功能层面，主要由软交换设备、信令网关、应用服务器和用户端综合接入设备（IAD）等组成。从狭义上看，软交换指软交换设备，定位在控制层。需要指出的是，软交换设备是一个市场术语，它还有多个名称，如呼叫服务器、呼叫代理、媒体网关控制器等。图 4-44 所示为软交换示意图。

在电路交换中，呼叫控制、业务提供以及交换机内部的交换网络都集中在一个交换系统中，而软交换的主要设计思想是将业务/控制与传送/接入分离，各实体之间通过标准的协议进行连接和通信，使网络更加灵活地提供业务，如图 4-45 所示。换句话说，软交换体现了"网络就是交换"的理念，是一个基于软件的分布式交换/控制平台，将呼叫控制功能从网关中分离出来，利用分组网代替交换矩阵，开放业务、控制、接入和交换间的协议，从而真正实现多厂家的网络运营环境，可以方便地在网络上开展多种业务。

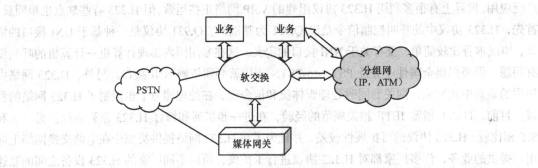

图 4-44　软交换示意图

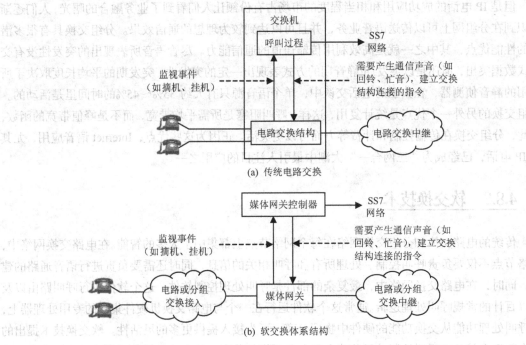

图 4-45　传统的电路交换模式与软交换模式

　　综上所述，软交换的设计思想体现了一种开放体系结构、业务驱动和分组化的网络，吸取了IP、ATM 和 TDM 等的优点，完全形成分层的全开放的体系架构。目前，采用软交换技术组建电信网络正在从试验阶段走向商用阶段，阿尔卡特、北电、西门子、Cisco、爱立信、中兴及华为等许多设备制造商已成功研制软交换设备。软交换技术不仅被作为固定网络发展的核心技术，而且移动网络也将软交换技术作为未来网络的核心技术。

4.9　案例学习

4.9.1　中国公用分组交换网上的典型应用

1. 金融 POS 业务在分组交换网上的应用

　　销售终端（Point Of Sales，POS）是银行部门在高效率地处理信用卡业务时所必须采用的设备。POS 业务数据实时性较强，信息量很小（3~4 个字段），交易的频次较高，非常适合在交换型的通信网络上应用，如分组网（CHINAPAC）。

POS 业务的一般流程是：持卡者将信用卡在 POS 机上进行"刷卡"，并输入有关业务数据（如交易种类、金额、密码等）；POS 机将获得的信息（卡号、业务数据等）通过通信线路传给银行主机；银行主机对信息进行处理，并将处理结果返回 POS 机，从而完成一笔交易。

利用分组交换网连接金融 POS 机，比利用电话线连接 POS 机有更多显著的优点。

● 速率快，误码率低，大大提高了 POS 系统的可靠性和安全性。

● 一条线路可以同时传输语音和数据，并且多台 POS 机可以同时工作，提高了线路利用率。

● 也可与其他金融业务同期管理，易于实现货币储蓄、清算等业务的网络化。

● 投资合理、快捷方便、性能良好的分组交换网连接 POS 系统，即方便了信用卡用户，也大大提高了银行的工作效率。

图 4-46 所示为分组交换网上的 POS 联网示意图。

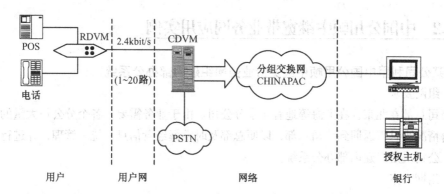

RDVM：用户端数据/语音复用设备；CDVM：局端数据/语音复用设备；PSTN：公共电话网络

图 4-46 分组交换网上的 POS 联网示意图

2. 交通银行总行利用分组交换网（CHINAPAC）组建管理信息系统

《交通银行总行管理信息系统》以交通银行总行、管辖分行（直属分行）、分支行 3 级组成的计算机网络系统为支撑，将主要经营管理信息全面纳入由计算机网络进行传输收集、汇总处理、派生分析的系统中，并采用 SYSBASE 数据库技术建立总行综合数据库系统，为交通银行各级领导、业务人员的决策和管理，及时、准确地提供所需信息。

对于异地数据通信，根据交通银行的实际情况，确定选用公用分组网作为交通银行总行管理信息系统内异地通信的主要手段，它具有成本低、易于实施、组网灵活等优点。网络协议选用当前的工业标准 TCP/IP（over X.25），通过公用分组交换网把总行机关大楼局域网与各分支行局域网/上海证交所计算机网络相连接，形成一个广域网。分支行局域网又通过当地的 X.25 网、DDN 网或市内电话网把辖内各营业网点计算机系统连接起来，即形成交通银行的全行网络系统。图 4-47 所示为交通银行利用分组交换网组建管理信息系统的示意图。

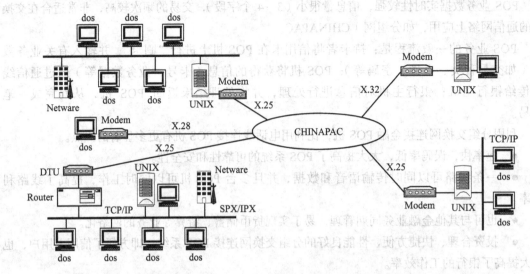

图 4-47　交通银行利用分组交换网组建管理信息系统示意图

4.9.2　中国公用帧中继宽带业务网应用实例

1．某公司利用中国公用帧中继宽带业务网组建内部办公系统

（1）组网要求

某公司总部在北京，在上海等地有 4 个分公司。由于业务需要，各个分公司大量的经营信息及日销售情况当日需返回到公司总部，以便总部及时掌握经营信息，统一管理，并进行分析和市场预测，公司决定组建内部办公系统。

（2）组网方案

根据公司情况，可设计如图 4-48 所示的组网方案。

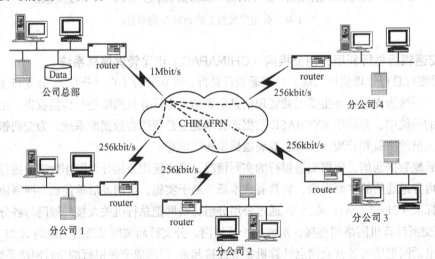

图 4-48　某公司利用公用帧中继宽带业务网联网示意图

① 利用中国公用帧中继宽带业务网将公司总部与各地分公司联网，网络支持数据、文本、语

音及视频信号等多种业务的信息交换。

② 各分公司利用 256kbit/s 接入线路连至北京总部，其每条 PVC 的 CIR=128kbit/s，即网络与用户约定的用户信息传送速率为 128kbit/s；北京总部总链路宽带为 1Mbit/s。

采用此方案，既保证了各分公司与总部至少保持 128kbit/s 的通信速率，又可在网络空闲时，同时保证多条 PVC 一定的突发量；而当不是同时使用时，某条 PVC 允许有较大量突发。

2．利用中国公用帧中继宽带业务网组建远程医疗系统

（1）远程医疗系统建设背景

中国电信利用宽带骨干网（帧中继或 ATM）将最新的多媒体网络技术和医疗的具体业务有机结合起来，形成了一个覆盖全国的宽带多媒体网络——远程医疗网络。远程医疗打破了时空的限制，远在千里之外的病人可以随时接受中心医院专家"面对面"的会诊。这种新型的医疗手段，可以实现图像、声音、数据的实时传递，部分解决了边远地区和外地群众就医难的问题，极大方便了医院之间的交流培训，真正实现了专家资源和其他医疗资源的共享。

（2）组网方案

远程医疗网已初具规模，形成了北京、上海和湖南的 3 个地区中心，目前已有十多家医院入网，如北京中日友好医院、上海金山医院、上海华山医院等。加入远程医疗网络的医院中，最远的是 3 000km 之外的新疆巴州库尔勒人民医院。新疆巴州库尔勒人民医院每月平均向北京中日友好医院提交 15 例疑难病症远程会诊，通过网络把医疗数据、放射图像、医疗记录、病人档案等传至中日友好医院，并与那里的专家相互商榷、协同工作，切实解决老少边穷地区群众看病难的问题。

以新疆巴州库尔勒人民医院、省城医院等为例的组网方案如图 4-50 所示。

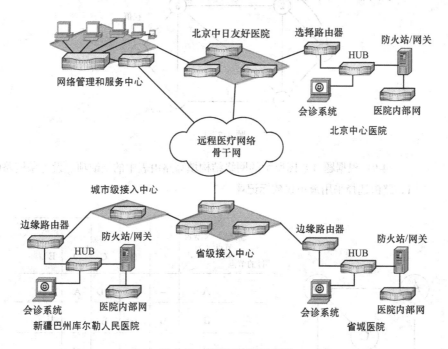

图 4-49　远程医疗网示意图

① 利用中国公用帧中继宽带业务网将新疆巴州库尔勒人民医院与北京中日友好医院联网，网络支持图像、声音、数据及文本等多种业务的信息交换。

② 为保证高品质、高可靠性的图像传输，新疆与北京之间采用 512kbit/s 电路相连。

思考题与习题4

4-1 在数据通信中为什么要使用交换技术？

4-2 交换方式共有哪几种？简述它们之间的关系和区别。

4-3 要进行电路交换需经过哪几个阶段？它们各自完成什么工作？

4-4 分组交换的基本原理是什么？它有哪些特点？

4-5 在分组交换中，如果所需传送正文不是分组长度的整数倍，该如何处理？

4-6 数据包和虚电路方式各有什么优缺点？

4-7 在分组交换网中，分组长度的选择与哪些因素有关？ITU-T 规定的分组长度是多少？在 Internet 的分组数据是以 IP 包的形式传送的，IP 包是定长分组还是可变分组？请举例说明。IP 包的大小有没有限制？

4-8 用最短路径路由算法编制题 4-7 图所示的分组交换网的路由表，并给出节点2 和节点 6 到所有其他节点的最小权数路由。

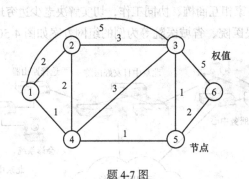

题 4-7 图

4-9 根据题 4-8 图所示的网络结构填写路由表中的空缺项。设每条链路的权数为1，路由选择采用最小权数标记算法。

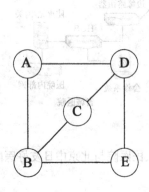

目的节点 \ 当前节点 \ 传向下一节点	A	B	C	D	E
A	–	A	B/D	A	B/D
B	B	–	B		B
C		C	–	C	
D	D	D	D	–	D

题 4-8 图

4-10　帧中继与 X .25 分组交换的主要区别是什么?

4-11　什么是交换虚电路? 什么是永久虚电路?

4-12　同步传送模式、异步传送模式中"同步"和"异步"的含义各是什么?

4-13　简述 ATM 的信元结构及其对该传送模式所起的作用。

4-14　为什么 ATM 能实现非常高的传输速率?

4-15　可以通过哪些途径提高通信线路的利用率?

4-16　ATM 中的 VP 和 VC 有什么不同? 它们各自的含义是什么?

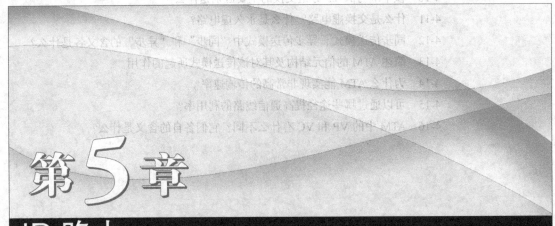

第5章

IP 路由

引言

网络中数据包的传送路径选择过程跟乘车旅行很相似，就像开车的司机通过路标知道行车路线一样，数据网通过使用路由选择协议，根据路由表选择一条最好的路径决定数据包的传递路径。因此，路由选择是所有具有分组交换方式的数据网通信的基础。本章主要介绍路由的基本概念、路由表的结构、静态路由和动态路由的基本原理以及现今路由器中使用的 RIP 和 OSPF 动态路由协议。本章内容是学习分组交换网络中路由寻址过程的基础。

学习目标

- 理解路由的基本概念
- 举例说明路由的过程
- 定义路由的基本分类
- 讨论路由的特点
- 描述路由表的生成过程
- 了解 RIP 动态协议
- 了解 OSPF 动态协议
- 了解 BGP 动态协议

5.1 IP 路由基础

5.1.1 路由的基本概念

路由和交换是网络世界中两个重要的概念。传统的交换发生在网络的数据链路层，而路由则发生在网络层。在新的网络中，路由的智能和交换的性能被有机地结合起来，三层交换机和多层交换机在园区网络中被大量使用。

传统意义上的交换是数据链路层的概念。数据链路层的功能是在网络内部传输帧。所谓"网络内部"，是指这一层的传输不涉及网间的设备和网间寻址。通俗地理解，一个以太网内的传输、一条广域网专线上的传输都由数据链路层负责。所谓"帧"，是指所传输的数据的结构，通常帧有帧头和帧尾，帧头中有源目二层地址，而帧尾中通常包含校验信息，头尾之间的内容即是用户的数据。

　　路由是网络层的概念。网络层在 Internet 中是最重要的，它的功能是实现端到端的传输。这里端到端的含义是无论两台计算机相距多远、中间相隔多少个网络，网络层都保障它们可以互相通信。例如我们常用的 PING 命令就是一个网络层的命令，PING 通了，就是指网络层的功能正常。通常，网络层不保障通信的可靠性，也就是说，虽然正常情况下数据可以到达目的地，但即便出现异常，网络层也不作任何更正和恢复的工作。

　　在 IP 互联网中，路由选择是指选择一条路径发送 IP 数据包的过程，而进行这种路由选择的设备就叫做路由器。对一个具体的路由器来说，路由就是将从一个接口接收到的数据包转发到另外一个接口的过程，该过程类似交换机的交换功能，只不过在数据链路层我们称之为交换，而在网络层称之为路由；而对于一个网络来说，路由就是将包从一个端点（主机）传输到另外一个端点（主机）的过程。路由的完成离不开两个最基本步骤：第一个步骤为选径，路由器根据到达数据包的目标地址和路由表的内容进行路径选择；第二个步骤为包转发，根据选择的路径将包从某个接口转发出去。例如，在图 5-1 中，主机 A 到主机 C 共经过了 3 个网络和 2 个路由器，跳数为 2。由此可见，若一节点通过一个网络与另一节点相连接，则此二节点相隔一个路由段，因而在 Internet 中是相邻的。同理，相邻的路由器是指这两个路由器都连接在同一个网络上，一个路由器到本网络中的某个主机的路由段数算作零，图 5-1 中用粗的箭头表示了这些路由段。至于每一个路由段由哪几条物理链路构成，路由器并不关心。

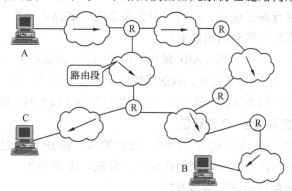

图 5-1　路由的概念示意

　　由于网络大小可能相差很大，而每个路由段的实际长度并不相同，因此对不同的网络，可以先将其路由段乘以一个加权系数，用加权后的路由段数来衡量通路的长短。如果把网络中的路由器看成是网络中的节点，把 Internet 中的一个路由段看成是网络中的一条链路，那么Internet 中的路由选择就与简单网络中的路由选择相似了。采用路由段数最小的路由有时也并不一定是最理想的，例如，经过 3 个高速局域网段的路由可能比经过 2 个低速广域网段的路由快得多。

5.1.2　IP 数据包传输与处理过程

　　IP 互联网是由路由器将多个网络相互联接所组成的。IP 互联网采用面向非连接的互联网解决方案。因此，互联网中的每个自治的路由器独立地对待 IP 数据包。一旦 IP 数据包进入互联网，路由器负责为每个 IP 数据包选择它所认为的最佳路径。下面通过图 5-2 介绍 IP 数据包传输与处理过程。

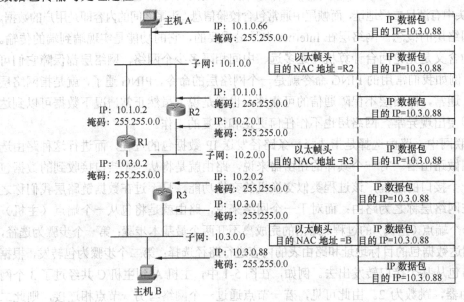

图 5-2 IP 数据包在互联网中传输与处理过程

1. 主机 A 发送 IP 数据包

① 构造目的地址为 B 的 IP 数据包。

② 对 IP 数据包进行路径选择，利用路由选择算法、IP 路由表。

③ 决定将 IP 数据包传递到路由器 R2。

在发送数据包之前，主机 A 调用 ARP 解析软件得到下一默认路由器 R1 的 IP 地址和 MAC 地址的映射关系；然后以该 MAC 地址为帧的目的地址形成一个帧，并将 IP 数据包封装在帧的数据区，帧 IP 数据包为帧的数据区；最后由具体的物理网络（以太网）完成数据包的真正传输。

2. 路由器 R2 处理和转发 IP 数据包

① 路由器 R2 收到主机 A 发送给它的帧，去掉帧头，将 IP 数据包交给 IP 软件处理。

② 对 IP 数据包进行路径选择，利用路由选择算法、IP 路由表。

③ 决定将 IP 数据包传递到路由器 R3。

具体发送过程与上同理。

3. 路由器 R3 处理和转发 IP 数据包

① 路由器 R3 收到路由器 R2 发送给它的帧，去掉帧头，将 IP 数据包交给 IP 软件处理。

② 对 IP 数据包进行路径选择，利用路由选择算法、IP 路由表。

③ 决定将 IP 数据包直接投递到子网 10.3.0.0。

具体发送过程与上同理。

4. 主机 B 接收 IP 数据包

① 主机 B 收到路由器 R3 发送给它的帧，去掉帧头，将 IP 数据包交给 IP 软件处理。

② 对 IP 数据包进行路径选择，利用路由选择算法、IP 路由表。

③ 决定将 IP 数据包中的数据信息送交高层处理。

从上述过程可以看出，整个 IP 数据包在互联网路由中是"表驱动 IP 选路"的基本思想，即在需要路由选择的设备中保存一张 IP 路由表，IP 路由表存储着有关可能的目的地址及怎样到达目的地址的信息在转发 IP 数据包时，查询 IP 路由表可决定把数据包发往何处。

5.1.3　路由表

路由表是路由器进行路径抉择的基础，路由表的内容（路由表项，通常也称为路由）来源有静态配置和路由协议动态学习两个。在路由器上，可以使用 Show ip route 命令查看路由表。路由表内容如下。

```
router#show ip route

Codes: C - connected, S - static, R - RIP, D - EIGRP,
EX - EIGRP external, O- OSPF, IA - OSPF inter area
E1 - OSPF external type 1, E2 - OSPF external type 2,
* - candidate default


Gateway of last resort is 10.5.5.5 to network 0.0.0.0

C    172.15.11.0 is directly connected, FastEthernet 1/0
O E2 172.22.0.0/16 [110/20] via 10.3.3.3, 01:03:01, FastEthernet 1/0
S*    0.0.0.0/0 [1/0] via 10.5.5.5
```

路由表的开头是对字母缩写的解释，主要是为了方便阐述路由的来源。Gateway of last resort 说明存在缺省路由，以及该路由的来源和网段。一般一条路由显示一行，如果太长可能分为多行。从左到右，路由表项每个字段含义如下所述。

- **路由来源**：每个路由表项的第一个字段表示该路由的来源。比如 C 代表直连路由，S 代表静态路由，"*"说明该路由为默认路由。
- **目标网段**：包括网络前缀和掩码说明，如 172.22.0.0/16。
- **管理距离/量度值**：管理距离代表该路由来源的可信度，不同的路由来源该值不一样；量度值代表该路由的花费。路由表中显示的路由均为最优路由，既管理距离和量度值都最小。两条到同一目标网段、来源不同的路由，要安装到路由表中之前需要进行比较，首先要比较管理距离，取管理距离小的路由，如果管理距离相同，就比较量度值，如果量度值也一样则将安装多条路由。
- **下一跳 IP 地址**：说明该路由的下一个转发路由器。
- **存活时间**：说明该路由已经存在的时间长短，以"时:分:秒"方式显示，只有动态路由学到的路由才有该字段。
- **下一跳接口**：说明符合该路由的 IP 数据包，将往该接口发送出去。

路由器在转发数据时，要先在路由表中查找相应的路由。路由器有如下 3 种途径建立路由。

- 直连路由：路由器自动添加和自己直接连接的网络的路由。
- 静态路由：管理员手动输入到路由器的路由。
- 动态路由：由路由协议（Routing protocol）动态建立的路由。

5.1.4 路由的分类

根据路由器学习路由信息、生成并维护路由表的方法包括直连路由（Direct）、静态路由（Static）和动态路由（Dynamic）。

1. 直连路由

路由器接口所连接的子网的路由方式称为直连路由。

通过路由协议从别的路由器学到的路由称为非直连路由，分为静态路由和动态路由。直连路由是由链路层协议发现的，一般指去往路由器的接口地址所在网段的路径。该路径信息不需要网络管理员维护，也不需要路由器通过某种算法进行计算获得，只要该接口处于活动状态（Active），路由器就会把通向该网段的路由信息填写到路由表中去，直连路由无法使路由器获取与其不直接相连的路由信息。

2. 静态路由

静态路由（Static Route）是一种特殊的路由，由管理员手工配置，提供了通过网络的固定路由路径。配置静态路由后，去往指定目的站点的数据报文将按照管理员指定的路径进行转发。在组网结构比较简单的网络中，只需配置静态路由就可以实现网络互通。恰当地设置和使用静态路由可以改善网络的性能，并可为重要的网络应用保证带宽。

静态路由的缺点是不能动态反映网络拓扑，当网络拓扑发生变化时，管理员就必须手工改变路由表；然而静态路不会占用路由器太多的 CPU 和 RAM 资源，也不占用线路的带宽。如果出于安全的考虑想隐藏网络的某些部分或者管理员想控制数据转发路径，也会使用静态路由。在一个小而简单的网络中也常使用静态路由，因为配置静态路由会更为简捷。

配置静态路由的命令为 ip route，命令的格式如表 5-1 所示（以 Cisco 命令配置为例）。

表 5-1　　　　　　　　　　　　　　　　配置静态路由

操　作	命　令
增加一条静态路由	ip route ip-address { mask | mask-length } { interface-type interface-number | nexthop-address } [preference value] [reject | blackhole]
删除一条静态路由	no ip route ip-address {mask | mask-length } [interfacce-name | nexthop-address] [preference value]

其中各参数的解释如下。

- **IP 地址和掩码**：IP 地址为点分十进制格式，由于要求掩码 32 位中的 1 必须是连续的，因此掩码可以用点分十进制表示，也可用掩码长度（即掩码中 1 的位数）表示。
- **发送接口或下一跳地址**：在配置静态路由时，可指定发送接口 interface-type interface-number，也可指定下一跳地址 nexthop-address，是指定发送接口还是指定下一跳地址，要视具体情况而定。
- **优先级**：对优先级 preference 的不同配置，可以灵活应用路由管理策略。
- **其他参数**：属性 reject 和 blackhole 分别指明不可达路由和黑洞路由。

3. 默认路由

简单地说，默认路由就是在没有找到匹配的路由时才使用的路由，即只有当没有合适的路由时，默认路由才被使用。在路由表中，默认路由以到网络 0.0.0.0（掩码为 0.0.0.0）的路由形式出现，可通过查看路由表的输出看它是否被设置。如果报文的目的地址不能与任何路由相匹配，那么系统将使用默认路由转发该报文。如果没有默认路由且报文的目的地不在路由表中，那么该报文会被丢弃，同时，向源端返回一个 ICMP 报文，报告该目的地址或网络不可达。配置默认路由命令如表 5-2 所示。

表 5-2　　　　　　　　　　　　　　配置默认路由

操　　作	命　　令
配置默认路由	ip route 0.0.0.0 { 0.0.0.0 | 0 } {interface-type interface-number | nexthop-address } [preference value]
删除默认路由	no ip route 0.0.0.0 { 0.0.0.0 | 0 } {interface-type interface-number | nexthop-address} [preference value]

命令中各参数含义与静态路由相同。

4．静态路由典型配置举例

如图 5-3 所示，要求配置静态路由（以 Cisco 命令配置为例），使任意两台主机或路由器之间都能互通。

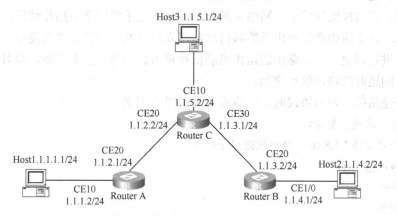

Host3 1.1 5.1/24

CE10
1.1.5.2/24

CE20　　　　　　　　　CE30
1.1.2.2/24　　　　　　　1.1.3.1/24
　　　　Router C

Host1.1.1.1.1/24　　CE20
　　　　　　　　1.1.2.1/24　　　　　　　　CE20
　　　　　　　　　　　　　　　　　1.1.3.2/24　　Host2.1.1.4.2/24

CE10　Router A　　　　　　　Router B　CE1/0
1.1.1.2/24　　　　　　　　　　　　　　1.1.4.1/24

图 5-3　静态路由配置举例组网图

配置步骤如下。

配置 RouterA 静态路由：

```
ip route 1.1.3.0 255.255.255.0 1.1.2.2
ip route 1.1.4.0 255.255.255.0 1.1.2.2
ip route 1.1.5.0 255.255.255.0 1.1.2.2
ip route 0.0.0.0 0.0.0.0 1.1.2.2
```

配置 RouterB 静态路由：

```
ip route 1.1.2.0 255.255.255.0 1.1.3.1
ip route 1.1.5.0 255.255.255.0 1.1.3.1
ip route 1.1.1.0 255.255.255.0 1.1.3.1
```

或只配默认路由：

```
ip route-static 0.0.0.0 0.0.0.0 1.1.3.1
```

配置 RouterC 静态路由：

```
ip route 1.1.1.0 255.255.255.0 1.1.2.1
ip route- 1.1.4.0 255.255.255.0 1.1.3.2
```

主机 Host 1 上配默认网关为 1.1.1.2

主机 Host 2 上配默认网关为 1.1.4.1

主机 Host 3 上配默认网关为 1.1.5.2

至此，图 5-3 中所有主机或路由器之间都能两两互通。

5.1.5　动态路由协议

静态路由有一个明显缺点，就是缺乏缩放能力。静态路由配置非常容易就可以实现，如果仅仅考虑少量网段时这是可行的，如要用大约 50 个路由器将 100 个网络段互相连接，在每台路由器上都要输入所有非直连路由，总开销是非常惊人的。静态路由还有一个缺点，就是不能自动适应网络拓扑的变化，尤其是在有冗余路径的情况。

这里简单回顾一下静态路由和动态路由的区别。静态路由是指由网络管理员手工配置的路由信息。当网络的拓扑结构或链路的状态发生变化时，网络管理员需要手工去修改路由表中相关的静态路由信息。静态路由信息在默认情况下是私有的，不会传递给其他的路由器。当然，网管员也可以通过对路由器进行设置使之成为共享的。静态路由一般适用于比较简单的网络环境，在这样的环境中，网络管理员易于清楚地了解网络的拓扑结构，便于设置正确的路由信息。动态路由是指路由器能够自动地建立自己的路由表，并且能够根据实际情况的变化适时地进行调整。动态路由的运作机制依赖路由器的两个基本功能，即对路由表的维护和路由器之间适时的路由信息交换。

当选择使用哪个路由协议时，一般需要考虑以下因素。

- 网络的规模和复杂性。
- 是否要支持 VLSMs（可变长掩码子网）。
- 网络流量大小。
- 安全性。
- 可靠性。
- 互联延迟特性。
- 组织的路由策略。

IP 路由协议分为内部网关路由协议（Interior Gateway Protocols，IGPs）和外部网关协议（Exterior Gateway Protocol）两大类。

在一个 AS（Autonomous System，自治系统，指一个互连网络，就是把整个 Internet 划分为许多较小的网络单位，这些小的网络有权自主决定在本系统中采用何种路由选择协议）内的路由协议称为内部网关协议，AS 之间的路由协议称为外部网关协议。这里的网关是路由器的旧称。现在正在使用的内部网关路由协议有：RIP-1、RIP-2、IGRP、EIGRP、IS-IS 和OSPF。其中前 4 种路由协议采用的是距离向量算法，IS-IS 和 OSPF 采用的是链路状态算法。对于小型网络，采用基于距离向量算法的路由协议易于配置和管理，且应用较为广泛；但在面对大型网络时，不但其固有的环路问题变得更难解决，所占用的带宽也迅速增长，以至于网络无法承受。因此对于大型网络，采用链路状态算法的 IS-IS 和 OSPF 较为有效，并且得到了广泛的应用。IS-IS 与 OSPF 在质量和性能上的差别并不大，但 OSPF 更适用于 IP，较IS-IS 更具有活力。IETF 始终在致力于 OSPF 的改进工作，其修改节奏要比 IS-IS 快得多，这使得 OSPF 正在成为应用广泛的一种路由协议。现在，不论是传统的路由器设计，还是即将成为标准的 MPLS（多协议标记交换），均将 OSPF 视为必不可少的路由协议。

外部网关协议最初采用的是 EGP。EGP 是为一个简单的树形拓扑结构设计的，随着越来越多的用户和网络加入 Internet，给 EGP 带来了很多的局限性。为了摆脱 EGP 的局限性，IETF 边界网关协议工作组制定了标准的边界网关协议——BGP。

本书将介绍普遍使用的动态路由协议——RIP、OSPF 和 BGP。

5.2　RIP

5.2.1　RIP 的基本概念

RIP 是一种基于距离向量（Distance-Vector）算法的协议，它通过 UDP 报文进行路由信息的交换。RIP 使用跳数来衡量到达目的网络的距离，称为路由权（Routing Cost）。在 RIP 中，路由器到与它直接相连的网络的跳数为 0，到通过一个路由器可达的网络的跳数为 1，其余依此类推。为限制收敛时间，RIP 规定 Cost 取值 0～15 之间的整数，大于或等于 16 的跳数被定义为无穷大，即目的网络或主机不可达。

为提高性能，防止产生路由环，RIP 支持水平分割（Split Horizon），即不从某接口发送从该接口学到的路由。RIP 还可引入其他路由协议所得到的路由。

RIPv1 启动和运行的整个过程可描述如下。

① 某路由器刚启动 RIP 时，以广播的形式向相邻的路由器发送请求报文，运行 RIP 的相邻路由器的 RIP 收到请求报文后，响应该请求，回送包含本地路由表信息的响应报文。

② 路由器收到响应报文后，更新本地路由表，同时向相邻路由器发送更新报文，广播路由更新信息。运行 RIP 的相邻路由器收到更新报文后，又向其各自的相邻路由器发送更新报文。在一连串的更新广播后，各路由器都能得到并保持最新的路由信息。

③ 同时，RIP 每隔 Period update 的时间向相邻路由器广播本地路由表，运行 RIP 的相邻路由器收到报文后，对本地路由进行维护，选择一条最佳路由，再向其各自的相邻网络广播更新信息，使更新的路由最终达到全部网络。同时，RIP 采用超时机制对过时的路由进行超时处理，以保证路由的实时性和有效性。

④ RIPv2 的启动和运行过程与 RIPv1 基本相同，但默认情况下，其更新报文是发送到组播地址 224.0.0.9 的。根据不同需求，也可以配置 RIPv2 发送广播更新报文，以对 RIPv1 进行向后兼容。

RIP 正被大多数 IP 路由器厂商广泛使用。它可用于大多数校园网及结构较简单的连续性强的地区性网络。对于更复杂环境及大型网络，一般不使用 RIP。

5.2.2　RIP 的报文格式

RIP 在实现过程中支持 RIP Version1 和 RIP Version2 两种格式的报文。RIP 数据包一共有 5 类，由 Command 域确定数据包的类型，如图 5-4 所示。

类型	意义
1	路径信息请求
2	路径信息响应
3	过时
4	过时
5	留作 Sun 微系统公司内部使用

图 5-4　RIP 报文类型

其中第 1、2 类报文是最重要的一对，后者是从发送该报文的路由器的寻径表中取出的 V-D 报文。各种 RIP 报文的格式相同，都包括一个固定的报头和一个可选的 V-D 表，如表 5-3 和表 5-4 所示。

表 5-3　　　　　　　　　　　　　RIPv1 的报文格式

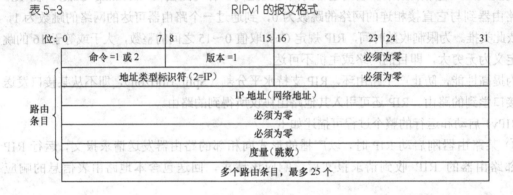

表 5-4　　　　　　　　　　　　　RIPv2 的格式

RIP Version 2 报文的一些特有属性。

● Route Tag：外部路由标记，是表示路由是保留还是重播的属性。它提供一种从外部路由中分离内部路由的方法，用于传播从外部路由器协议（EGP）获得的路由信息。

● Subnet mask：子网掩码，应用于 IP 地址产生非主机部分地址。为 0 时表示不包括子网掩码部分，使得 RIP 能够适应更多的环境。

● Next Hop：下一驿站，可以对使用多路由协议的网络环境下的路由进行优化。

● 认证：确认合法的信息包，目前支持纯文本的口令形式。认证是每一报文的功能，因为在报文头中只提供两字节的空间，而任一合理的认证表均要求多于两字节的空间，故 RIP

Version 2 认证表使用一个完整的 RIP 路由项。如果在报文中最初路由项 Address Family Identifier 域的值是 0xFFFF，路由项的剩余部分就是认证。

- 组播：为了降低那些没有监听 RIP Version 2 报文的主机的不必要的开销，IP 多目传送地址被用于定时广播。IP 多目地址是 224.0.0.9，为了支持向后兼容，多目地址的使用是可配置的。如果能够多目传送，则它将被支持它的所有接口使用。
- 管理信息库：允许在路由软件内部对 RIP 操作进行监听和控制。

如果 RIP-2 路由器接收到 RIP-1 的请求，它将以 RIP-1 的响应方式响应。如果路由器被配置成只发送 RIP-2 报文，它将不响应 RIP-1 的请求。

5.2.3 RIP 算法——距离向量法

1．距离向量法的基本概念

RIP 是基于 Bellham-Ford（距离向量）算法的，此算法于 1969 年被用于计算机路由选择，正式协议首先是由 Xerox 于 1970 年开发的，当时是作为 Xerox 的 Networking Services（NXS）协议族的一部分。由于 RIP 实现简单，迅速成为使用范围最广泛的路由协议。

在路由实现时，RIP 作为一个系统长驻进程（Daemon）而存在于路由器中，负责从网络系统的其他路由器接收路由信息，从而对本地 IP 层路由表作动态的维护，保证 IP 层发送报文时选择正确的路由；同时负责广播本路由器的路由信息，通知相邻路由器作相应的修改。

RIP 处于 UDP 协议的上层，RIP 所接收的路由信息都封装在 UDP 的数据包中，RIP 在520 号 UDP 端口上接收来自远程路由器的路由修改信息，并对本地的路由表做相应的修改，同时通知其他路由器。通过这种方式，达到全局路由的有效。

RIP 路由协议用更新（UNPDATES）和请求（REQUESTS）这两种分组来传输信息。每个具有 RIP 协议功能的路由器每隔 30s 用 UDP520 端口给与之直接相连的机器广播更新信息。更新信息反映了该路由器所有的路由选择信息数据库。路由选择信息数据库的每个条目由"局域网上能达到的 IP 地址"和"与该网络的距离"两部分组成。请求信息用于寻找网络上能发出 RIP 报文的其他设备。

2．RIP 的度量

RIP 用路程段数（或跳数）作为网络距离的尺度。每个路由器在给相邻路由器发出路由信息时，都会给每个路径加上内部距离。如图 5-5 中，路由器 3 直接和网络 C 相连，当它向路由器 2 通告网络 142.10.0.0 的路径时，它把跳数增加 1。与之相似，路由器 2 把跳数增加到 2，且通告路径给路由器 1，则路由器 2 和路由器 1 与路由器 3 所在网络 142.10.0.0 的距离分别是 1 跳、2 跳。

但在实际的网络路由选择上并不总是由跳数决定，还要结合实际的路径连接性能综合考虑。在如图 6-6 所示的网络中，从路由器 1 到网络 3，RIP 将更倾向于跳数为 2 的路由

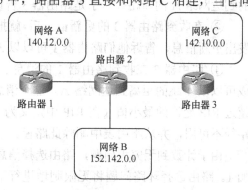

图 5-5 RIP 工作原理示例

器 1→路由器 2→路由器 3 的 1.5Mbit/s 链路，而不是选择跳数为 1 的 56kbit/s，直接的路由器 1→路由器 3 路径，因为跳数为 1 的 56kbit/s 串行链路比跳数为 2 的 1.5Mbit/s 串行链路慢得多。

3．路由器的收敛机制

任何距离向量路由选择协议（如 RIP）都有一个问题，即路由器不知道网络的全局情况，路由器必须依靠相邻路由器来获取网络的可达信息。由于路由选择更新信息在网络上传播慢，距离向量算法有一个慢收敛问题，这个问题将导致不一致性的产生。RIP 使用以下机制减少因网络上的不一致带来的路由选择环路的可能性。

（1）计数到无穷大机制

RIP 允许最大跳数为 15，大于 15 的目的地被认为是不可达。这个数字在限制了网络大小的同时也防止了一个叫做"记数到无穷大"的问题。计数到无穷大机制的工作原理如图 5-7 所示，具体过程如下所述。

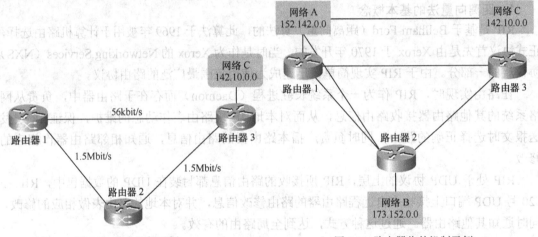

图 5-6 路由选择示例　　　　　　　　　　图 5-7 路由器收敛机制示例

① 现假设路由器 1 断开了与网络 A 的连接，则路由器 1 丢失了与网络 A 相连的以太网接口后产生一个触发更新送往路由器 2 和路由器 3。这个更新信息同时告诉路由器 2 和路由器 3，路由器 1 不再有到达网络 A 的路径。假设这个更新信息传输到路由器 2 被推迟了（因 CPU 忙、链路拥塞等），但到达了路由器 3，所以路由器 3 会立即从路由表中去掉到网络 A 的路径。

② 路由器 2 由于未收到路由器 1 的触发更新信息，并发出它的常规路由选择更新信息，通告网络 A 以 2 跳的距离可达。路由器 3 收到这个更新信息，认为出现了一条通过路由器 2 的到达网络 A 的新路径。于是路由器 3 告诉路由器 1，它能以 3 跳的距离到达网络 A。

③ 在收到路由器 3 的更新信息后，就把这个信息加上 1 跳后向路由器 2 和路由器 3 同时发出更新信息，告诉他们路由器 1 可以以 3 跳的距离到达网络 A。

④ 路由器 2 在收到路由器 1 的消息后，比较发现与原来到达网络 A 的路径不符，更新成可以以 4 跳的距离到达网络 A。这个消息再次会发往路由器 3，以此循环，直到跳数达到超过 RIP 允许的最小值（在 RIP 中定义为 16）。一旦一个路由器达到这个值，它将声明这条路径不可用，并从路由表中删除此路径。

由于计数到无穷大问题，路由选择信息将从一个路由器传到另一个路由器，每次跳数都加 1。路由选择环路问题将无限制地进行下去，除非达到某个限制值。这个限制值就是 RIP 的最大跳数。当路径的跳数超过 15，这条路径才从路由表中删除。

（2）水平分割法

水平分割规则是路由器不向路径到来的方向回传此路径。当打开路由器接口后，路由器记录路径是从哪个接口来的，并不向此接口回传此路径。Cisco 可以对每个接口关闭水平分割功能，这个特点在非广播多路访问（Non Broadcast Mutilple Access，NBMA）环境下十分有用。在如图 5-8 所示的网络中，路由器 2 通过帧中继连接路由器 1 和路由器 3，两个 PVC 都在路由器 2 的同一个物理接口（S0）终止。如果在路由器 2 的水平分割功能未被关闭，那么路由器 3 将收不到路由器 1 的路由选择信息反之亦然。用 No Ip Split-horizon 接口子命令即可关闭水平分割功能。

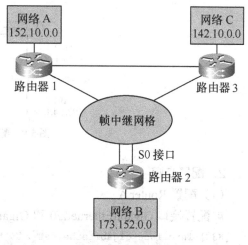

图 5-8　水平分割法原理示例

① 破坏逆转的水平分割法。水平分割是路由器用来防止把一个接口得来的路径又从此接口传回导致问题的方案。水平分割方案忽略在更新过程中从一个路由器获取的路径又传回该路由器，有破坏逆转的水平分割方法是在更新信息中包括这些回传路径，但这种处理方法会把这些回传路径的跳数设为16（无穷）。通过把跳数设为无穷，并把这条路径告诉源路由器，有可能立刻解决路由选择环路。否则，不正确的路径将在路由表中驻留到超时为止。破坏逆转的缺点是它增加了路由更新的数据大小。

② 保持定时器法。保持定时器法可防止路由器在路径从路由表中删除后一定的时间内（通常为180s）接收新的路由信息。它的思想是保证每个路由器都收到了路径不可达信息，而且没有路由器发出无效路径信息。例如在图 5-7 所示的网络中，由于路由更新信息被延迟，路由器 2 向路由器 3 发出错误信息。但使用保持计数器法后，这种情况将不会发生，因为路由器 3 将在 180s 内不接收通向网络 A 的新的路径信息，到那时路由器 2 将存储正确的路由信息。

③ 触发更新法。有破坏逆转的水平分割可将任何两个路由器构成的环路打破，但 3 个或更多个路由器构成的环路仍会发生，直到无穷（16）时为止。触发式更新法可加速收敛时间，它的工作原理是当某个路径的跳数改变了，路由器立即发出更新信息，不管路由器是否到达常规信息更新时间都发出更新信息。

5.2.4　RIP 配置举例

1．组网需求

一个企业的内部网络通过 Router A 连到 Internet，内部网络的主机直接连接到 Router B 或 Router C。这里以华三路由为例，说明 RIP 的配置。

组网图如图 5-9 所示，要求 3 个网关上均运行 RIP。Router A 只接收从外部网络发来的路由信息，但不对外发布内部网络的路由信息；Router A、B、C 之间能够交互 RIP 信息，以便于内部主机能够访问 Internet。

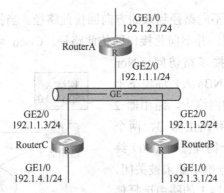

图 5-9 配置接口的工作状态

2．配置步骤

（1）配置 Router A

配置接口 GigabitEthernet2/0 和 GigabitEthernet1/0。

```
[H3C] interface gigabitethernet 2/0
[H3C-GigabitEthernet2/0] ip address 192.1.1.1 255.255.255.0
[H3C-GigabitEthernet2/0] quit
[H3C] interface gigabitethernet 1/0
[H3C-GigabitEthernet1/0] ip address 192.1.2.1 255.255.255.0
```

启动 RIP，并配置在接口 GigabitEthernet2/0 和 GigabitEthernet1/0 上运行 RIP。

```
[H3C] rip
[H3C-rip] network 192.1.1.0
[H3C-rip] network 192.1.2.0
```

#配置接口 GigabitEthernet 1/0 只接收 RIP 报文。

```
[H3C-GigabitEthernet1/0] undo rip output
[H3C-GigabitEthernet1/0] rip input
```

（2）配置 Router B

配置接口 GigabitEthernet1/0 和 GigabitEthernet2/0。

```
[H3C] interface gigabitethernet 2/0
[H3C-GigabitEthernet2/0] ip address 192.1.1.2 255.255.255.0
[H3C] interface gigabitethernet 1/0
[H3C-GigabitEthernet1/0] ip address 192.1.3.1 255.255.255.0
```

启动 RIP，并配置在接口 GigabitEthernet1/0 和 GigabitEthernet2/0 上运行 RIP。

```
[H3C] rip
[H3C-rip] network 192.1.1.0
[H3C-rip] network 192.1.3.0
```

（3）配置 RouterC

配置接口 GigabitEthernet1/0 和 GigabitEthernet2/0。

```
[H3C] interface gigabitethernet 2/0
[H3C-GigabitEthernet2/0] ip address 192.1.1.3 255.255.255.0
[H3C] interface gigabitethernet 1/0
[H3C-GigabitEthernet1/0] ip address 192.1.4.1 255.255.255.0
```

启动 RIP，并配置在接口 GigabitEthernet1/0 和 GigabitEthernet2/0 运行 RIP。

```
[H3C] rip
[H3C-rip] network 192.1.1.0
[H3C-rip] network 192.1.4.0
```

5.3　OSPF 协议

5.3.1　OSPF 协议概述

OSPF 是 Open Shortest Path First（开放最短路由优先）的缩写。它是 IETF 组织开发的一个基于链路状态的内部网关协议，目前使用的是版本 2（RFC2328）。

链路是路由器接口的另一种说法，因此 OSPF 协议也称为接口状态路由协议。OSPF 通过路由器之间通告网络接口的状态来建立链路状态数据库（Link State Database，LSDB），生成最短路径树，每个 OSPF 路由器使用这些最短路径构造路由表。OSPF 协议不仅能计算两个网络结点之间的最短路径，而且能计算通信费用，可根据网络用户的要求来平衡费用和性能，以选择相应的路由；在一个自治系统内可划分出若干个区域，每个区域根据自己的拓扑结构计算最短路径，这减少了 OSPF 路由实现的工作量。OSPF 属动态的自适应协议，对于网络的拓扑结构变化可以迅速地做出反应，进行相应调整，提供短的收敛期，使路由表尽快稳定化。每个路由器都维护一个相同的、完整的全网链路状态数据库。这个数据库很庞大，寻径时，该路由器以自己为根，构造最短路径树，然后再根据最短路径构造路由表。路由器彼此交换并保存整个网络的链路信息，从而掌握全网的拓扑结构，并独立计算路由。其特性如下所述。

- 适应范围——支持各种规模的网络，最多可支持几百台路由器。
- 快速收敛——在网络的拓扑结构发生变化后立即发送更新报文，使这一变化在自治系统中同步。
- 无自环——由于 OSPF 根据收集到的链路状态用最短路径树算法计算路由，从算法本身保证了不会生成自环路由。
- 区域划分——允许自治系统的网络被划分成区域来管理，从而减少了占用的网络带宽。
- 等价路由——支持到同一目的地址的多条等价路由。
- 路由分级——使用 4 类不同的路由，按优先顺序来说分别是区域内路由、区域间路由、第一类外部路由、第二类外部路由。
- 支持验证——支持基于接口的报文验证，以保证路由计算的安全性。
- 组播发送——支持组播地址。

5.3.2　OSPF 协议的协议报文

OSPF 协议有如下所述的 5 种报文类型。

1．HELLO 报文
HELLO 报文（HELLO Packet）是最常用的一种报文，周期性地发送给本路由器的邻居。

HELLO 报文的内容包括一些定时器的数值、DR、BDR 以及自己已知的邻居。

2．DD 报文

两台路由器进行数据库同步时，用 DD 报文（Database Description Packet）来描述自己的 LSDB，内容包括 LSDB 中每一条 LSA（Link-State Advertisement，链路状态广播数据包）的摘要（摘要是指 LSA 的 HEAD，该 HEAD 可以唯一标识一条 LSA）。这样做是为了减少路由器之间传递信息的量，因为 LSA 的 HEAD 只占一条 LSA 的整个数据量的一小部分，根据 HEAD，对端路由器就可以判断出是否已有这条 LSA。

3．LSR 报文

两台路由器互相交换 DD 报文之后，知道对端的路由器有哪些 LSA 是本地的 LSDB 所缺少的，这时需要发送 LSR 报文（Link State Request Packet）向对方请求所需的 LSA，内容包括所需要的 LSA 的摘要。

4．LSU 报文

LSU 报文（Link State Update Packet）用来向对端路由器发送所需要的 LSA，内容是多条 LSA（全部内容）的集合。

5．LSAck 报文

LSAck 报文（Link State Acknowledgment Packet）用来对接收到的 LSU 报文进行确认，内容是需要确认的 LSA 的 HEAD（一个报文可对多个 LSA 进行确认）。

5.3.3　OSPF 协议基本算法

1．SPF 算法及最短路径树

SPF（最短路径算法）是 OSPF 路由协议的基础。SPF 算法有时也称为 Dijkstra 算法，这是因为 SPF 算法是 Dijkstra 发明的。SPF 算法将每一个路由器作为根（ROOT）来计算其到每一个目的地路由器的距离，每一个路由器根据一个统一的数据库会计算出路由域的拓扑结构图，该结构图类似于一棵树，在 SPF 算法中被称为最短路径树。在 OSPF 路由协议中，最短路径树的树干长度即 OSPF 路由器至每一个目的地路由器的距离，称为 OSPF 的 Cost，其算法为 $Cost = 100 \times 10^6 /$ 链路带宽。

在这里，链路带宽以 bit/s 为单位。OSPF 的 Cost 与链路的带宽成反比，带宽越高，Cost 越小，表示 OSPF 到目的地的距离越近。举例来说，FDDI 或快速以太网的 Cost 为 1，2M 串行链路的 Cost 为 48，10M 以太网的 Cost 为 10 等。

2．链路状态算法

作为一种典型的链路状态的路由协议，OSPF 还得遵循链路状态路由协议的统一算法。链路状态算法非常简单，在这里概括为以下 4 个步骤。

① 当路由器初始化或网络结构发生变化（例如增减路由器、链路状态发生变化等）时，路由器会产生链路状态广播数据包 LSA，该数据包里包含路由器上所有相连链路，也即为所有端口的状态信息。

② 所有路由器会通过一种称为刷新（Flooding）的方法来交换链路状态数据。Flooding 是指路由器将其 LSA 数据包传送给所有与其相邻的 OSPF 路由器，相邻路由器根据其接收到的链路状态信息更新自己的数据库，并将该链路状态信息转送给与其相邻的路由器，直至

稳定的一个过程。

③ 当网络重新稳定下来，也可以说 OSPF 路由协议收敛下来时，所有的路由器会根据其各自的链路状态信息数据库计算出各自的路由表。该路由表中包含路由器到每一个可到达目的地的 Cost 以及到达该目的地所要转发的下一个路由器。

④ 第 4 个步骤实际上是指 OSPF 路由协议的一个特性。当网络状态比较稳定时，网络中传递的链路状态信息是比较少的，或者可以说，当网络稳定时，网络中是比较安静的。这也正是链路状态路由协议区别于距离矢量路由协议的一大特点。

5.3.4　OSPF 协议的路由计算过程

OSPF 协议的路由计算过程可简单描述如下。

① 每个支持 OSPF 协议的路由器都维护着一份描述整个自治系统拓扑结构的链路状态数据库 LSDB。每台路由器根据自己周围的网络拓扑结构生成链路状态广播数据包 LSA，通过相互之间发送协议报文将 LSA 发送给网络中其他路由器。这样每台路由器都收到了其他路由器的 LSA，所有的 LSA 一起组成 LSDB。

② LSA 是对路由器周围网络拓扑结构的描述，LSDB 则是对整个网络的拓扑结构的描述。路由器很容易将 LSDB 转换成一张带权的有向图，这张图便是对整个网络拓扑结构的真实反映。显然，各个路由器得到的是一张完全相同的图。

③ 每台路由器都使用 SPF 算法计算出一棵以自己为根的最短路径树，这棵树给出了到自治系统中各节点的路由，外部路由信息为叶子节点。外部路由可由广播它的路由器进行标记，以记录关于自治系统的额外信息。显然，各个路由器各自得到的路由表是不同的。

④ 此外，为使每台路由器能将本地状态信息（如可用接口信息、可达邻居信息等）广播到整个自治系统中，在路由器之间要建立多个邻接关系，这使得任何一台路由器的路由变化都会导致多次传递，既没有必要，也浪费了宝贵的带宽资源。为解决这一问题，OSPF 协议定义了指定路由器（DR），所有路由器都只将信息发送给 DR，由 DR 将网络链路状态广播出去。这样就减少了多址访问网络上各路由器之间邻接关系的数量。

⑤ OSPF 协议支持基于接口的报文验证，以保证路由计算的安全性；并使用 IP 多播方式发送和接收报文。

5.3.5　路由聚合

自治系统被划分成不同的区域，每一个区域通过 OSPF 边界路由器（ABR）相连，区域间可以通过路由汇聚来减少路由信息，减小路由表的规模，提高路由器的运算速度。

ABR 在计算出一个区域的区域内路由之后查询路由表，将其中每一条 OSPF 路由封装成一条 LSA 发送到区域之外。例如图 5-10 中，Area 19 内有 3 条区域内路由 19.1.1.0/24，19.1.2.0/24、19.1.3.0/24，如果此时配置了路由聚合，将 3 条路由聚合成一条 19.1.0.0/16，则在 RTA 上就只生成一条描述聚合后路由的 LSA。

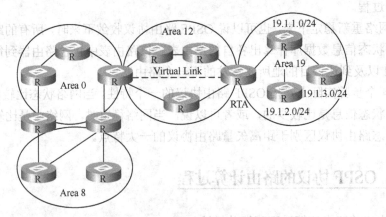

图 5-10　区域及路由聚合示意图

5.3.6　OSPF 协议典型配置举例

1. 组网需求

Router A 与 Router B 通过以太网口相连，Router B 与 Router C 通过以太网口相连；Router A 属于 Area0，Router C 属于 Area1，Router B 同时属于 Area0 和 Area1。

2. 组网图

组网图如图 5-11 所示。

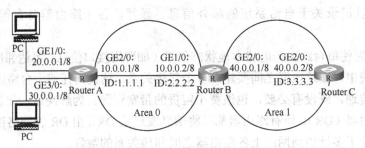

图 5-11　OSPF 典型配置举例

3. 配置步骤

（1）配置 Router A

```
[H3C] router id 1.1.1.1
[H3C] interface gigabitethernet 2/0
[H3C-GigabitEthernet2/0] ip address 10.0.0.1 255.0.0.0
[H3C-GigabitEthernet2/0] quit
[H3C] interface gigabitethernet 1/0
[H3C-GigabitEthernet1/0] ip address 20.0.0.1 255.0.0.0
[H3C-GigabitEthernet1/0] quit
[H3C] interface gigabitethernet 3/0
[H3C-GigabitEthernet1/1] ip address 30.0.0.1 255.0.0.0
[H3C-GigabitEthernet1/1] quit
[H3C] ospf
[H3C-ospf-1] area 0
```

```
[H3C-ospf-1-area-0.0.0.0] network 10.0.0.1 0.255.255.255
[H3C-ospf-1-area-0.0.0.0] network 20.0.0.1 0.255.255.255
[H3C-ospf-1-area-0.0.0.0] network 30.0.0.1 0.255.255.255
```

（2）配置 Router B

```
[H3C] router id 2.2.2.2
[H3C] internet gigabitethernet 1/0
[H3C-GigabitEthernet1/0] ip address 10.0.0.2 255.0.0.0
[H3C-GigabitEthernet1/0] quit
[H3C] interface gigabitethernet 2/0
[H3C-GigabitEthernet2/0] ip address 40.0.0.1 255.0.0.0
[H3C-GigabitEthernet2/0] quit
[H3C] ospf
[H3C-ospf-1] area 0
[H3C-ospf-1-area-0.0.0.0] network 10.0.0.2  0.255.255.255
[H3C-ospf-1-area-0.0.0.0] area 1
[H3C-ospf-1-area-0.0.0.1] network 40.0.0.1  0.255.255.255
```

（3）配置 Router C

```
[H3C] router id 3.3.3.3
[H3C] interface gigabitethernet 2/0
[H3C-GigabitEthernet2/0] ip address 40.0.0.2 255.0.0.0
[H3C-GigabitEthernet2/0] quit
[H3C] ospf
[H3C-ospf-1] area 1
[H3C-ospf-1-area-0.0.0.1] network 40.0.0.2 0.255.255.255
```

在 Router A 与 Router C 上执行 Display IP Routing-table，可发现二者通过 OSPF 获得了到对方的路由，即都有 10.0.0.0/8、20.0.0.0/8、30.0.0.0/8、40.0.0.0/8 网段的路由。

5.4　BGP

5.4.1　BGP 概述

BGP（Border Gateway Protocol）是一种自治系统间的动态路由发现协议。BGP 早期发布的 3 个版本分别是 BGP-1（请参阅 RFC1105）、BGP-2（请参阅 RFC1163）和 BGP-3（请参阅 RFC1267），当前使用的版本是 BGP-4（请参阅 RFC1771）。BGP-4 适用于分布式结构，并支持无类域间路由 CIDR（Classless Inter-Domain Routing）。利用 BGP 还可以实施用户配置的策略。BGP-4 为 Internet 外部路由协议标准，广泛应用于 ISP 之间。BGP 的特性描述如下。

● BGP 是一种外部网关路由协议，与 OSPF、RIP 等内部网关路由协议不同，其着眼点不在于发现和计算路由，而在于控制路由的传播和选择最好的路由。

● 通过在 BGP 路由中携带自治系统的路径信息，可以彻底解决路由循环问题。

● 使用 TCP 作为传输层协议，提高了协议的可靠性。

● BGP-4 支持无类域间路由 CIDR，CIDR 以一种全新的方法看待 IP 地址，不再区分 A 类网、B 类网及 C 类网。这是较 BGP-3 的一个重要改进。

● 路由更新时，BGP 只发送更新的路由，大大减少了 BGP 传播路由所占用的带宽，适用于在 Internet 上传播大量的路由信息。

例如一个非法的 C 类网络地址 192.213.0.0（255.255.0.0）采用 CIDR 表示法 192.213.0.0/16

就成为一个合法的超级网络，其中/16 表示子网掩码由从地址左端开始的 16 位构成。CIDR 的引入简化了路由聚合（Routes Aggregation），路由聚合实际上是合并几个不同路由的过程，这样从通告几条路由变为通告一条路由，减小了路由表规模。

出于管理和安全方面的考虑，每个自治系统都希望能够对进出自治系统的路由进行控制，BGP-4 提供了丰富的路由策略，能够对路由实现灵活的过滤和选择，并且易于扩展以支持网络新的发展。BGP 作为高层协议运行在一个特定的路由器上，初启时 BGP 路由器通过发送整个 BGP 路由表与对等体交换路由信息，之后只交换更新消息（Update message）；在运行过程中，通过接收和发送 Keep-alive 消息来检测相互之间的连接是否正常。

发送 BGP 消息的路由器称为 BGP 发言人（Speaker），它不断地接收或产生新路由信息，并将它广告（Advertise）给其他的 BGP 发言人。当 BGP 发言人收到来自其他自治系统的新路由通告时，如果该路由比当前已知路由好，或者当前还没有该路由，它就把这个路由通告给自治系统内所有其他的 BGP 发言人。一个 BGP 发言人也将同它交换消息的其他的 BGP 发言人称为对等体（Peer），若干相关的对等体可以构成对等体组（Group）。

BGP 在路由器上以下列 IBGP（Internal BGP）和 EBGP（External BGP）两种方式运行。当 BGP 运行于同一自治系统内部时，称为 IBGP；当 BGP 运行于不同自治系统之间时，称为 EBGP。

5.4.2　BGP 的消息类型和报文格式

1．消息类型

BGP 的运行是通过消息驱动的，其消息共可分为如下所述 4 类。

● **Open message**：是连接建立后发送的第一个消息，用于建立 BGP 对等体间的连接关系。

● **Notification message**：是错误通告消息。

● **Keep-alive message**：是用于检测连接有效性的消息。

● **Update message**：是 BGP 系统中最重要的信息，用于在对等体之间交换路由信息，它最多由不可达路由（Unreachable）、路径属性（Path Attributes）、网络可达性信息 NLR（Network Layer Reach/reachable Information）3 部分构成。

2．报文格式

所有的 BGP 分组共享同样的公有首部，在学习不同类型的分组之前，我们先讨论公共首部，如图 5-12 所示，这个首部的字段说明如下。

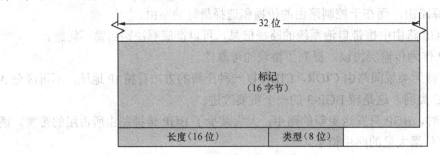

图 5-12　BGP 公共首部

- **标记**：16 字节标记字段，保留给鉴别用。
- **长度**：2 字节字段，定义包括首部在内的报文总长度。
- **类型**：1 字节段，定义分组的类型，用数值 1～4 定义 BGP 消息类型。

例如打开报文，主要用来建立邻居，运行 BGP 的路由器，打开与邻居的 TCP 连接，并发送打开报文。如果邻居接受这种邻居关系，由响应保活报文。打开报文格式如图 5-13 所示。

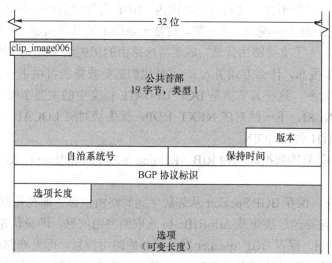

图 5-13 BGP 报文格式

- **版本**：1 字节字段定义 BGP 的版本，当前的版本是 4。
- **自治系统**：2 字节字段，定义自治系统号。
- **保持时间**：2 字节字段，定义一方从另一方收到保活报文或更新报文之前所经过的最大秒数，若路由器在保持时间内没有收到这些报文中的一个，就认为对方是不工作的。
- **BGP 标识**：2 字节字段，定义发送打开报文的路由器，为此，这个路由器通常使用它的 IP 地址中的一个作为 BGP 标识符。
- **选项长度**：打开报文还可以包含某些选项参数，若包含，则这个 1 字节字段定义选项参数总长度，若没有选项参数，则这个字段的值为 0。
- **选项参数**：若选项参数长度的值不是 0，则表示有某些选项参数，每一个选项参数本身又有两个字段。

5.4.3 BGP 的路由原理

1. BGP 标议的功能

在 BGP 的前身 EGP 中引入了一个概念，叫做自治系统（Autonomous System，AS），指的是在统一技术管理下的一系列路由器。比如运行 OSPF 的一张网络，或者运行 ISIS 的一张网络，都可以作为一个 AS。实际网络中，AS 是人工规划的，AS 号由专门的机构分配。通常在 AS 内部运行某种 IGP，用于 AS 内部的路由学习和管理；而在 AS 的边界运行 BGP，用于 AS 之间交换路由信息。借助 BGP，各 AS 可以独立选择自己适合的 IGP，并通过 BGP 来获得其他 AS 的路由信息。

从这个用途来看，BGP，需要做到以下几点。

- 能够支持从各类 IGP（包括直连路由）引入路由信息。
- 能够从这些数据中决策出最优路由。
- 不论从哪类 IGP 引入，将最优路由对外发布时采用统一的格式。

路由信息的引入过程不在本文的讨论范围内，BGP 需要收集哪些信息，来支撑下一步的决策？最基本的是 IP 前缀和掩码、下一跳，这是一条路由的最简描述，任何一种路由协议都需要收集这些信息。为了支持路由优选，需要考虑路由的优先级（至少一种度量），并记录路由的来源（哪个 AS 发布，什么方式引入），这是我们需要收集的可供下一步决策的最小信息集合。后面我们会看到，这些其实就是 BGP UPDATE 报文中的主要字段。IP 前缀和掩码对应 UPDATE 中的 NLRI，下一跳对应 NEXT_HOP，优先级对应 LOCAL_PREF 和 MED，路由来源对应 AS_PATH 和 ORIGIN。

BGP 存储路由信息的数据库叫做 RIB（Routing Information Base）。这个数据库分为如下所述 3 个部分。

- Adj-RIBs-In，保存 BGP Speaker 从邻居学到的路由信息，即初始路由。
- Loc-RIB，保存经过决策从 Adj-RIBs-In 选取的路由信息，即最优路由。
- Adj-RIBs-Out，保存 BGP Speaker 发给邻居的路由信息，即发布路由。

上述 3 个数据库仅仅是协议关于 BGP 路由管理的概念性设想，实际实现中，不要求必须保留路由的三套备份。

2. BGP 信息交换

初步设想了单台设备需要收集和存储哪些信息之后，我们来看看设备之间如何通信。考虑到 BGP 用在 AS 之间，是作为大型网络之间接口的角色，对报文传输的稳定性有很高的要求，选择 TCP 作为承载协议，使用端口号 179。由于 TCP 提供了稳定可靠的传输，BGP 不需要专门的机制来处理复杂的报文分片、重传、确认等细节。

承载不同 BGP 的报文类型通过 Type 字段标识，Length 字段标识 BGP 消息的字节长度，含 BGP 报文头，虽然是 16 比特位数，合法范围只从 19 到 4096。Marker 字段用来探测对端与本端是否同步。承载协议确立为 TCP 之后，下一个问题是采用普通路由协议的动态发现邻居方式，还是采用手工静态配置方式？BGP 采用了后者，只要双方指定地址路由可达，就可以建立连接。这么做至少有如下所述两个好处。

① 可以与对端设备用任何 IP 地址建立邻居，而不限于某个固定的接口 IP。这样，当两台设备采用环回地址而非直连地址建立 BGP 邻居时，即使主链路中断了，也可以切换到备份链路上，保持邻居不断。这种稳定性正是 BGP 作为大型网络路由承载的必要特质。

② 可以跨越多台设备建立邻居。当一个 AS 有多个设备运行 BGP 建立域内全连接时，不必每台设备物理直连，只要用 IGP 保证建立邻居的地址可达，即可建立全网连接，减少不必要的链路建设。

同一个 AS 内，设备之间的邻居叫做 IBGP（Interior BGP）邻居；不同 AS 间，设备之间的邻居叫做 EBGP（Exterior BGP）邻居。

3．BGP 有限状态机

BGP 建立邻居采用有限状态机，共有如下所述 6 种状态。BGP 的运行流程就是在这 6 种状态之间根据资源和事件的要求作转换。

（1）Idle

BGP 协议初始时处于 Idle 状态。在这个状态时，系统不分配任何资源，也拒绝所有进入的 BGP 连接。只有收到 Start Event 时，才分配 BGP 资源，启动 Connect-Retry 计时器，启动对其他 BGP 对等体的传输层连接，同时也侦听是否有来自其他对等体的连接请求。

（2）Connect

这个状态下，BGP 等待 TCP 完成连接。若连接成功，本地清空 Connect-Retry 计时器，并向对等体发送 OPEN 报文，然后状态改变为 OpenSent 状态；否则，本地重置 Connect-Retry 计时器，侦听是否有对等体启动连接，并移至 Active 状态。

（3）Active

这个状态下，BGP 初始化 TCP 连接来获得一个对等体。如果连接成功，本地清空 Connect-Retry 计时器，并向对等体发送 OPEN 报文，并转至 OpenSent 状态。

（4）OpenSent

这个状态下，BGP 等待对等体的 OPEN 报文。收到报文后对报文进行检查，如果发现错误，本地发送 NOTIFICATION 报文给对等体，并改变状态为 Idle。如果报文正确，BGP 发送 KEEPALIVE 报文，并转至 OpenConfirm 状态。

（5）OpenConfirm

这个状态下，BGP 等待 KEEPALIVE 或 NOTIFICATION 报文。如果收到 KEEPALIVE 报文，则进入 Established 状态；如果收到 NOTIFICATION 报文，则变为 Idle 状态。

（6）Established

这个状态下，BGP 可以和其他对等体交换 UPDATE、NOTIFICATION、KEEPALIVE 报文。如果收到了正确的 UPDATE 或 KEEPALIVE 报文，就认为对端处于正常运行状态，本地重置 Hold Timer。如果收到 NOTIFICATION 报文，本地转到 Idle 状态。如果收到错误的 UPDATE 报文，本地发送 NOTIFICATION 报文通知对端，并改变本地状态为 Idle。如果收到了 TCP 拆链通知，本地关闭 BGP 连接，并回到 Idle 状态。

综上，我们可以画出 BGP 的有限状态机，如图 5-14 所示。

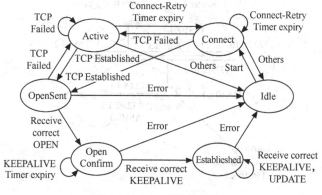

图 5-14　BGP 有限状态机

4．BGP 路由决策过程

决策过程选择路由用于下一步的发布，应用本地策略信息库（Policy Informaiton Base，PIB）来处理 Adj-RIB-In 中的路由。决策过程的输出是发布到所有邻居（包括 IBGP 和 EBGP）的路由信息集合，被选的路由存储在 Adj-RIB-Out 中。决策过程分如下所述 3 步来进行。

① 当本地 BGP 发言者接收到 EBGP 邻居发布过来的更新、替代或撤销路由信息时，为每一条路由计算优先级，并将最高优先级的路由通告到所有 IBGP 邻居。

② 在步骤①完成后激活，负责从到达目的地的所有路由中选择最好的路由，同时安装每条选中的路由到相应的 Loc-RIB。如果路由信息携带的下一跳路由不可达，则将该路由排除在这个决策过程之外。

③ 在步骤②完成后激活，负责根据在 PIB 中的规则发布 Loc_RIB 中的路由到 EBGP 邻居的每个对端。

一般来说，BGP 计算路由优先级采用如下规则。

● 选择具有最高 LOCAL_PREF 值的路由。

● 如果 LOCAL_PREF 相同，选择从本地 IGP（含直连路由）引入的路由。

● 如果 LOCAL_PREF 相同，且没有本地引入路由，则选择 AS_PATH 最短的路由。

● 如果 AS_PATH 路径长度相同，判断 ORIGIN 值，IGP 优于 EGP，EGP 优于 Incomplete。

● 如果 ORIGIN 相同，优选 MULTI_EXIT_DISC 值较小的。

● 如果 MED 也相同，依次选择从 EBGP、Confederation、IBGP 发布的路由。

● 如果发布源也相同，优选下一跳 IP 在本地路由表中 Cost 值最小的路由。

● 如果下一跳 Cost 也相同，优选 CLUSTER_LIST 长度最短的路由。

● 如果 CLUSTER_LIST 长度也相同，优选 ORIGINATOR_ID 最小的路由。

● 如果 ORIGINATOR_ID 长度也相同，优选 ROUTER_ID。

5.5 BGP 典型配置举例

1．组网需求

如图 5-15 所示，将自治系统 100 划分为 3 个子自治系统 1001、1002、1003，配置 EBGP、联盟 EBGP 和 IBGP。

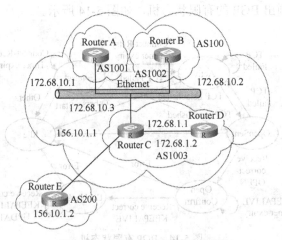

图 5-15　配置自治系统联盟组网图

2．配置步骤

配置 Router A。

```
[H3C] bgp 1001
[H3C-bgp] confederation id 100
[H3C-bgp] confederation peer-as 1002 1003
[H3C-bgp] group confed1002 external
[H3C-bgp] peer confed1002 as-number 1002
[H3C-bgp] group confed1003 external
[H3C-bgp] peer confed1003 as-number 1003
[H3C-bgp] peer 172.68.10.2 group confed1002
[H3C-bgp] peer 172.68.10.3 group confed1003
```

配置 Router B。

```
[H3C] bgp 1002
[H3C-bgp] confederation id 100
[H3C-bgp] confederation peer-as 1001 1003
[H3C-bgp] group confed1001 external
[H3C-bgp] peer confed1001 as-number 1001
[H3C-bgp] group confed1003 external
[H3C-bgp] peer confed1003 as-number 1003
[H3C-bgp] peer 172.68.10.1 group confed1001
[H3C-bgp] peer 172.68.10.3 group confed1003
```

配置 Router C。

```
[H3C] bgp 1003
[H3C-bgp] confederation id 100
[H3C-bgp] confederation peer-as 1001 1002
[H3C-bgp] group confed1001 external
[H3C-bgp] peer confed1001 as-number 1001
[H3C-bgp] group confed1002 external
[H3C-bgp] peer confed1002 as-number 1002
[H3C-bgp] peer 172.68.10.1 group confed1001
[H3C-bgp] peer 172.68.10.2 group confed1002
[H3C-bgp] group ebgp200 external
[H3C-bgp] peer 155.10.1.2 group ebgp200 as-number 200
[H3C-bgp] group ibgp1003 internal
[H3C-bgp] peer 172.68.1.2 group ibgp1003
```

 注意：配置用例中，只列出了与 BGP 配置相关的命令。

 思考题与习题 5

5-1　简述题

（1）路由表信息包括哪些内容？

（2）距离向量和链路状态路由选择协议有哪些异同点？

（3）在 RIPv2 中的消息报文中，下一跳字段的目的是什么？

（4）OSPF 和 RIP 相比有哪些优点？

（5）简述 OSPF 的基本工作特点。

（6）简述 OSPF 中扩散的过程。

（7）OSPF 的体系化拓扑结构有哪些优点？

（8）BGP 用什么协议作为它的传输协议？采用什么端口号？如何保证它的安全？

5-2　填空题

（1）路由和交换是网络世界两个重要的概念。传统的交换发生在_____，即数据链路层，而路由则发生在_____。

（2）整个 IP 数据包在互联网路由中是"表驱动 IP 选路"的基本思想，即在需要路由选择的设备中保存一张_____。

（3）根据路由器学习路由信息、生成并维护路由表的方法包括_____、静态路由（Static）和_____。

（4）在一个 AS（Autonomous System，自治系统，指一个互连网络，就是把整个 Internet 划分为许多较小的网络单位，这些小的网络有权自主地决定在本系统中应采用何种路由选择协议）内的路由协议称为_____。

（5）RIP 是一种_____算法的协议，它通过_____报文进行路由信息的交换。RIP 使用_____来衡量到达目的网络的距离，称为路由权（Routing Cost）。

（6）水平分割规则是_____。

（7）OSPF 有 5 种报文类型，分别是_____。

5-3　选择题

（1）如果你所在的网际网络发生了路由问题。要鉴别此错误，应该检查以下哪种类型的设备？（　　　）

A. 交换机　　　　　　B. 主机　　　　　　C. 集线器　　　　　　D. 路由器

（2）请参见图示。其中有多少条路由是最终路由？（　　　　）

```
R1# show ip route
<省略部分输出>
Gateway of last resort is 0.0.0.0 to network 0.0.0.0
     172.16.0.0/23 is subnetted, 1 subnets
C       172.16.2.0 is directly connected, FastEthernet0/1
     10.0.0.0/8 is variably subnetted, 3 subnets, 3 masks
C       10.1.1.8/29 is directly connected, Serial0/0/0
C       10.1.1.0/30 is directly connected, Serial0/0/1
C       10.1.1.96/27 is directly connected, Serial0/1/0
C    192.168.1.0/24 is directly connected, FastEthernet0/0
<省略部分输出>
```

A. 3　　　　　　　　B. 4　　　　　　　　C. 5　　　　　　　　D. 7

（3）下列关于 RIPv1 的叙述，哪一项是正确的？（　　　　）

A. 是一种链路状态路由协议　　　　　　B. 路由更新中不包含子网信息

C. 使用 DUAL 算法将备用路由插入拓扑表中

D. 在路由器上使用无类路由作为默认的路由方式

第6章

数据通信网

引言

如果数据通信脱离网络，则剥离了其应用和实际目标；数据通信若不提网络，也就缺少了其深层次的内涵，难以支撑其完整的体系结构。因此，网络是现代信息化社会的支撑平台。我们知道，电话网最初是为电话业务而建立的，电报业务也只是电话的增值业务，电信网随着业务逐步拓展，不断地与计算机技术相结合，已经由过去的模拟网转化为现在的数字网，目前构成了信息传输、交换、存储和处理的数据通信系统，其类型有公众电话网、分组交换网、数字数据网、帧中继等。本章将从业务及发展的视角全面介绍数据通信网的基本概念、网络类型以及网络应用等内容。

学习目标

- 说明数据通信网的网络类型
- 理解数据通信网和计算机网络的区别和联系
- 定义各种不同类型的局域网，列出要满足每类局域网的要求
- 给出局域网应用的一些有代表性的例子
- 论述数据通信网成为高速广域网技术增长点的原因
- 描述帧中继网络的特色和特性
- 描述 ATM 网络的特色和特性
- 解释城域网的概念，讨论城域网可提供的业务
- 讨论城域网的几个关键技术
- 评估高速数据业务的优缺点

6.1 网络的基本概念

网络的基本概念最早起源于 1954 年所发行的"大西洋月刊"中由美国的一位工程师所提出的预言。他指出未来的计算机将由错综复杂的网连接起来，用户将置身于其

广大无边的领域中。40余年后的今天，这个预言已经实现，单机用户仅通过网络，就可以连接到某一个国际网址去访问信息，大大地改变了人类传统的生活方式。

什么是网络？网络就是将一群计算机通过线缆（或其他无线传输介质）互相连接起来，彼此共享信息。计算机之间可以通过网络共享文件、设置，甚至应用程序等，这些统称为网络资源。可在网络上共享的资源如下所述。

1. 文件

网络上最早出现，也是最常见的操作就是共享文件。从 Windows 平台上的"文件夹共享"到 Internet 上的文件上传与下载，都可以视为文件交换的应用。

2. 信息

网络上有多种形式的信息，但目前最流行的就是电子邮件（E-mail）。早期的电子邮件只能传送文字，但现在大部分都可以附带传送图像、声音和动画等各类文件。

3. 外设

网络上的计算机彼此之间除了共享存储设备上的文件外，也可共享其他的外设，其中最常见的是打印机。除打印机外，许多外设也能在网络上共享，例如传真机和扫描仪等。

4. 应用程序

计算机可以通过网络共享彼此的应用程序，例如 A 计算机通过网络远程执行 B 计算机上的应用程序，B 计算机再将执行结果返回 A 计算机。应用程序的共享机制较为复杂，操作系统与应用程序都必须支持才行。

6.2 网络的结构

1. 拓扑结构概念

拓扑（Topology）这个术语规定了网络的组织结构，也就是指网络物理或逻辑布置的方式。拓扑包括物理拓扑和逻辑拓扑两部分。物理拓扑是网络介质的实际布局，不涉及网络中信号的实际流动，仅关心介质的物理连接形态；而逻辑拓扑是指主机如何访问介质，指信号在网络中的实际传输路径，它描述的是信号怎样在网络中流动。

两个或两个以上的设备连接到一条链路上，两条以上的链路形成网络拓扑。网络拓扑是所有链路和连接的所有设备相互之间关系的几何表示。

2. 网络拓扑类型

网络中通常使用的物理拓扑有总线型、网形、环形、星形和树形，这几种拓扑结构表示的是网络中设备的相互连接，而不是它们的物理位置。

（1）总线型拓扑

总线型拓扑如图6-1所示，网络节点通过引出线和抽头连接到总线电缆上。引出线是设备和主缆之间的连接设备。由于信号随传输距离增加而变弱，所以一条总线所能支持的抽头数和抽头之间的距离都有限制。

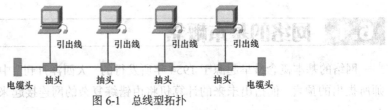

图6-1 总线型拓扑

总线型拓扑的优点是易安装，主干电缆可以铺设在最有效的路径上，然后将网络节点通过各种长度的引出线连接到主干上即可。它的缺点是故障隔离和重新配置困难。总线型拓扑结构主要用于局域网络。

（2）网形拓扑

网形拓扑结构的每一个设备都与其他所有设备有一条专线连接，如图 6-2 所示。网形拓扑具有的优点是网络具有健壮性和安全性、故障检测和故障隔离较容易，主要缺点是所需要的电缆和设备上的输入/输出的数量过于巨大。网形拓扑一般用于绝对不能出现通信中断的情况下，例如核电厂的控制系统。

（3）环形拓扑

在环形拓扑中，每个设备只与其两侧的两个设备之间有专用的线路连接，如图 6-3 所示。若一个设备要发送信息给另一个设备，必须经过它们之间的所有设备（顺时针或逆时针）。环形网络相对比较容易安装和重新配置，故障隔离也很简单。单向传输是它的一个缺陷，若一个设备失效，就能导致整个网络瘫痪。环形网络主要用于将广域网络的大型计算机连接起来，但它更适于小规模的局域网络中连接个人计算机。

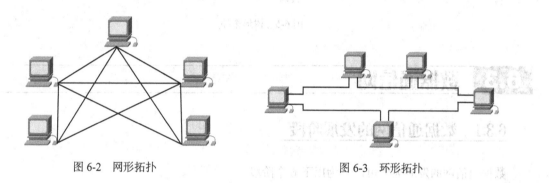

图 6-2　网形拓扑　　　　　　　　　　　　　　图 6-3　环形拓扑

（4）星形拓扑

在星形拓扑中，每个设备只与通常称为集线器的中心控制器有点到点的链路，如图 6-4 所示。设备间不互相连接，若一个设备想要同另一个设备通信，它先将数据发送到集线器，再由集线器把数据转发给对应的设备。星形网络比较经济，而且网络具有健壮性。但是，它比环形网络、总线型网络需要更多的电缆。

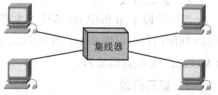

图 6-4　星形拓扑

（5）树形拓扑

树形拓扑实际上是星形拓扑的一种变形，有时也称为分层网络。它不是把集线器/交换机连接到一起，而是将一个辅助（或从属）系统与一台能控制拓扑结构中流量的主计算机进行连接。这种拓扑结构中，大型计算机在树的最顶层，下一层是一个或多个前端处理器，再下一层是多路复用器，最下面一层是终端，如图 6-5 所示。树形拓扑的优点和缺点基本和星形拓扑相似，但由于增加了几层设备，可以连接更多的终端设备，而且网络能隔离不同的计算机之间的通信以及为不同的计算机设定优先级。目前，银行系统采用的就是这种树形网络拓扑结构。

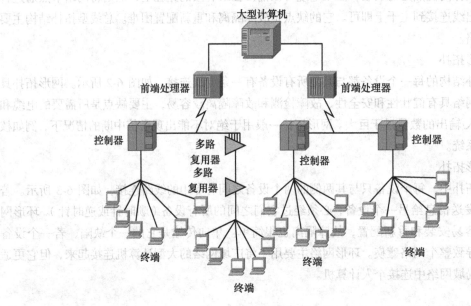

图 6-5　树形拓扑

6.3　数据通信网

6.3.1　数据通信网的发展阶段

数据通信网的发展大体可以分为以下 6 个阶段。

1. 第一阶段

第一阶段（20 世纪 50 年代）是数据通信网发展的初期阶段。该阶段的特点是用户租用专线构成集中式专用系统，应用范围主要是数据收集和处理。

2. 第二阶段

第二阶段（20 世纪 60 年代）主要利用原有的用户电报网和电话交换网进行数据通信。为了解决利用用户电报网和电话交换网络进行数据通信的技术问题，研制出了关键设备调制解调器（Modem）和线路均衡器。

3. 第三阶段

第三阶段（20 世纪 70 年代）的主要任务是研究和建设专门用于数据通信的数据通信网。随着工业化与计算机技术的迅速发展，人们对信息的传输、交换和处理提出了更高的要求。从技术上讲，就是要求接续时间短、传输质量好、传输速率高。于是，建设数据通信网的目标就放在研究交换技术上，即采用什么样的交换技术进行数据通信。随着计算机技术的不断发展，数据通信网的交换技术经历了电路交换、报文交换和分组交换 3 个过程。

4. 第四阶段

第四阶段（20 世纪 80 年代）的特点是发展了局域网和综合业务数字网。综合业务数字网强调用户业务接入的综合化。局域网和综合业务数字网出现在 20 世纪 70 年代，80 年代得到迅速发展。

5．第五阶段

第五阶段（20 世纪 90 年代）的数据通信网发展的方向和目标是使业务综合化、网络宽带化，提出并实现了宽带综合业务数字网（B-ISDN），其核心技术就是 ATM 技术。

6．第六阶段

20 世纪 90 年代后期，Internet 蓬勃发展，发展目标是 Internet 能更好地支持多媒体通信业务。为此，迫切要求 IP 技术和传统网络技术相结合，数据通信全面向 IP 通信发展。传统的各个网络可以采用不同的物理层、数据链路层和网络层技术，IP 层在网络层的顶部运行，对上层协议屏蔽了下层各种不同网络技术的差异性，把多个网络无缝地互连起来，成为解决多媒体通信的一条有效途径。

6.3.2　数据通信网与计算机网络

前已述及，数据通信是由数据终端、传输、交换和处理等设备组成的系统，其功能是对数据进行传输、交换、处理以及共享网内资源（包括通信线路、硬件和软件等）。因此，**数据通信网是由分布在各处的数据传输设备、数据交换设备及通信线路等组成的通信网**，通过网络协议的支持完成网络中各设备之间的数据通信。典型的数据通信网的示意图如图 6-6 所示，图中的节点就是完成数据传输和交换功能的设备，通过这些节点进行与其相连的计算机或终端之间的数据通信。

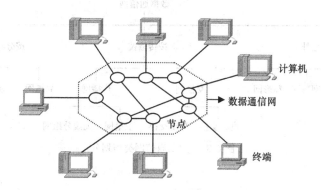

图 6-6　数据通信网示意图

数据通信网与计算机网络的关系是非常密切的。现代数据通信网往往是计算机网络的基础设施的代名词，例如以太网、公用数据网、ISDN 及 ATM 网等，它们都可以称为数据通信网。数据通信网与计算机网络的关系如图 6-7 所示。图中的通信子网在功能上与数据通信网是等价的，承担数据的传输、交换和处理 3 方面的任务。用户子网又称为资源子网，由许多数据终端设备（例如 PC、服务器、大型计算机、工作站和智能终端等）组成，它们是网络中信息传输的信源或信宿，负责提供信息、接收信息与处理信息。用户主机运行用户应用程序，用户子网借用通信子网实现用户主机间的互连，从而达到资源共享的目的。

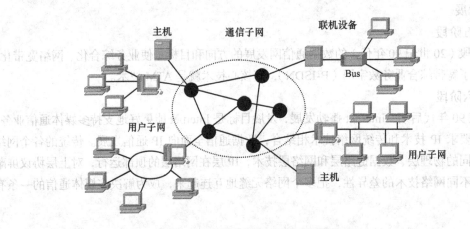

图 6-7　数据通信网与计算机网络关系图

6.3.3　数据通信网的分类

数据通信网就是数据通信系统的扩充，或者说就是若干个数据通信系统的归并和互联。数据通信网有很多不同的分类方法，其类型划分如图 7-8 所示。按拓扑结构，数据通信网可分为星形网、树形网、网形网和环形网；若按传输技术，可分为交换网和广播网；若按分布范围大小，可分为局域网、城域网和广域网。

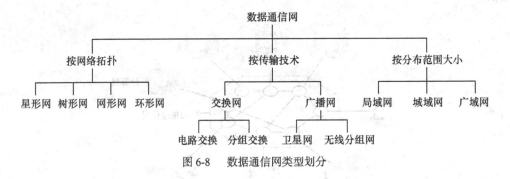

图 6-8　数据通信网类型划分

1．交换网

在交换网中，数据从信源出发经过一系列中间节点传送到信宿。交换网又分为电路交换和存储—转发交换网两种。电路交换类似于电话网使用的交换原理，根据主叫用户的信令接续被叫用户，通信完成后进行拆线。存储/转发交换方式是先将要传送的信息存入交换设备的缓冲区中，当相应的输出电路空闲时输出信息。

2．广播网

广播网的特点是从任一数据站发出的信号可被所有的其他数据站接收。在广播网中，没有中间交换节点。例如广播网中的卫星网，数据不是直接从发信机传送到接收机的，而是经过卫星中继站传送和接收的。

3．局域网

局域网（LAN）由互连的计算机、打印机和其他在短距离间共享硬件、软件资源的计算机设备组成。它是一种在小范围（10m～2km）内实现的计算机网络，其服务区域可以是一间小型办公室、建筑物的一层或整个办公大楼、一所大学、一个工厂或方圆几千米区域。传统局域网的传输速度为 10Mbit/s～100Mbit/s，传输延迟低（几十微秒），差错率低；而现代局域网的传输速度可达 1 000Mbit/s（即 1Gbit/s）。

局域网内通常不通过电信局的通信服务，以直接联机的方式来达成资源共享，常常也因为安全的原因，以防火墙和广域网或城域网隔开。局域网通常采用一条电缆连接所有的计算机，其最典型的拓扑结构有总线型、星形和环形，如图 6-9 所示。

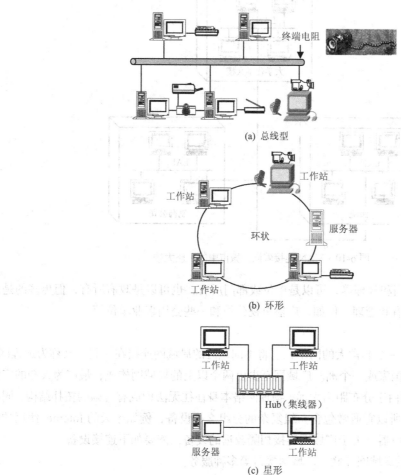

图 6-9　典型的局域网拓扑结构

4．城域网

城域网（MAN）实际上是一种大型的局域网，它的覆盖范围就是城市区域，一般在方圆 10km～60km 范围内，最大不超过 100km。它的规模介于局域网与广域网之间，通常使用与局域网类似的技术，但它对硬件和软件的要求比局域网要高。例如，南京地区的网络就可以称为"城域网"。由于城域网超过了局域网的范围，采用双绞线作为传输介质已经不适宜，最合适的介质是光纤光缆。城域网的主要用途有如下几个方面。

- 局域网之间的连接。
- 大型主机之间的连接。

- 提供广域网的网际接口或作为接入网服务系统。
- 用以提供宽带的综合业务服务。

例如，一个大型公司或一个省（市）机构可以使用城域网将分散在全市范围内的各办公点连接起来，用于传输数据、声音和视频图像等多种业务信息或多媒体信息，图6-10所示即为一个MAN网络。

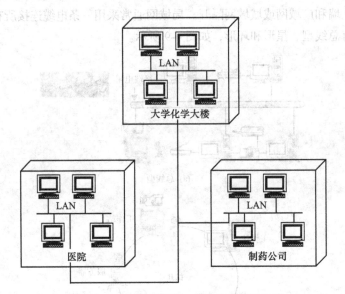

图6-10 MAN连接着同一城市中的三座大楼

MAN的构建、使用和管理等，可以是单位或部门所有，也可以是政府所有，但更多的是由多个部门或单位共同所有和管理。例如，广播电视公司和一些公用事业单位等。

5．广域网

广域网（WAN）是一个非常大的网络，它将不同地区的局域网连接在一起，又称为远程网，可以跨越一个省、一个国家或一个洲。广域网至少由两个以上的局域网构成，最广为人知的广域网就是Internet。广域网由于分布距离太远，物理网络本身往往无法构成有规则的拓扑结构，同时由于速度慢、延迟大，所以它通常包含一组复杂的分组交换设备，例如今天的Internet使用的一种分组交换设备就是路由器。由于广域网连接相隔较远的设备，需要如下连接设备。

- 路由器——提供局域网互联、广域网接口等多种服务。
- 交换机——连接到广域网上，进行语音、数据及视频通信。
- 调制解调器——提供语音级服务的接口、T1/E1服务的接口和综合业务数字网的接口。
- 通信服务器——汇集用户拨入和拨出的连接。

广域网与局域网相比，局域网往往采用广播传输方式，不存在路由选择问题，所以其通信子网不包括网络层，通常只包含数据链路层和物理层；而广域网采用点到点信道技术，通信子网还包含网络层，所以要进行路由选择。

广域网通常必须架构在电话公司提供的电信数据通信网络上。它的传输速率比局域网低，典型速度为56kbit/s～155Mbit/s；传输时延较长；网络拓扑结构复杂，一般多采用网形结构。

6．网际互联

当连接两个以上的网络时，就形成了一个网际互联，或称为网间网，如图6-11所示。需要指出的是，术语 "internet" 和 Internet（国际互联网）是不同的。前者是指网络之间相互连接的普遍含义，后者则是现在特定的全球网络的名称。

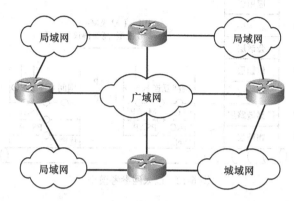

图 6-11　网际互连

6.4　以太网

6.4.1　以太网概述

以太网（Ethernet）自由 Xerox、DEC 和 Intel 公司推出以来获得了巨大成功。1985 年，IEEE 802 委员会吸收以太网 IEEE 802.3 标准。IEEE 802.3 标准描述了运行在各种介质上的、数据传输率为 1Mbit/s～10Mbit/s 的所有采用 CSMA/CD 协议的局域网，定义了 OSI 参考模型中数据链路层的介质访问控制（MAC）子层和物理层；数据链路层的逻辑链路控制（LLC）子层由 IEEE 802.2 描述。随着技术的发展，以太网陆续推出了扩展的版本。IEEE 802.3 标准主要有如下几种。

- **IEEE 802.3ac**：描述 VLAN 的帧扩展（1998）。
- **IEEE 802.3ad**：描述多重链接分段的聚合协议（Aggregation of Multiple Link Segments）（2000）。
- **IEEE 802.3an**：描述 10GBase-T 媒体介质访问方式和相关物理层规范。
- **IEEE 802.3ab**：定义了 1 000Base-T 媒体接入控制方式和相关物理层规范。
- **IEEE 802.3i**：定义了 10Base-T 媒体接入控制方式和相关物理层规范。
- **IEEE 802.3u**：定义了 100Base-T 媒体接入控制方式和相关物理层规范。
- **IEEE 802.3z**：定义了 1 000Base-X 媒体接入控制方式和相关物理层规范。
- **IEEE 802.3ae**：定义了 10GBase-X 媒体接入控制方式和相关物理层规范。

以太网的速度也从最初的 10Mbit/s 升级到 100Mbit/s、1 000Mbit/s，甚至现在最高的 10Gbit/s。

6.4.2　以太网技术

1. 以太网参考模型

以太网参考模型，如图 6-12 所示。

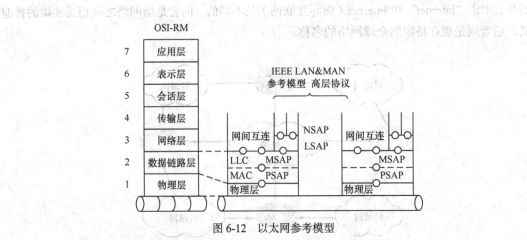

图6-12　以太网参考模型

（1）以太网物理层

以太网在物理层可以使用粗同轴电缆、细同轴电缆、非屏蔽双绞线、屏蔽双绞线及光缆等多种传输介质，并且在 IEEE 802.3 标准中为不同的传输介质制定了不同的物理层标准，如表 6-1 所示。

表6-1　　　　　　　　　　　　IEEE 802.3i 10Mbit/s 以太网的基本特性

特　　性	10Base-5	10Base-2	10Base-T	10Base-F
速率/Mbit/s	10	10	10	10
传输方法	基带	基带	基带	基带
最大网段长度/m	500	185	100	2 000
站间最小距离/m	2.5	0.5		
最大长度	2.5km	925m	500m	
传输介质	50　粗缆	50　细缆	UTP	多模光缆
网络拓扑	总线型	总线型	星形	星形

（2）数据链路层

为了使数据链路层能更好地适应多种局域网标准，IEEE 802 委员会将局域网的数据链路层拆成两个子层，即逻辑链路控制（Logical Link Control，LLC）子层和媒体接入控制（Medium Access Control，MAC）子层。与接入到传输媒体有关的内容都放在 MAC 子层；而 LLC 子层则与传输媒体无关，不管采用何种协议的局域网，对 LLC 子层来说都是透明的。

① MAC 子层的功能。

● 介质的访问控制。

● 链路层帧的寻址和识别。

● 帧校验序列的产生和检验。

② LLC 子层的功能。

规定了如下 3 种类型的链路服务。

● 无连接 LLC（类型Ⅰ）。

● 面向连接 LLC（类型Ⅱ）。

● 确认无连接 LLC（类型Ⅲ）。

2．载波侦听多路访问协议（CSMA/CD）

如果两个工作站同时试图进行传输，将会造成废帧，这种现象称为碰撞，这被认为是一种正常现象，因以媒体上连接的所有工作站的发送都基于媒体上是否有载波，所以称为载波侦听多路访问（CSMA）。为保证这种操作机制能够运行，还需要具备检测有无碰撞的机制，这便是碰撞检测（CD）。

在局域网中，站点可以检测到其他站点在干什么，从而相应地调整自己的动作。网络站点侦听载波是否存在（即有无传输）并相应动作的协议，被称为载波侦听协议（Carrier Sense Protocol）。CSMA/CD 协议是对 ALOHA 协议（一种基于地面无线广播通信而创建的，适用于无协调关系的多用户竞争单信道使用权的系统）的改进，它保证在侦听到信道忙时无新站开始发送；站点检测到冲突就取消传送。CSMA/CD 媒体访问方法从上面的描述可归纳为下述 4 个步骤。

第一步：如果媒体信道空闲，则可进行发送。

第二步：如果媒体信道有载波（忙），则继续对信道进行侦听。一旦发现空闲，便立即发送。

第三步：如果在发送过程中检测到碰撞，则停止自己的正常发送，转而发送一短暂的干扰信号，强化碰撞信号，使 LAN 上所有站都能知道出现了碰撞。

第四步：发送了干扰信号后，退避一随机时间，重新尝试发送。

图 6-13 示出了工作站检测碰撞所需的时间，标出的数字 1 为工作站发送一个帧（传输单位）所需的时间，数字 0.5 为工作站 A 传输数据到工作站 B 所需的传播时间。可以看到，工作站 A 检测到碰撞是从 A 到 B 传播时间的 2 倍。

图 6-13 还表明，帧长度要足以在发完之前就能检测到碰撞，否则碰撞检测就失去了意义。因此，IEEE 802.3 标准中定义了一个间隙时间，其大小为住返传播时间与为强化碰撞而有意发送的干扰序列时间之和。这个间隙时间可用来确定最小的帧长。

检测到碰撞之后，涉及该次碰撞的站要丢弃各自开始的传输，转而继续发送一种特殊的干扰信号，使碰撞更加严重，以便警告 LAN 上的所有工作站："碰撞出现了！"在此之后，两个碰撞的站都采取退

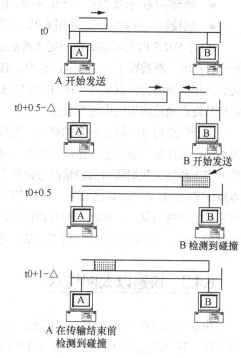

图 6-13　冲突检测

避策略，即都设置一个随机间隔时间，路由当此时间间隔满期后才能启动发送。当然，如果这两个工作站所选的随机间隔时间相同，碰撞将会继续产生。为避免这种情况的出现，退避时间应为一个服从均匀分布的随机量。同时，由于碰撞产生的重传加大了网络的通信流量，所以当出现多次碰撞后，它应退避一个较长的时间。

3．以太网帧的格式

以太网上发送的数据是按一定格式进行的，并将此数据格式称为帧，如图 6-14 所示。帧由 8 个字段组成，每一字段有一定含义和用途，而且每个字段长度不等，下面分别介绍。

- **前导同步码**：占 7 字节，用于接收方的接收时钟与发送方的发送时钟同步，以便数据的接收。
- **帧起始定界符（SFD）**：占 1 字节，为 10101011，是标志帧的开始。

- **目的地址**：占 6 字节，是此帧发往的目的节点地址。它可以是一个唯一的物理地址，也可以是多组或全组地址，用以进行点对点通信、组广播或全局广播。

前导码 7 字节	帧首 定界符 1 字节	终点 地址 6 字节	源点 地址 6 字节	长度 指示符 2 字节	LLC 数据 46～1500 字节	填充 （不定）	帧检验 序列 4 字节

MAC 帧

图 6-14　以太网帧的格式

- **源地址**：占 6 字节，是发送该帧的源节点地址。
- **长度/类型**：占 2 字节，该字段在 IEEE 802.3 和以太网中的定义是不同的。在 IEEE 802.3 中，该字段是长度指示符，用来指示紧随其后的 LLC 数据字段的长度，单位为字节数。在以太网中，该字段为类型字段，规定了在以太网处理完成后接收数据的高层协议。
- **LLC 数据**：指明帧要携带的用户数据，该数据由 LLC 子层提供或接收。
- **填充字段**：长度为 0～1 518 字节，但必须保证帧不得小于 64 字节，否则就要填入填充字节。
- **帧校验**：占 4 字节，采用 CRC，用于校验帧传输中的差错。

IEEE 802.3 以太网帧结构中定义的地址就是 MAC 地址，又称为物理地址或硬件地址。每块网卡出厂时，都被赋予一个 MAC 地址，有 6 字节。地址字段包括两部分，处于前面的为终点地址，处于后面的为源点地址。IEEE 802.3 标准规定，源点地址字段中第 1 比特恒为 0，这种规定我们从终点地址的规定中便可获悉。

对于终点地址字段有较多的规定，原因是一个帧有可能发给某一工作站，也可能发送给一组工作站，还有可能发送给所有工作站，我们将后两种情况分别称为组播和广播。终点地址字段的格式如图 6-15 所示，当该字段第 1 比特为 0 时，表示帧要发送给某一工作站，即所谓单站地址；该字段第 1 比特为 1 时，表示帧发送给一组工作站，即所谓组地址；该字段为全 1，表示广播地址。

48 比特		
I/G	U/L	46 比特地址

图 6-15　终点地址字段的格式

6.4.3　快速以太网技术

快速以太网技术由 10Base-T 标准以太网发展而来，主要解决网络带宽在局域网络应用中的瓶颈问题。其协议标准为 1995 年颁布的 IEEE 802.3u，可支持 100Mbit/s 的数据传输速率，并且与 10Base-T 一样可支持共享式与交换式两种使用环境，在交换式以太网环境中可以实现全双工通信。IEEE 802.3u 在 MAC 子层仍采用 CSMA/CD 作为介质访问控制方法，并保留了 IEEE 802.3 的帧格式；但是，为了实现 100Mbit/s 的传输速率，其在物理层作了一些重要的改进。例如在编码上，采用了效率更高的 4B/5B 编码方式，而没有采用曼彻斯特编码。

1.　快速以太网的体系结构

图 6-16 给出了 IEEE 802.3u 协议的体系结构，其对应于 OSI 模型的数据链路层和物理层。

2.　100Base-T 物理层

从图 6-16 中可以看出，100Base-T 定义了 3 种不同的物理层标准，表 6-2 给出了这 3 种物理层标准的对比。为了屏蔽下层不同的物理细节，体系结构中为 MAC 子层和高层协议提供了一个 100Mbit/s 传输速率的公共透明接口。快速以太网在物理层和 MAC 子层之间还定义了一种独立于介质类型的介质无关接口（Medium Independent Interface，MII），该接口可以支持对应的 3 种不同的物理层介质标准。

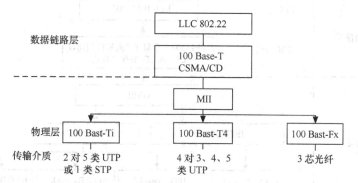

图 6-16　快速以太网的体系结构

表 6-2　　　　　　　　　　　100Base-T 的 3 种不同的物理层协议

物理层协议	线缆类型	线缆对数	最大分段长度	编码方式	优点
100Base-T4	3/4/5 类 UTP	4 对（3D，1 冲突检测）	100m	8B/6T	3 类 UTP
100Base-TX	5 类 UTP/RJ-45 接头，1 类 STP/DB-9 接头	2 对	100m	4B/5B	全双工
100Base-FX	62.5m 单模/125m 多模光纤，ST 或 SC 光纤连接器	1 对	2 000m	4B/5B	全双工长距离

6.4.4　吉比特以太网技术

随着多媒体技术、高性能分布计算和视频应用等的不断发展，用户对局域网的带宽提出了越来越高的要求；同时，100Mbit/s 快速以太网也要求主干网、服务器一级的设备要有更高的带宽。在这种需求背景下，人们开始酝酿速度更高的以太网技术。1996 年 3 月 IEEE 802 委员会成立了 IEEE 802.3z 工作组，专门负责研发以太网及其标准，并于 1998 年 6 月正式颁布了吉比特以太网的标准。

从图 6-17 可以看出，IEEE 802.3z 吉比特以太网标准定义了 3 种介质系统，其中两种是光纤介质标准，包括 1 000Base-SX 和 1 000Base-LX；另一种是铜线介质标准，称为 1 000Base-CX。IEEE 802.3ab 吉比特以太网标准定义了双绞线标准，称为 1 000Base-T。

吉比特位以太网标准是对以太网技术的再次扩展，其数据传输率为 1 000Mbit/s，即 1Gbit/s，因此也称吉比特以太网。吉比特位以太网基本保留了原有以太网的帧结构，所以向下和以太网与快速以太网完全兼容，从而原有的 10Mbit/s 以太网或快速以太网可以方便地升级到吉比特以太网。吉比特以太网标准实际上包括支持光纤传输的 IEEE 802.3z 和支持铜缆传输的 IEEE 802.3ab 两大部分。图 6-17 给出了吉比特以太网的协议结构。IEEE 802.3z 标准在 LLC 子层使用 IEEE 802.2 标准，在 AMC 子层使用 CSMA/CD 方法；在物理层定义了吉比特介质专用接口（Gigabit Media Independent Interface，GMII），它将 MAC 子层与物理层分开。这样，物理层在实现 1 000Mbit/s 速率时所使用的传输介质和信号编码方式的变化不会影响 MAC 子层。

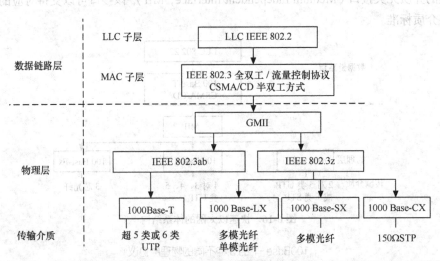

图 6-17　吉比特以太网标准

在以太网技术中，快速以太网是一个里程碑，确立了以太网技术在桌面系统中的统治地位。随后出现的吉比特以太网更是加快了以太网的发展。然而，以太网主要是在局域网中占绝对优势，在很长的一段时间中，由于带宽以及传输距离等原因，人们普遍认为以太网不能用于城域网，特别是在汇聚层以及骨干层。2002 年发布了 IEEE 802.3ae10GE 标准，体系结构如图 6-18 所示；2006 年 7 月发布了 IEEE 802.3an 标准，万兆以太网不仅再度扩展了以太网的带宽和传输距离，更重要的是以太网已开始从局域网领域向城域网领域渗透。

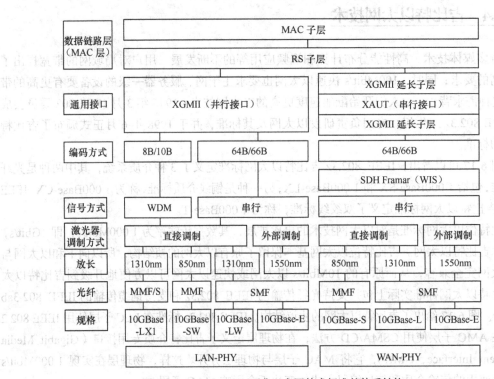

图 6-18　IEEE 802.3ae 万兆以太网技术标准的体系结构

万兆以太网相对于千兆以太网拥有着绝对的优势和特点。

● 在物理层面上，万兆以太网是一种采用全双工与光纤的技术，其物理层（PHY）和 OSI 模型的第一层（物理层）一致，负责建立传输介质（光纤或铜线）和 MAC 层的连接。MAC 层相当于 OSI 模型的第二层（数据链路层）。

● 万兆以太网技术基本承袭了以太网、快速以太网及吉比特以太网技术，因此在用户普及率、使用方便性、网络互操作性及简易性上皆占有极大的引进优势。在升级到万兆以太网解决方案时，用户不必担心已有的程序或服务会受到影响，升级的风险非常低，同时在未来升级到 40Gbit/s 甚至 100Gbit/s 都将是很明显的优势。

● 万兆标准意味着以太网将具有更高的带宽（10Gbit/s）和更远的传输距离（最长传输距离可达 40km）。

● 在企业网中采用万兆以太网，可以更好地连接企业网骨干路由器，可以大大简化网络拓扑结构，提高网络性能。

● 万兆以太网技术提供了更多的更新功能，大大提升了 QoS。因此，能更好地满足网络安全、服务质量、链路保护等多个方面的需求。

随着网络应用的深入，WAN/MAN 与 LAN 融和已经成为大势所趋，各自的应用领域也将获得新的突破；而万兆以太网技术让工业界找到了一条能够同时提高以太网的速度、可操作距离和连通性的途径，其应用必将为三网的发展与融和提供新的动力。

6.4.5　IEEE 802.1q 协议

1. IEEE 802.1q 和 VLAN 的基本概念

802.1q 协议，即虚拟局域网（Virtual Bridged Local Area Networks，VLAN）协议，主要规定了 VLAN 的实现规范。下面首先介绍有关 VLAN 的基本概念。

VLAN 就是虚拟局域网，比如对于交换机来说，可以将它的多个以太网口划分为几个组，这样，组内的各个用户就像在同一个局域网内一样，同时，不是本组的用户也无法访问本组的成员。实际上，VLAN 成员的定义可以分为如下所述 4 种。

（1）根据端口划分 VLAN

这种方法根据以太网交换机的端口来划分 VLAN，比如交换机的 1～4 端口为 VLAN A，5～17 为 VLAN B，18～24 为 VLAN C。当然，这些属于同一 VLAN 的端口可以不连续，如何配置，由管理员决定。如果有多个交换机，例如，可以指定交换机 1 的 1～6 端口和交换机 2 的 1～4 端口为同一 VLAN，即同一 VLAN 可以跨越数个以太网交换机。根据端口划分是目前定义 VLAN 最常用的方法，IEEE 802.1q 协议规定的就是如何根据交换机的端口来划分 VLAN。这种划分方法的优点是定义 VLAN 成员时非常简单，只要将所有的端口都定义一下就可以了；它的缺点是，如果 VLAN A 的用户离开了原来的端口，到了一个新的交换机的某个端口，那么就必须重新定义。

（2）根据 MAC 地址划分 VLAN

这种方法根据每个主机的 MAC 地址来划分 VLAN，即对每个 MAC 地址的主机都配置其属于哪个组。这种划分的方法的最大优点就是当用户物理位置移动时，即从一个交换机换到其他的交换机时，VLAN 不用重新配置，所以，可以认为这种根据 MAC 地址的划分方法是基于用户的 VLAN。这种方法的缺点是初始化时，所有的用户都必须进行配置，如果有几百个甚至上千个用户，配置是非常累的；而且这种划分的方法也导致了交换机执行效率的降低，因为在每一个交换机的端口都可能存在很多个 VLAN 组的成员，这样就无法限制广播包了。另外，对于使用笔记本电脑的用户来说，他们的网卡可能经常更换，这样，VLAN 就必须不停地配置。

（3）根据网络层划分 VLAN

这种划分方法根据每个主机的网络层地址或协议类型（如果支持多协议）划分 VLAN，虽然这种划分方法可能是根据网络地址，比如 IP 地址，但它不是路由，不要与网络层的路由混淆。它虽然查看每个数据包的 IP 地址，但由于不是路由，所以，没有 RIP、OSPF 等路由协议，而是根据生成树算法进行桥交换。这种方法的优点是，如果用户的物理位置改变了，不需要重新配置其所属的 VLAN；而且可以根据协议类型来划分 VLAN，这对网络管理者来说很重要；还有，这种方法不需要附加的帧标签来识别 VLAN，这样可以减少网络的通信量。这种方法的缺点是效率低，因为检查每一个数据包的网络层地址是很费时的。一般的交换机芯片都可以自动检查网络上数据包的以太网帧头，但要让芯片能检查 IP 帧头，需要更高的技术，同时也更费时。当然，这也跟各个厂商的实现方法有关。

（4）IP 组播作为 VLAN

IP 组播实际上也是一种 VLAN 的定义，即认为一个组播组就是一个 VLAN。这种划分方法将 VLAN 扩大到了广域网，因此这种方法具有更大的灵活性，而且也很容易通过路由器进行扩展。当然这种方法不适合局域网，主要是因为效率不高，对于局域网的组播，有二层组播协议 GMRP。VLAN 的标准是 IEEE 提出的 802.1q 协议，只有支持相同的开放标准，才能保证网络的互联互通，以及保护网络设备投资。

2．IEEE 802.1q 的工作原理

IEEE 802.1q 协议定义了基于端口的 VLAN 模型，这是使用得最多的一种方式。下面我们重点介绍交换机芯片是如何实现 VLAN 的。如图 6-19 所示，每一个支持 IEEE 802.1q 协议的主机，在发送数据包时，都在原来的以太网帧头中的源地址后增加了一个 4 字节的 IEEE 802.1q 帧头，之后接原来以太网的长度或类型域。

Destination Address	Souroe Address	Q021Q header		Length/Type	Data	FCS (CRC-32)
		T P I O	TCI			
6B	6B	4B		2B	46B~1517B	4B

图 6-19　带有 IEEE 802.1q 标签头的以太网帧

这 4B 的 IEEE 802.1q 标签头包含了 2B 的标签协议标识（Tag Protocol Identifier，TPID，它的值是 8 100），和 2B 的标签控制信息（Tag Control Information，TCI），TPID 是 IEEE 定义的新类型，表明这是一个加了 IEEE 802.1q 标签的本文，图 6-20 显示了 IEEE 802.1q 标签头的详细内容。

Byte 1	Byte 2	Byte 3	Byte 4
TPID (Tag Protocol Identifier)		TCI (Tag Control Information)	
1 0 0 0 0 0 0 1	0 0 0 0 0 0 0 0	Priority cfi	VLAN ID
7 6 5 4 3 2 1 0	7 6 5 4 3 2 1 0	7 6 5 4 3 2 1 0	7 6 5 4 3 2 1 0

图 6-20　IEEE 802.1q 标签头

该标签头中的信息含义如下所述。

● **LAN Identified（VLAN ID）**：这是一个 12 位的域，指明 VLAN 的 ID 一共 4 096 个。每个

支持 IEEE 802.1q 协议的主机发送出来的数据包都会包含这个域,以指明自己属于哪一个 VLAN。

● **Canonical Format Indicator(CFI)**:这一位主要用于总线型的以太网与 FDDI、令牌环网交换数据时的帧格式。

● **Priority**:这 3 位指明帧的优先级。一共有 8 种优先级,主要用于当交换机阻塞时,确定优先发送哪个数据包。

那么,交换机是如何支持 VLAN 的呢?比如交换机的 1~4 端口属于同一个 VLAN,那么当 1 端口进来一个数据包时,如果交换机看到该数据包没有 IEEE 802.1q 标签头,它会根据 1 端口所属的 VLAN 组自动给该数据包添加一个该 VLAN 的标签头,然后再将数据包交给数据库查询模块;数据库查询模块会根据数据包的目的地址和所属的 VLAN 进行路由,之后交给转发模块;转发模块看到这是一个包含标签头的数据包,而实际上发送的端口所连的以太网段的计算机不能识别这种数据包,所以,它会再将数据包进来时交换机给添加的标签头再去掉。如果计算机支持这种标签头,那么就不需要交换机添加或删除标签头了,至于到底是添加还是删除,要看交换机所连的以太网段的主机是否识别这种数据包,即该交换机的端口是哪种类型。当然,对于两个交换机互连的端口,一般都是 Tag Aware 端口,这样,交换机和交换机之间交换数据包时是无须去掉标签头的。一般交换机的连接方式如图 6-21 所示。

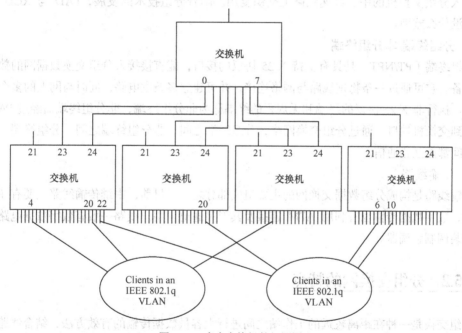

图 6-21　多个交换机的组网图

6.5　分组交换网

6.5.1　分组交换网的组成

分组交换网一般由分组交换机、网络管理中心、远程集中器、分组装拆设备、分组终端/非分组终端和传输线路等基本设备组成。

1．分组交换机

分组交换机是分组数据网的枢纽，提供网络的基本业务，包括交换虚电路、永久虚电路；以及其他补充业务，如闭和用户群、网路用户识别等；在端到端计算机之间通信时，可进行路由选择以及流量控制，能提供多种通信规程，完成数据转发，维护运行，故障诊断、计费与一些网络的统计等。

2．网络管理中心

分组交换网的网络管理中心（NMC）是一个软件管理系统，它的主要功能如下。

- 网络配置管理与用户管理，日常运行数据的收集与统计。
- 路由选择管理、网络监测、故障告警与网络状态显示。
- 根据交换机提供的计费信息完成计费管理。

3．分组装拆设备

分组装拆设备（PAD）实际上是一个规程转换器，或者说是网络服务器。PAD 的作用是将来自异步终端（非分组终端）的字符信息去掉起、止比特后组装成分组，送入分组交换网；在接收端再还原分组信息为字符信息，发送给目的用户终端。

4．远程集中器

远程集中器（RCU）负责分组终端/非分组终端的接入和规程变换功能，可以把每个终端集中起来接入分组交换机的中、高速线路上交织复用。随着分组技术的发展，PAD 与 RCU 之间的功能已没什么差别。

5．分组终端/非分组终端

分组终端（PT/NPT）是具有支持 X.25 协议的接口，能直接接入分组交换数据网的数据通信终端设备。它可通过一条物理线路与网络连接，并可建立多条虚电路，同时与网上的多个用户进行对话。执行非 X.25 协议的终端和无规程的终端称为非分组终端，非分组终端需经过 PAD 设备才能连到交换机端口。通过分组交换网络，分组终端之间、非分组终端之间、分组终端与非分组终端之间都能互相通信。

6．传输线路

传输线路是构成分组数据交换网的主要组成部分之一。目前，中继传输线路主要有 PCM 数字信道，数字数据传输也有利用 ATM 连接及其卫星通道。用户线路一般有数字数据电路或市话线路加装调制解调器。

6.5.2　分组交换网的特点

分组交换是一种在距离较远的工作站之间进行大容量数据传输的有效方法，结合线路交换和报文交换的优点，将信息分成较小的分组进行存储、转发，动态分配线路的带宽。它的主要优点是出错少、线路利用率高。

1．分组交换网的优点

（1）线路效率高

在分组交换网中，由于采用了虚电路技术，使得在一条物理线路上可同时提供多条信息通路，可有多个呼叫和用户动态的共享，即实现了线路的统计时分复用，这是其他网络所无法做到的。

（2）传输质量高

分组交换网采取存储—转发机制，提高了负载处理能力，数据还可以不同的速率在用户之间相互交换，所以通常不会造成网络阻塞。同时，分组交换方式还具有很强的差错控制功能，它不仅在节点交换机之间传输分组时采取差错校验与重发功能，而且对于某些具有装拆分组功能的终端，在用户线上也同样可以进行差错控制，因而使分组在网内传送中出错率大大降低。

（3）网络可靠性高

在分组交换网中，分组在网络中传送路由的选择采取动态路由算法，即每个分组可以自由选择传送途径，由交换机计算出一个最佳路径。由于分组交换机至少与另外两个交换机相连接，因此，当网内某一交换机或中继线发生故障时，分组能自动避开故障地点，选择另一条迂回路由传输，不会造成通信中断。

（4）安全性高

分组交换网是安全、可靠的数据通信网络平台。分组交换网以电信电话网为依托，为网形网和星形网相结合的两级网。网络具有路由迂回功能，可靠性和抗误码性能较佳。

（5）便于不同类型终端间的相互通信

分组交换网对传送的数据能够进行存储和转发，使不同速率的终端可以互相通信。由于分组网以 X.25 协议向用户提供标准接口，因此凡是不符合此协议的设备进网时，网络都提供协议转换功能，使不同码型、不同协议的终端能互相通信。

（6）信息传输时延小

由于以分组为单位在网络中进行存储和转发，比以报文为单位进行存储和转发的报文交换时延要小得多，因此能满足会话型通信对实时性的要求。

（7）网络管理功能强

分组网提供可靠传送数据的永久虚电路（PVC）和交换虚电路（SVC）基本业务以及众多用户可选业务，如闭合用户群、快速选择、反向计费、集线群等。另外，为了满足大集团用户的需要，还提供虚拟专用网（VPN）业务，用户可以借助公用网资源，将属于自己的终端、接入线路、端口等模拟成自己的专用网，并可设置自己的网管设备对其进行管理。

2．分组交换网的缺点

（1）传输速率低

分组网最初设计是主要建立在模拟信道的基础上工作，所提供的用户端口速率一般不大于 64kbit/s。主要适用于交互式短报文，如金融业务、计算机信息服务、管理信息系统等；不适用于多媒体通信，也不能满足专线速率为 10Mbit/s、100Mbit/s 的局域网互联的需要。

（2）平均传送时延较高

分组网的网络平均传送时延较高，一般在 700ms 左右，如再加上两端用户线的时延，用户端的平均时延可达秒级，并且时延变化较大，比帧中继的时延要高。

（3）IP 数据包传送时效率低

这是因为 IP 包的长度比 X.25 分组的长度大得多，要把 IP 分割成多个块封装于多个 X.25 分组内传送，并且 IP 包的字头可达 26B，开销较大。

6.5.3　分组交换网的编号 X.121

为了实现公用数据通信网的国际和国内互连通信，原 CCITT 制定了国际统一的网络编号方案——X.121。国际数据编号最大由 14 位十进制数构成，如图 6-22 所示。其中最前面的一位 P

为国际呼叫前缀，其值由各个国家决定，我国采用 0。紧接着 4 位为数据网络识别码（Data Network Identification Code，DNIC），DNIC 由 3 位数据国家代码（Data Country Code，DCC）和 1 位网络代码组成。DCC 的第 1 位 Z 为区域号，世界划分为 6 个区域，编号为 2～7（Z=0 和 Z=1 备用，Z=8 和 Z=9 分别用于同用户电报网和电话网的相互连接）。DCC 的后两位原则上用于区分区域内的国家，例如中国的 DCC 是 460。有 10 个以上网络的国家可以分配 2 个以上的 DCC。DCC 之后的一位用于区分为位于同一个国家内的多个网络。例如 CHINAPAC 的 DNIC 为 4603。

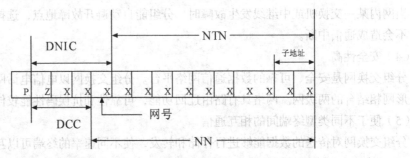

DNIC：数据网络识别码；
DCC：数据国家码；
NTN：网络终端编号；
NN：国内编号。

图 6-22　国际数据编号的组成

6.5.4　分组交换网的应用

1．在商业中的应用

分组交换在商业中的应用较广泛，如银行系统在线式信用卡（POS 机）的验证，由于分组交换提供差错控制的功能，保证了数据在网络中传输的可靠性。首先，各大商场内部形成局域网，网上的服务器提供卡的管理作用，用户刷卡后，通过服务器上的 X.25 分组端口或路由器设备连到商业增值网，它与金卡网络结算中心通过数字专线连接。商业增值网主要完成来自各大商场的数据线路汇接及对商场销售情况的统计等，结算中心又同各大银行的主机系统连接，实现对信用卡的验证和信用卡的消费。各大超市中已有相当一部分利用分组网来改善经营管理手段，拓展市场，取得了良好的经济效益。在超市设立电子消费通道，消费者手持的储金卡经刷卡后，信息送到该超市的后台服务器。服务器的作用是对储金卡的金额计算和超市的销售情况的统计。各超市的营业网点通过话上复用（Data Over Voice，DOV）的专线方式连到超市管理中心，进行一系列的结算、统计等，进而来扩大超市的消费市场。

2．在其他领域的应用

分组交换网具有利用率高、传输质量好、能同时多路通信的特点，因此它的经济性能也较好。在一些全国性的集团公司中，总公司把指示下达给全国各地分公司甚至国外的机构，利用分组交换就非常经济。例如中远集团在全国各地的分支机构就在本地形成局域网络，通过路由器连到分组交换网，与海关、EDI 中心等互通信息；它的主机系统也通过分组交换网实行全程联网，传送定舱资料、货运情况、EDI 报文等，也可远程登录至香港，并可与海外沟通信息。

3．虚拟专用网

虚拟专用网是大集团用户利用公用网络的传输条件、网络端口等网络资源组织的一个虚拟专用网络，可以自己管理属于专用网络部分的端口，进行状态监视、数据查询以及告警、计费、统计等网络管理操作。虚拟专用网主要用于集团用户及各专业行业等。

6.5.5　我国分组交换网的结构及现状

1．分组交换网的基本结构

公用分组交换网结构如图 6-23 所示，通常采用二级结构，根据业务流量、流向和地区设立一级和二级交换中心。一级交换中心可用中转分组交换机或中转与本地合一的分组交换机。一级交换中心相互连接构成的网通常称为骨干网，一般设在大、中城市。由于大、中城市之间的业务量一般较大，且各个方向都有，所以骨干网采用全网状或不完全网状的分布式结构。一级交换中心到所属的二级交换中心通常采用星状结构。二级交换中心可采用中转与本地合一的交换机或本地交换机，一般设在中、小城市。由于中、小城市之间的业务量一般较少，而与大城市之间的业务量相对较多，所以它们之间一般采用星形结构，必要时也可采用不完全网状结构。

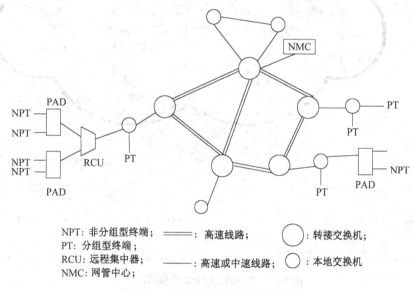

NPT: 非分组型终端；　━━━━：高速线路；　◯：转接交换机；
PT: 分组型终端；
RCU: 远程集中器；　────：高速或中速线路；　◯：本地交换机
NMC: 网管中心；

图 6-23　公用分组交换网的基本结构

2．我国公用分组交换网的现状

我国组建的第一个公用分组交换网简称为 CNPAC，是 1988 年从法国 SESA 公司引进的实验网，于 1989 年 11 月正式投入使用。由于该网络的覆盖面不大，端口数较少，无法满足信息量较大、分布较广的企业和部门的需求，所以原邮电部决定扩建我国的公用分组交换网，扩建的公用分组数据交换网简称为 CHINAPAC，于 1993 年建成投入使用，由骨干网和地区网两级构成。骨干网以北京为国际出入口局，广州为港澳出入口局；以北京、上海、四川、湖北、陕西、辽宁、广州及江苏等 8 个省市为汇接中心，覆盖全国所有省、市、自治区；汇接中心采用全网状结构，其他节点采用不完全网状结构；网内每个节点都有 2 个或 2 个以上不同方向的电路，从而保证电路的可靠性；网内中继电路主要采用数字电路，最高速率达 34Mbit/s。

同时，各地的本地分组交换网也已延伸到了地、市、县。CHINAPAC 以其庞大的网络规模满足了各界客户的需求，并且与公用数字交换网（PSTN）、中国公众计算机互联网（CHINANET）、中国公用数字数据网（CHINADDN）、帧中继网（CHINAFRN）等网络互连，以达到资源共享、优势互补，为广大用户提供高质量的网络服务；并与美国、日本、加拿大、韩国等几十个国家或地区分组网相连，满足了大中型企业、外商投资企业、外商在内地办事处等国际性用户的需求。

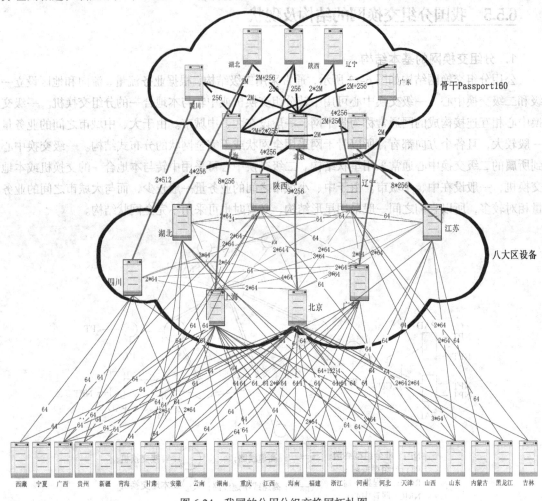

图 6-24　我国的公用分组交换网拓扑图

6.6　DDN

随着计算机通信技术的不断发展，金融、证券、股市、海关、外贸等行业用户要求租用数据专线的部门大幅度增加。以传输语音为主的模拟信道，因速率低、质量差、带宽窄，而不能满足数据通信用户的高速、优质、宽带的数据传输要求。数字数据网（Digital Data Network，DDN）就是一个传输速率高、质量好、网络时延小、全透明、高流量的数据传输基础网络，它满足了各种用户对数据通信的要求。目前，以数字数据传输为骨干的 DDN 已成为我国数据通信的一个重要组成部分。

6.6.1　数字数据传输概述

1. 什么是 DDN？

DDN 是利用数字信道（如光纤、数字微波或卫星等）传输数字信号的数据传输网。它的主要作用是向用户提供永久性和半永久性连接的数字数据传输信道，既可用于计算机之间的通信，也可用于传送数字化传真、数字语音、数字图像信号或其他数字化信号。所谓**永久性连接**的数字数据传输信道，是用户间建立固定连接，传输速率不变地独占带宽电路。所谓**半永久性连接**的数字数据传输信道，对用户来说是非交换性的。但用户可提出申请，由网络管理人员对其提出的传输速率、传输数据的目的地和传输路由进行修改。网络经营者向广大用户提供了灵活方便的数字电路出租业务，供各行业构成自己的专用网。

DDN 的数据信道主要是光纤传输系统，其传输质量主要决定于光纤系统的传输质量。对于用户来说，DDN 信道是无规程的透明信道，用户只需注意物理接口是否符合要求，信道产生的少量差错可由用户设备自行解决。DDN 网由数字电路、DDN 节点、网络控制中心和用户环路组成。节点间通过数字中继电路相连，构成网状的拓扑结构，用户的终端设备通过数据终端单元（DTU）与就近的节点机相连。

DDN 主要适用于计算机主机之间、局域网之间、计算机主机与远程终端之间的中高速点对点、点对多点的大容量专线通信场合。

2．DDN 的特点

DDN 有如下特点。

（1）DDN 是同步数据传输网

该网络不具备交换功能，但可以根据与用户所定的协议接通所需要的路由。这也体现了半永久性连接的概念。

（2）传输速率高，网络时延小

在 DDN 内的数字设备可以提供 2Mbit/s 或 $N\times64$kbit/s（$N=1\sim31$）速率的数字传输信道，而且 DDN 采用同步传输模式的数字时分复用技术。用户数据信息根据事先约定的协议，在固定的时隙以预先设定的带宽和速率顺序传输，这样只需按时隙识别通道就可以准确地将数据信息送到目的终端。由于信息是按顺序达到的，免去了目的终端对信息的重新排序，因而减小了时延。

（3）全透明网

DDN 是可以支持任何规程且不受约束的全透明网，可支持网络层以及其上的任何协议，从而满足数据、图像和语音等多种业务的需要。

6.6.2 DDN 网络结构

DDN 一般由本地传输系统、复用/交叉连接系统、局间传输（中继）系统、网同步系统和网络管理系统等部分组成，如图 6-25 所示，主要设备有数字传输电路和相应的数字交叉复用设备。其中，数字传输主要以光缆传输电路为主，数字交叉连接复用设备对数字电路进行半固定交叉连接和子速率的复用。

1．本地传输系统

本地传输系统主要由用户端设备和用户环路组成。用户环路包括用户线和用户接入单元。接入 DDN 的用户端设备（DTE）可以是局域网，通过路由器连接到对端；也可以是一般的异步终端或图像设备，以及传真机、电传机、电话机、个人计算机和多媒体终端等。DTE 和 DTE 之间是全透明传输。另外，用户端设备通过称为数字服务单元（DSU）的设备接入 DDN。DSU 可以是调制解调器或基带传输设备，以及时分复用、语音/数字复用等设备。用户线包括电话线、

RS-232 电缆、RJ-45 芯插头以及局域网使用的 10BASE-T、10BASE-5 等。

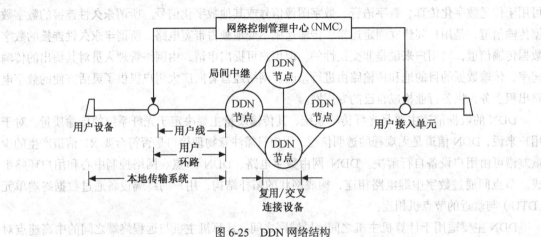

图 6-25　DDN 网络结构

2．复用/交叉连接设备

复用/交叉连接设备对数字电路进行半固定交叉连接和子速率的复用，一般在 DDN 节点中设置。从组网功能分，DDN 节点分成 2Mbit/s 节点、接入节点和用户节点 3 种类型。

（1）2Mbit/s 节点

它是 DDN 网络的骨干节点，执行网络业务的转换功能，主要提供 2.048Mbit/s（E_1）数字通道的接口和交叉连接，对 $N \times 64\text{kbit/s}$ 电路进行复用和交叉连接以及帧中继业务的转接功能。

（2）接入节点

接入节点主要为 DDN 的各类业务提供接入功能，主要有 $N \times 64\text{kbit/s}$ 和 2.048Mbit/s 数字通道的接口、$N \times 64\text{kbit/s}$（$N = 1 \sim 31$）的复用、小于 64kbit/s 子速率复用和交叉连接、帧中继业务用户接入和本地帧中继功能以及压缩语音/G3 传真用户入网。

（3）用户节点

用户节点主要为 DDN 用户入网提供接口，并进行必要的协议转换，包括小容量时分复用设备及局域网通过帧中继互联的路由器等。

图 6-26 给出了 DDN 节点的概念模型。

3．局间中继系统

局间中继系统是由节点间的数字信道以及由各节点通过与数字信道的各种连接方式组成的网络拓扑。数字信道主要以光缆传输电路为主，一般是指数字传输系统中的基群（2Mbit/s）信道。

4．网络管理系统

网络管理系统在网络管理中心（NMC）。网络管理系统可以方便地进行网络结构和业务的配置，实时地监视网络运行情况，进行网络信息、网络节点告警、线路利用情况等的收集和统计报告。

5．接口

（1）中继电路接口

中继电路接口是指中继电路与节点的接口。常采用 ITU-T 的 2.048Mbit/s（G.703）接口、RS-449（V.24）接口和 X.21 接口等。

（2）用户线接口

用户线接口指用户终端与用户线之间、用户线与节点之间的接口，常采用 RS-232（V.24）接口、X.21 接口、2 线语音接口（带信令或不带信令）和 4 线语音接口（带信令或不带信令）等。

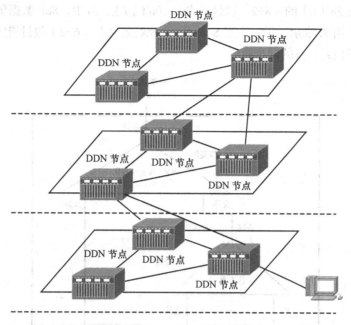

图 6-26　DDN 节点的概念模型

（3）外时钟接口

外时钟接口指外时钟与网络节点之间的接口，常采用 ITU-T 规定的标准外时钟接口等。

（4）网管接口

网管接口指网管中心（终端）与节点的接口及网管中心（终端）之间的接口，常采用 RS-232、RS-449、V.35，X.21 和以太网接口等。

6.6.3　DDN 的关键技术

1. 复用技术

复用是 DDN 节点设备的基本功能之一，图 6-27 所示为 DDN 节点复用示意图。这里提到的 DDN 节点实际上相当于多个复用器的综合体。

DDN 涉及的复用包括子速率复用、超速率复用、PCM 帧复用及某些专用帧复用等，这里主要介绍前两种复用的基本方法和特点。

（1）子速率复用

在 DDN 中，数据传输速率小于 64kbit/s 时，称为子速率；各子速率复用到 64kbit/s 的信道上称为子速率复用。子速率复用有许多标准，如原 CCITT 的 X.50、X.51、X.58、R.111 和 V.110 等，其中以 X.50 最为常用，X.58 为推荐使用。其中 2 400bit/s，4 800bit/s，9 600bit/s 和 19 200bit/s 应符合 X.50 和 X.58 的规定。原 CCITT X.50 建议是有关同步数据网国际接口 64kbit/s 的复用方案。X.50 建议规定采用（6+2）的包封格式，而 X.51 建议规定采用（8+2）的包封格式。它们分别如图 6-28（a）、（b）所示。图 6-28（a）的（6+2）包封格式由 8bit 构成，其中 6bit 为低速数据，用 D 表示；2bit 为管理比特（F 和 S），F 比特在复用时构成复用帧的帧同步码，S 比特表示本包封中数据的状态。若 S = 1，表示包封内 D 比特为数据信息；S = 0，表示包封内 D 比特为控制信息（如信令等）等。图 6-28（b）的（8+2）包封格式由 10bit 构成，其中，8bit 数据仍用 D 表示；2bit 为管理比特，一个用 A 表示，另一个用 S 表示，S 比特定义与（6+2）包封相同，A 比特为包封同步比特，仅用于包封自身的同步调整。

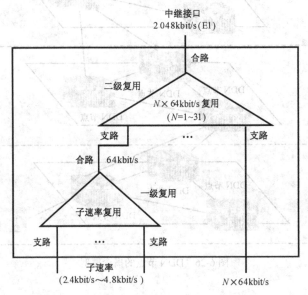

图 6-27　DDN 节点复用示意图

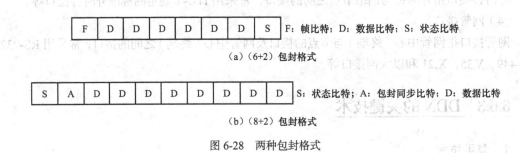

（a）（6+2）包封格式

（b）（8+2）包封格式

图 6-28　两种包封格式

低速数据经过包封后用于复用的速率称为承载信道速率。原 CCITT X.50 规定的复用速率和路数如表 6-3 所示。

表 6-3　　　　　　　　　　　　　原 CCITT X.50 复用速率和路数

数据速率（kbit/s）	载荷速率（kbit/s）	相同速率复用路数
9.6	12.8	5
4.8	6.4	10
2.4	3.2	20
0.6	0.8	80

（2）超速率复用

超速率复用是 DDN 中另一种常用的复用方式，它能把 N 个 64kbit/s 合并在一起（其中 N=1～31），使节点的业务使用范围扩大，如各种速率（N=6 时为 384kbit/s，N = 12 时为 768kbit/s）的会议电视等，如图 6-29 所示。此时，N×64kbit/s 电路应安排在同一个 2.048Mbit/s 的信道上。在此信道上，每 8 个比特为一条 64kbit/s 电路，传送用户数据，每条 64kbit/s 用户电路对应编号为 1～31。DDN 网为方便对 $N \times 64$kbit/s 电路的调度，要求在 2.048Mbit/s 信道上能在指定的 64kbit/s 时隙位置编号，并根据 N 值顺序向后合并时隙，例如开放 384kbit/s 电路时，若指定时隙位置 1，则应合并时隙位置 1～6，开通 384kbit/s 电路。

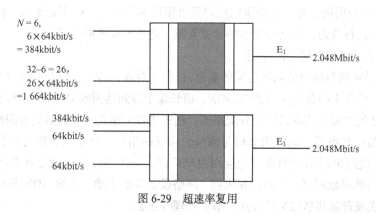

图 6-29 超速率复用

2．数字交叉连接技术

数字交叉连接（DXC）是 DDN 节点设备的又一基本功能。所谓交叉连接功能，就是指在节点内部对相同速率的支路（或合路）通过交叉连接矩阵接通的功能。交叉连接矩阵相当于一个电子配线架或静态交换机，如图 6-30 所示。DDN 节点中的交叉连接通常是以 64kbit/s 数字信号的 TDM 时隙来进行交换的。

来自各中继电路的合路信号经复用器分出各个用户信号，分出的各用户信号同本节点的用户信号一起进入交叉连接矩阵，交叉连接矩阵根据网管系统的配置命令等对进入其内的相同速率的用户电路进行连接，从而实现用户信号的插入、落地和分流（旁路），如图 6-31 所示。交叉连接矩阵可以根据网管系统的拆除命令拆除已经建立连接的用户电路。

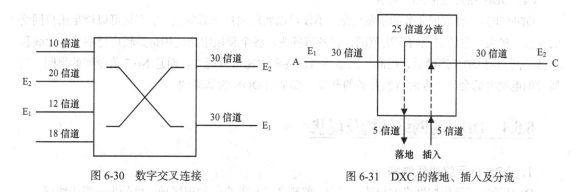

图 6-30 数字交叉连接　　　　　　　图 6-31 DXC 的落地、插入及分流

3．DDN 的应用

（1）DDN 提供的业务

DDN 是一个全透明网络，能提供多种业务来满足各类用户的需求。它可提供速率在一定范围内（200bit/s～2Mbit/s）的信息量大、实时性强的中高速数据通信业务，如局域网互连、大中型主机互连及 Internet 业务提供者（ISP）等，具体如下所述。

● 为分组交换网、公用计算机互联网等提供中继电路。

- 可提供点对点、一点对多点的业务，适用于金融证券公司、科研教育系统、政府部门租用 DDN 专线组建自己的专用网。
- 提供帧中继业务，扩大了 DDN 的业务范围。用户通过一条物理电路可同时配置多条虚连接。
- 提供语音、G3 传真、图像、智能用户电报等通信功能。
- 提供虚拟专用网业务。大的集团用户可以租用多个方向、较多数量的电路，通过自己的网络管理工作站进行管理，自己分配电路带宽资源，进而组成虚拟专用网。

（2）DDN 在计算机联网中的应用

DDN 作为计算机数据通信联网传输的基础，提供点对点、一点对多点的大容量信息传送通道。如各省的海关、外贸中心首先通过省级 DDN，出长途中继到达国家 DDN 骨干核心节点，由国家网管中心按照各地所需通达的目的地分配路由，利用 DDN 建立一个灵活的全国性海关、外贸数据信息传输网络；并可通过国际出口局与海外公司互通信息，足不出户就可进行外贸交易。此外，通过 DDN 线路进行局域网互连的应用也较广泛。一些海外公司设立在全国各地的办事处在本地先组成内部局域网络，再通过路由器、网络设备等经本地、长途 DDN 与公司总部的局域网相连，即可实现资源共享和文件传送、事务处理等业务。

（3）DDN 在金融业的应用

DDN 不仅适用于气象、公安、铁路、医疗等行业，也涉及证券业、银行、金卡工程等实时性较强的数据交换。通过 DDN 将银行的自动提款机（ATM）连接到银行系统大型计算机主机，银行一般租用 64kbit/s 的 DDN 线路把各个营业点的 ATM 机进行全市乃至全国联网，在用户提款时，对用户的身份验证、提取款额、余额查询等工作都是由银行主机来完成的，这样就形成一个可靠、高效的信息传输网络。

通过 DDN 网发布证券行情，也是许多券商采取的方法。证券公司租用 DDN 专线与证券交易中心实行联网，大屏幕上的实时行情随着证券交易中心的证券行情变化而动态地改变，远在异地的股民们也能在当地的证券公司同步操作，来决定自己的资金投向。

（4）DDN 在其他领域的应用

DDN 作为一种数据业务的承载网络，不仅可以实现用户终端的接入，而且可以满足用户网络的互连，扩大信息的交换与应用范围，在各行各业、各个领域中的应用也是较广泛的。如无线移动通信网利用 DDN 连网后，提高了网络的可靠性和快速自愈能力。而且 No.7 信令网的组网、高质量的电视电话会议、今后增值业务的开发，都是以 DDN 为基础的。

6.6.4　DDN 的网络结构及现状

1．DDN 的网络组织结构

DDN 的网络结构按网络的组建、运营、管理和维护的责任地理区域，可分为一级干线网、二级干线网和本地网三级。各级网络应根据其网络规模、网络和业务组织的需要，选用适当类型的 DDN 节点，组建多功能层次的网络。一般 2Mbit/s 节点组成核心层，主要完成转接功能；接入节点组成接入层，主要完成各类业务接入；用户节点组成用户层，完成用户入网接口。

（1）一级干线网

一级干线网由设置在各省、自治区和直辖市的 DDN 节点组成，它提供省间的长途 DDN 业务。一级干线节点设置在省会城市，根据网络组织和业务量的要求，一级干线网节点可与省内多个城市或地区的节点互连。

在一级干线网上，选择适当位置的节点作为枢纽节点，枢纽节点具有 E1 数字通道的汇接功能和 E1 公共备用数字通道功能。枢纽节点的数量和设置地点由主管部门根据电路组织、网络规模、安全和业务等因素确定。网络各节点互连时，应遵照下列要求。

① 枢纽节点之间采用全网状连接。

② 非枢纽节点应至少保证两个方向与其他节点相连接，并至少与一个枢纽节点连接。

③ 出入口节点之间、出入口节点到所有枢纽节点之间互连。

④ 根据业务需要和电路情况，可在任意两个节点之间连接。

（2）二级干线网

二级干线网由设置在省内的节点组成，它提供本省内长途和出入省的 DDN 业务。根据数字通路、DDN 网络规模和业务需要，二级干线网上也可设置枢纽节点。当在二级干线网设置核心层网络时，应设置枢纽节点。

（3）本地网

本地网是指城市范围内的网络，在省内的发达城市可以组建本地网。本地网为其用户提供本地和长途 DDN 业务。根据网络规模、业务量要求，本地网可以由多层次的网络组成。本地网中的小容量节点可以直接设置在用户的室内。

某省 DDN 骨干网以 A、B、C、D 4 个市核心节点构成全网状结构，如图 6-32 所示，分别以多个 2Mbit/s 中继互连。A、B 之间另有 2 条 155Mbit/s 中继电路，其余 15 个域市分别与两个核心节点以多个 2Mbit/s 中继相连，形成有备份的网状结构。

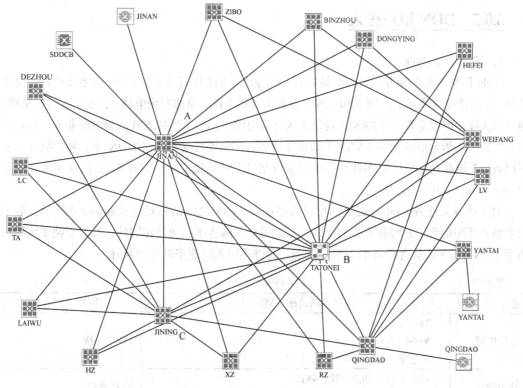

图 6-32 某省 DDN 骨干网拓扑

2. DDN 网络的管理和控制

（1）网管管理控制中心的设置

① DDN 网络上设置全国和各省两级 NMC，全国 NMC 负责一级干线网的管理和控制，省级 NMC 负责本省、直辖市或自治区网络的管理和控制。在节点数量多、网络结构复杂的本地网上，也可以设置本地网管控制中心，负责本地网的管理和控制。

② 根据网络管理和控制的需要，以及业务组织和管理的需要，可以分别在一级干线网上和二级干线网上设置若干网管控制终端（NMT）。NMT 应能与所属的 NMC 交换网络信息和业务信息，并在 NMC 的允许范围内进行管理和控制。NMT 可分配给虚拟专用网的责任用户使用。

③ DDN 各节点应能配置本节点的管理维护终端，负责本节点的配置、运行状态的控制、业务情况的监视指示，并应能对本节点的用户线进行维护测量。

④ 上级网管能逐级观察下级网络的运行状态，告警、故障信息应能及时反映到上级网管中心，以便实现统一网管。

（2）网管控制信息通信通路

① 网管控制中心和所辖节点之间交换网管控制信息时，使用 DDN 本身网络中专门划出的适当容量的通路，也可以采用经其他例如公用分组网或电话网提供的通路。

② 全国 NMC 和各省 NMC 之间以及 NMC 和所辖 NMT 之间要求能相互通信，可以交换网管控制信息。实现这种通信的通路应可以采用 DDN 网上配置的专用电路，也可以采用经公用分组网或电话网的连接电路。

6.6.5 DDN 用户接入

1. 网络业务类别

DDN 网络业务分为专用电路、帧中继和压缩语音/G3 传真 3 类。DDN 的主要业务是向用户提供中、高速率高质量的点到点和点到多点数字专用电路，简称专用电路；在专用电路的基础上，通过引入帧中继服务模块（FRM）提供永久性虚电路（PVC）连接方式的帧中继业务；通过在用户入网处引入语音服务模块（VSM）提供压缩语音/G3 传真业务。在 DDN 中，帧中继业务和压缩语音/G3 传真业务均可看作在专用电路业务基础上的增值业务。对压缩语音、G3 传真业务可由网络增值，也可由用户增值。

对上述各类业务，DDN 提供的用户入网速率及用户之间的连接方式如表 6-4 所示。对于专用电路和压缩语音/G3 传真业务的电路，互通用户入网速率必须是相同的；而对于帧中继用户，由于 DDN 的 FRM 具有存储/转发帧的功能，允许不同入网速率的用户互通。

表 6-4　　　　　　　　　　　　　　　　　DDN 用户入网速率

业 务 类 型	用户入网速率（kbit/s）	用户之间连接
专用电路	2 048； $N×64$（$N=1～31$）； 子速率：2.4、4.8、9.6、19.2	TDM 连接
帧中继	9.6、14.4、19.2、32、48； $N×64$（$N=1～31$）、2 048	PVC 连接

续表

业 务 类 型	用户入网速率（kbit/s）	用户之间连接
语音/G3 传真	用户 2/4 线模拟入网（DDN 提供附加信令信息传输容量）的 8kbit/s、16kbit/s、32kbit/s 通路	带信令传输能力的 TDM 连接

注：对语音/G3 传真业务，表中所列 8kbit/s、16kbit/s、32kbit/s 是指语音压缩编码后的速率，在附加传输信令和控制信息后，每条语音编码通路实际需用速率要略高。例如要增加 0.8kbit/s，这样，在 DDN 中带信令传输能力的 TDM 连接速率为 8.8kbit/s、16.8kbit/s 和 32.8kbit/s。

2．DDN 用户入网的基本方式

根据我国 DDN 技术体制的要求，用户入网的基本方式如图 6-33 所示，在这些基本方式上还可以采用如下所述不同的组合方式。

（1）二线模拟传输方式

二线模拟传输方式支持模拟用户入网连接，在交换方式下，同时需要直流环路、PBX 中继线 E&M 信令传输。

（2）二线（或四线）话带 Modem 传输方式

二线（或四线）话带 Modem 传输方式支持的用户速率由线路长度、调制解调器（Modem）的型号而定。

（3）二线（或四线）基带传输方式

二线（或四线）基带传输方式采用回波抵消技术和差分二相编码技术。其二线基带设备可进行 19.2kbit/s 的全双工传输。该基带传输设备还具有 TDM 复用功能，为多个用户入网提供连接。复用时需留出部分容量为网络管理用。另外还可用二线或四线，速率达到 16kbit/s、32kbit/s 或 64kbit/s 的基带传输设备。

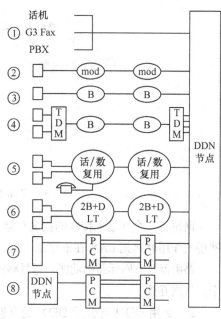

图 6-33 DDN 用户入网的基本方式

（4）基带传输加 TDM 复用传输方式

基带传输加 TDM 复用传输方式实际上是在二线（或四线）基带传输的基础上再加上 TDM 复用设备，为多个用户入网提供连接。

（5）语音/数据复用传输方式

在现有的市话用户线上，采用了频分或时分的方法实现电话/数据独立的数据复用传输。在 DOV 设备中，还可加上 TDM 复用，为多个用户提供入网连接。

（6）2B+D 速率的 DTU 传输方式

DTU（数据终端单元）采用 2B+D 速率二线全双工传输方式，为多个用户提供入网连接。

（7）PCM 数字线路传输方式

PCM 数字线路传输方式下，当用户直接用光缆或数字微波高次群设备时，可与其他业务合用一套 PCM 设备，其中一路 2 048kbit/s 进入 DDN。

（8）DDN 节点通过 PCM 设备的传输方式

在用户业务量大的情况下，DDN 节点机可放在用户室内，将所传的数据信号复用到一条 2 048kbit/s 的数字线路上，通过 PCM 的一路一次群信道进入 DDN 骨干节点机。

6.6.6 DDN 传输应用实例

DDN 作为一种数据业务的承载网络，不仅可以实现用户终端的接入，而且可以满足用户网络的互联，扩大信息的交换与应用范围。用户网络可以是局域网、专用数字数据网、分组交换网、用户交换机以及其他用户网络。

1. 利用 DDN 互连局域网

局域网利用 DDN 互连可通过网桥或路由器等设备，其互连接口采用 ITU-T G.703 或 V.35，X.21 标准。这种连接本质上是局域网与局域网的互连，如图 6-34 所示。

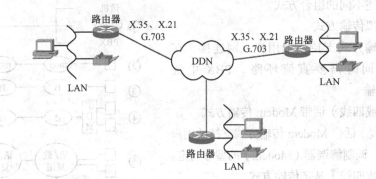

图 6-34 局域网通过 DDN 互连

网桥将一个网络上接收的报文存储、转发到其他网络上，由 DDN 实现局域网之间的互连。网桥的作用就是把 LAN 在链路层上进行协议的转换，而后将网络连接起来。

路由器具有网际路由功能，通过路由选择转发不同子网的报文。通过路由器，DDN 可实现多个局域网互连。

2. 专用 DDN 与公用 DDN 的互连

专用 DDN 与公用 DDN 在本质上没有什么不同，前者是后者的有益补充。专用 DDN 覆盖的地理区域有限，一般为某单一组织所专有，结构简单，由专网单位自行管理。由于专用 DDN 的局限性，其功能实现、数据交流的广度都不如公用 DDN。所以，专用 DDN 与公用 DDN 互连有深远的意义。

专用 DDN 与公用 DDN 有不同的互连方式，可以采用 V.24、V.35 或 X.21 标准，也可以采用 G.703 2 048kbit/s 标准，如图 6-35 所示。互连时对信道的传输速率、接口标准以及所经路由等方面的具体要求可按专用 DDN 的需要确定。

图 6-35 专用 DDN 与公用 DDN 互连

由于 DDN 采用同步工作，为保证网络的正常工作，专用 DDN 应从公用 DDN 中获取时钟同步信号。

3．分组交换网与 DDN 的互连

分组交换网可以提供不同速率、高质量的数据通信业务，适用于短报文和低密度的数据通信；而 DDN 传输速率高，适用于实时性要求高的数据通信。可见，分组交换网和 DDN 可以在业务上进行互补。

图 6-36　远程客户通过 DDN 接入分组交换网方式

DDN 上的客户与分组交换网上的客户相互通信，两网均应采用 X.25 或 X.28 接口规程。DDN 的终端在这里相当于分组交换网的一个远程客户，如图 6-36 所示，其传输速率应满足分组交换网的要求。

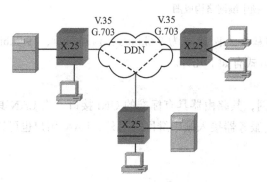

DDN 不仅可以给分组交换网的远程客户提供数据传输通道，而且还可以为分组交换机局间的中继线提供传输通道，为分组交换机的互连提供良好的条件，如图 6-37 所示。DDN 与分组交换网的互连接口标准采用 G.703 或 V.35。

4．用户交换机与 DDN 的互连

用户交换机与 DDN 的互连可有两种方式，如图 6-38 所示。

图 6-37　分组交换机通过 DDN 互连

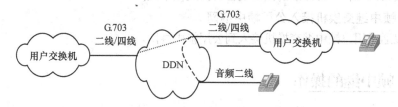

图 6-38　用户交换机与 DDN 互连

① 利用 DDN 的语音功能为用户交换机解决远程客户传输的问题（如果采用传统模拟线路来传输就会超过传输衰限制，进而会影响通话质量），用户交换机与 DDN 的连接采用音频二线接口。

② 利用 DDN 本身的传输能力为用户交换机提供所需的局间中继线，此时，用户交换机与 DDN 互连采用 G.703 或音频二线/四线接口。

6.7　帧中继网

6.7.1　帧中继网的构成

典型的帧中继网络设备由用户端设备（CPE）和帧中继交换机设备等组成，如图 6-39 所示。用户端设备包括 T1/E1 复用设备、路由器、网关和帧中继访问设备（FRAD）等。

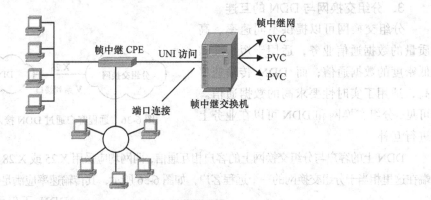

图 6-39　帧中继网络构成图

对于用户来说，帧中继提供给用户的基本入网速率为 9.6kbit/s、14.4kbit/s、19.2kbit/s 和 $N\times64$kbit/s、2Mbit/s。帧中继网的用户接入方式有如下几种。

1．局域网入网方式

LAN 用户一般通过路由器接入帧中继网，其路由器具有标准的 UNI 接口。当 LAN 具有标准的 UNI 接口规范时，LAN 用户可以通过服务器接入帧中继网。另外，LAN 用户也可以通过 FRAD 接入。

2．终端接入方式

帧中继型终端和具有 PPP、X.25 协议的终端可直接接入帧中继网，其他终端可以通过 FRAD 将非标准的接口规程转换为标准的接口规程后接入帧中继网。

3．用户帧中继交换机接入公用帧中继网

用户可以通过用户帧中继交换机接入到公用帧中继网。

6.7.2　帧中继的操作

帧中继传输是基于永久虚电路连接的。虚电路在其他标准中是在网络层实现的，而在帧中继中的虚电路是在数据链路层通过使用数据链路连接标识符（DLIC）实现的。DLIC 标识了在系统安装时设置的永久虚电路，它在指定站点之间的所有通信都沿着同样的路径进行。

1．中继

（1）承诺信息速率

帧中继网络适合为具有大量突发数据（如 LAN）的用户提供服务，并使用户交纳的通信费用将大大低于专线。帧中继网络通过确定用户进网的速率及有关参数对全网的带宽进行控制和管理，其中的承诺信息速率（CIR）是一个传送速率的门限值，也是一个灵活的参数，网络运营者可以根据 CIR 针对不同的网络应用制定出多种不同的收费方式。**所谓 CIR，就是一种特定逻辑连接的传输速率，帧中继通常为每一个 PVC 指定一个 CIR，CIR 不应超过 PVC 两端中速率较低一端的速率。**例如，若站点 A 有一个 64kbit/s 的端口连接，在站点 B 有一个 384kbit/s 的连接，在这两端的 CIR 不应超过 64kbit/s。

（2）永久虚电路和数据链路标识符寻址

在帧中继网中，DLIC 包含于帧的地址字段中，其实质是附加在帧上的一种标记。当帧通过网络时，DLIC 可以改变。因此，**DLIC 通常具有本地意义**。如图 6-40 所示为 PVC 与 DLIC 组合实现寻址的示意图，从图中可以看出：DLIC 的作用与 X.25 的逻辑信道号（LCN）的作用相似。帧中继网由多段 DLIC 的链接构成端到端的虚电路。图中终端 A—终端 B 和终端 A—终端 C 间的两条永久虚电路分别由各段的 DLIC 构成，即 36-46-56-65 和 40-50-60。

图 6-40 也表明：从终端 A 到 B 总是经过同样的节点，若网络知道目的地址，该地址中同时包含了路由信息，通过使用 PVC，原来由网络层实现的交换和路由功能现在就可以由数据链路层实现。因此，帧中继不需要请求网络层地址和数据链路层地址，它通过 DLIC 就同时满足了两个要求，这就是帧中继名字的由来。

2. 交换

帧中继交换机只有两个功能。当收到一个帧时，交换机通过 FCS 进行校验，使用 CRC 检查它的错误。若帧是完整的，交换机将 DLIC 和交换机中的表项进行对比。该表项将查找 DLIC 对应的交换机输出端口，也就是对应的 PVC。如图 6-41 为帧中继交换机中的表项。若该帧正确，交换机会将该帧通过此端口发送出去；若该帧中出现了错误，交换机将丢弃它。

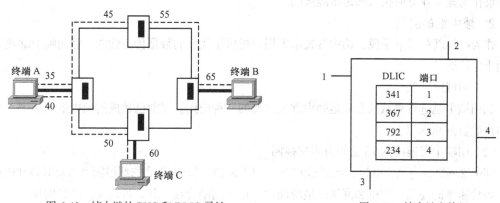

图 6-40　帧中继的 PVC 和 DLIC 寻址　　　　图 6-41　帧中继交换机

若一个帧被丢掉，发送者如何发现？帧中继将这些问题留给发送方的传输层来解决。发送方不需要知道一帧在何时、何地被丢弃，它所需要知道的仅仅是某一帧没有到达目的地。在接收方，传输层检查传输的完整性，若丢失了信息，它将要求该部分信息重传。在帧中继网中，交换机的任务主要是检查差错，但不纠正差错，同时按照预先设定好的路径发送帧。

6.7.3　帧中继业务的特点与应用

1. 帧中继业务的特点

（1）灵活的 VC 业务

帧中继采用 VC（虚电路）技术，一个端口可实现多个 PVC 连接。用户可以在同一物理链接中根据需要自由地增加或减少虚电路，而无需增加任何硬件和软件的投入，使资源得到有效的利用。

（2）简单的网络处理

帧中继简化了 X.25 通信协议，传输时延小，效率高，数据吞吐量大。

（3）有效的带宽利用

帧中继使用统计复用技术，传输带宽按需动态分配，适用于突发业务和局域网互连。

（4）多协议支持

帧中继可以支持多种网络协议，可以为各种网络提供快速和稳定的连接。

（5）传输速率高

帧中继传输速率高，接入速率一般为64kbit/s～2Mbit/s。

（6）较低的成本

帧中继降低了联网成本，网络资源利用率高，网络费用低。

（7）接入方式灵活

帧中继有多种接入方式，可以通过路由器接入，具有非标准接口规范的终端可通过帧中继装/拆设备接入，帧中继标准终端可直接接入。

（8）可实现向ATM的过渡

帧中继可以成为ATM的骨干网的用户接入层，与ATM相辅相成。对于普通用户来说，使用帧中继作为宽带业务的接入网是很经济的。

2．帧中继的应用

作为一种新的通信手段，帧中继技术为用户提供了优良的数据传送性能，因而帧中继业务的应用十分广泛。

（1）局域网互联

利用帧中继进行局域网互联是帧中继最典型的一种应用。目前已建成的帧中继网络中，局域网用户数量占90%以上。

（2）用帧中继连接X.25公用分组交换网

帧中继网络具有高吞吐量、低延迟的特性，而X.25网具有很高的纠错能力以及对各种通信规程、各种速率的终端、主机和网络的适应能力。将两网结合在一起，可以发挥各自的优点，获得最佳的效果。在高质量的光纤传输网络下建立帧中继网络，作为X.25网的中继网（或骨干网）将会大大提高整个网络的吞吐能力，降低网络时延。

（3）组建虚拟专用网

帧中继可以将网络上的部分节点划分为一个分区，并设置相对独立的网络管理，对分区内的数据流量及各种资源进行管理。分区内的各节点共享分区内的资源，它们之间的数据处理相对独立，这种分区结构就是虚拟专用网。虚拟专用网对集团用户十分有利，采用虚拟专用网较组建一个实际的专用网要经济合算。

6.8 ATM网

6.8.1 ATM网络组成

1．ATM网络结构

ATM网络的概念性结构如图6-42所示，它包括公用ATM网络和专用ATM网络两部分。公用ATM网络属于电信公用网，它由电信部门建立、管理和运营，可以连接各种专用ATM网及ATM用户终端作为骨干网络使用。专用ATM网络有时称为用户室内网络（CPN），经常用于一栋大厦或校园范围内。

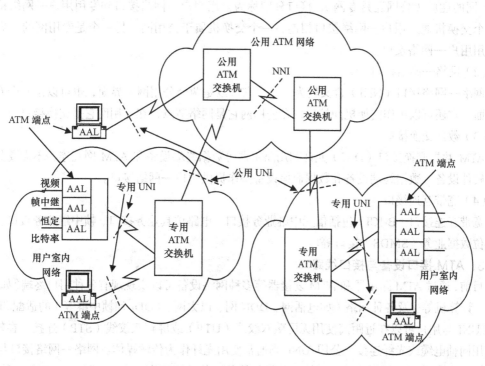

图 6-42 ATM 网络的概念性结构图

2. ATM 接口

ATM 标准为各厂家设备互操作性提供了基本框架，它也包括 ATM 网和非 ATM 网，保证了现行和未来的网络应用之间的互通性。ATM 标准根据不同类型接口定义了 ATM 网各部分的互连接性和互操作性，例如 ATM 终端和 ATM 交换系统、ATM 交换系统间以及 ATM 业务接口之间的接口。如图 6-43 所示为 ITU-T 和 ATM 论坛定义的各种 ATM 接口。

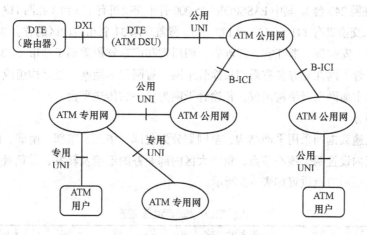

图 6-43 ATM 接口

（1）用户—网络接口

用户—网络接口（UNI）是 ATM 终端设备和 ATM 通信网间的界面。终端设备是指将 ATM

信元传递到 ATM 网的任何设备，它可以是网间互通单元、ATM 交换机或 ATM 工作站。根据 ATM 网的性质（公网还是专网），接口分别称为公用用户—网络接口和专用用户—网络接口。若两个交换机通过用户—网络接口相连，一个交换机属于公用网，另一个是专用网的，界面就是公用用户—网络接口。

（2）网络—网络接口

网络—网络接口（NNI）含义较为广泛，它可以是两个公用网的界面，也可以是两个专用网的界面。它还可以用作交换机间接口，在公用网它是网络节点，在专用网它是交换接口。

（3）数据交换接口

ATM 数据交换接口（DXI）允许利用路由器等数据终端设备和 ATM 网互连，不需要其他特殊的硬件设备。数据终端设备和数据通信设备协作提供用户—网络接口。

（4）宽带互连接口

宽带互连接口（B-ICI）包括信元中继业务接口、电路仿真业务接口、帧中继业务接口和交换多兆位数据业务（SMDS）接口等。

3. ATM 接口设备与接口线路

目前，通过 ATM 路由器和 ATM 复接器等多种网络设备可以实现现有各种用户终端（如电视、电话、计算机等）及各种网络（如电话网、DDN 网、以太网、FDDI 和帧中继等）的适配和接入。专用 UNI 与用户可以在近距离使用无屏蔽双绞线（UTP）或屏蔽双绞线（STP）连接，在较远距离使用同轴电缆或光纤连接。公用 UNI 则通常使用光纤作为传输媒体。网络—网络接口与 UNI 不同，它通常采用光纤形式接口，接口种类较简单，传输速率高（622Mbit/s、2.4Gbit/s 等），具有很强的网络维护和管理能力，可以采用 No.7 信令实现公用交换机之间的连接。

6.8.2　ATM 网络组织

1. ATM 骨干网网络组织

中国的 ATM 骨干网建于 2002 年，目前，北电 ATM 骨干网共有 137 个节点（在网 122 个）、274 台交换机（在网 240 台）。其中 PASSPORT 15 000 骨干交换机有 133 台（在网 118 台），PASSPORT 7 480 多业务接入交换机有 141 台（在网 122 台）。覆盖全国 31 省市自治区的省会城市，在湖北省、福建省、湖南省、安徽省、浙江省、江苏省、四川省和广东省覆盖到了地市（C3）级城市。

北电 ATM 骨干网在北方各省采用长途骨干网，省网和本地网三级结构组成，在南方各省采用长途骨干网和本地网两级结构组成，长途骨干网为统一的传送平台。

（1）大区划分

中国网通长途数据网采用平面结构，全网划分为北部、华东、东部、南部、西部和 S 网 6 个大区。每个大区内设置两个核心节点，负责大区内部业务的汇接及转发，并负责大区间的路由交换。大区划分及核心节点设置如表 6-5 所示。

表 6-5　　　　　　　　　　　大区划分及核心节点设置表

大　　区	所含省、区、市	大区核心节点
北部大区	北京、辽宁、吉林、黑龙江、内蒙古、山西、天津	北京、沈阳
华东大区	山东、河南、河北、江苏	南京、济南

续表

大　区	所含省、区、市	大区核心节点
东部大区	上海、浙江、安徽、福建、江西	上海、杭州
南部大区	广东、广西、湖南、湖北、海南	广州、武汉
西部大区	重庆、四川、贵州、云南、西藏、陕西、甘肃、青海、	宁夏、新疆
S 网大区	北京、上海、广州、深圳、成都、武汉、东莞、苏州等	北京、上海、广州

不同大区内节点之间的流量均需通过各自大区的核心节点，大区间核心节点的电路连接采用不完全网状连接，如图 6-44 所示。

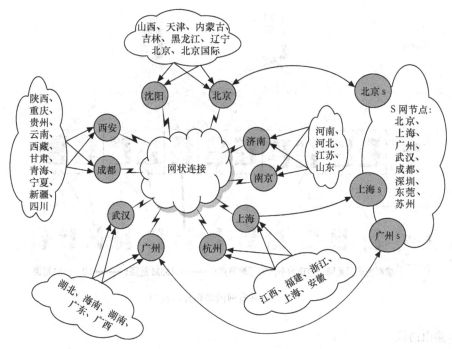

图 6-44　骨干网大区结构图

（2）大区内的网络结构

大区内采用分区域汇接再上连的方式。各大区内部划分为若干个区域，每个区域设置汇接节点，负责区域内部业务的汇接和转发。原则上，区域以省为单位划分，对业务量和节点少的多个省可以划分为一个区域。每个区域中设置若干汇接节点，其余为一般节点。汇接节点和两个核心节点相连，负责转发区域间和大区间的业务；一般节点负责与本地业务接入网连接，同时也负责直接的业务接入。一般节点和汇接节点之间采用星形连接。

（3）网络编码方案

根据《中国公众多媒体 ATM 宽带网和帧中继业务网编号方案》，ATM 北电骨干网长途数据网号码结构为

$$86 + 网号（1X_1X_2X_3）+ 区域代码 + 本区域用户号码$$

其中：

- 中国网通长途数据网 ATM 业务网网号为 1942，帧中继业务网网号为 1943；
- 区域代码有 3 位，为其所在本地网的代码；

- 用户号码长 6 位，前三位代表交换机号，后三位为端口号。

2．省网网络组织

（1）网络结构

ATM 省网结构相对骨干网来说要简洁一些，一般情况下，省网也分为核心层、汇聚层和接入层 3 层，核心层由放置在不同地市的两台 ATM 高端交换机组成，汇聚层由省内各地市的 ATM 核心交换机组成，接入层由各地市的其他交换机组成。全网呈双星型连接，汇聚层交换机通过至少两条链路分别与两个核心节点相连；接入层节点通过至少两条链路与 1～2 个汇聚层节点相连，网络拓扑图如图 6-45 所示。

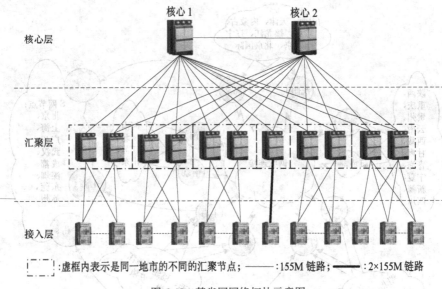

`[___]`：虚框内表示是同一地市的不同的汇聚节点；——：155M 链路；▬▬：2×155M 链路

图 6-45　某省网网络拓扑示意图

（2）路由协议

在同一网络体系内（如某省网内部），交换机之间一般采用 PNNI 动态路由协议，交换机与用户 ATM 设备之间一般采用 UNI 路由协议。在两个不同网络体系（如网通和电信）之间，一般通过静态 PVC 电路进行业务互连。

（3）编码规则

ATM 地址有 3 种编码格式，分别是 DCC 格式、ICD 格式和 E.164 格式，较为常用是 E.164 格式，ATM 骨干网所使用的就是此编码格式。此编码格式从原有电话网络的 E.164 编码方式演化而来，一个完整的 ATM 地址共有 20 字节，以 40 位十六进制数字表示，其中第 1 字节为 45，表示此地址是 E.164 格式编码；2～9 字节是 E.164 地址部分；10～20 字节表示特定域的 ATM 终端系统，一般由 ATM 交换机自动生成。由此可以看出，需要我们进行编码设计的是 E.164 地址部分，一般的编码格式为

国家代码＋业务网号＋区域代码＋本区域用户号码＋F

- 国家代码：2 位，用来区分不同国家，如中国国家代码为 86。

- 业务网号：4 位，用来区分 ATM 网络上的不同业务，如骨干网中，ATM 业务网络号为 1942，帧中继业务网络号为 1943。

- 区域代码：3 位，类似于电话网中的长途区号，例如济南为 501，青岛为 502，等等。
- 本区域用户号码：6 位，前 3 位表示交换机的编号，后 3 位表示某台交换机上的端口。

6.9　数据通信骨干网——城域网

6.9.1　城域网概念

1．什么是城域网

城域网（MAN）是适用于一个城市的信息通信基础设施，是国家信息高速公路与城市广大用户之间的中间环节。建设城域网的目的是提供通用和公共的网络构架，借以高速有效地传输数据、声音、图像和视频等信息，满足用户日新月异的互联网应用需求。

城域网以宽带光传输为开放平台，通过各种网关实现声音、数据、图像、多媒体和 IP 接入等业务和各种增值业务及智能业务等。城域网一般适用于距离为 30km～50km 的范围。作为数据通信骨干网和长途电话网在城域范围内延伸的城域网，具有覆盖范围广、投资量大、接入技术多样化和接入方式灵活的特点。

2．城域网的基本框架

城域网的基本组成包括基础设施（Infrastructure）、应用系统（Application）和信息（Information），如图 6-46 所示。

（1）基础设施

城域网的基础设施主要由若干交换节点组成的主干网（Backbone）、由若干接入节点组成的接入网（Access Subnetwork）以及连接它们的传输网（Transmission Subnetwork）3 个组成部分。

（2）应用系统

城域网的应用系统由基本服务和增值服务两部分组成，这些服务如同高速公路上跑的各种车辆，为用户运载各种信息。目前，基本服务主要为 Internet 的宽带接入，增值服务包括视频服务、IP 电话、电子商务平台服务等。

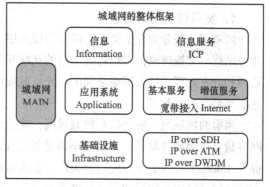

图 6-46　城域网的基本框架

（3）信息

信息服务包括访问科技、金融、教育、财政和商业等数据库，获取各种信息，具体而言，就是整合大量不同行业背景的信息资源，为城域网用户提供可靠、安全、高速的信息服务。

3．城域网提供的业务

城域网提供的业务可分为如下所述 3 类。

（1）传统的 TDM 业务

城域网提供包括 $N \times 64$kbit/s、2Mbit/s、34/45Mbit/s、140Mbit/s、155Mbit/s 和 622Mbit/s 直到 10Gbit/s 速率的，既有交换机中继线、基站业务，也有传统图像的 34Mbit/s、45Mbit/s 接口。

（2）ATM 业务

在 ATM 业务方面，城域网主要提供 34/45Mbit/s、155Mbit/s 或 VC4-XC 级联接口，或者 IP over ATM 或 IPover SDH 方式。

（3）IP 业务

IP 业务一般以 10Mbit/s、100Mbit/s 或 1Gbit/s 为主。城域网的业务将包括如下几种。

① 实现智能小区和智能大厦。

② 提供 VPN 业务。

③ 开展视频、声讯等业务，如：

● 大量的影视与立体声节目交换；

● 三维动画与影视融合的节目制作；

● 声频、视频的多点广播；

● IP 电话、IP 传真、可视电话、会议电视影视点播（VOD），特别是有商业价值的视频点播（新闻、体育等）；

● 远程医疗、远程教学、网上商务；

● 网上银行、网上娱乐等。

6.9.2 宽带城域网

1. 宽带城域网的概念

城域网一般分为骨干层、汇接层和接入层。骨干层的主要功能是给业务汇接点提供高容量的业务承载与交换通道，实现各叠加网的互联互通。汇接层主要是给业务接入点提供业务的汇聚、管理和分发处理。接入层则是利用光纤、双绞线、同轴电缆等传输介质实现与用户连接，并进行业务和带宽的分配。

当前的城域网一般是指宽带城域网。首先是密集波分复用（DWDM）技术的发展，使得骨干网容量有了突破性增长，其带宽不再是稀缺而昂贵的资源。同时，低成本吉（G）比特以太网在提供 Internet 接入业务时应用面很广，发展迅速，使用户侧的接入速率也有了大幅度提高。而原有的城域网络以叠加网的方式提供多种业务，成本居高不下，成为网络发展的瓶颈。城域网的宽带化在不同层面具有不同的含义，在骨干层，适用的宽带化方案包括基于 SDH 的方案、基于 ATM 的方案、利用高速交换式路由器或吉比特以太网交换机的以太网方案以及城域 DWDM 方案；接入层则有 xDSL 接入、Cable Modem 接入、以太网等多种方案。

城域网的 IP 化是一个不可忽视的倾向。社会的信息化催生出多种多样的业务需求，如智能化社区服务、会议电视、远程教育、远程医疗及电子商务等，而这些集语音、数据与图像于一体的应用业务越来越多基于 Web 实现。也就是说，基于 IP 的应用范围越来越广泛，这就对发展宽带 IP 城域网产生了强烈的需求。在光网上直接架构吉比以太网正在成为城域网主流，而 IP 技术与 DWDM 技术的有机结合将是宽带城域网发展的未来。

2. 宽带城域网的关键技术

宽带城域网建设涉及的关键技术有 POS（Packet over SDH）技术、IP over DWDM 技术、动态分组传输（DPT）技术、吉比特以太网技术、ADSL 技术和 Cable Modem 技术等。

（1）吉比特以太网技术

吉比特以太网与以太网、快速以太网兼容，世界上 80%以上的网络节点为以太网形式。吉比特以太网实施具有直接、快速的特点，传输距离达 100km，可以满足城域网的需要。

（2）POS 技术

POS 技术将 IP 包直接封装到 SDH 帧中，提高了传输效率；采用高速光纤传输，以点对点方式提供从 STM1 到 STM64 甚至更高的传输速率。它支持 OC-3（STM-1）、OC-12（STM-4）和 OC-48（STM-16），结合传输设备可达到 OC-192（STM-64，即 10Gbit/s）。POS 技术的传输开销约为 2%，比 ATM 的 25%要小得多。POS 由于节省了 ATM 层而简化了网络体系结构，基本保证了 QoS，使得 SDH 系统有能力直接支持基于 IP 的数据、语音、视频传输，并在网络环境易于兼容不同技术体系和实现网间互连。

（3）IP over DWDM 技术

该技术通过 DWDM 设备直接连接吉比特交换路由器来传输 IP 业务。

（4）动态分组传输技术

动态分组传输技术（DPT）是一种提供 SONET/SDH 传输的可靠性和恢复功能，而无需增加不必要的 IP 业务开销的光传输技术。DPT 是 Cisco 公司的专有技术，通过空间复用技术在 SDH 环、点到点 WDM 或裸光纤上通过 DPT 环网双向传输 IP 业务。DPT 和 POS 技术都具有很好的自愈功能。

（5）其他技术

ADSL 技术利用双绞电话线提供下行最大达 8Mbit/s 和上行可达 1Mbit/s 的非对称数据传输；Cable Modem 技术利用双向 HFC 网提供上行 10Mbit/s 和下行 30Mbit/s 的非对称或双向 14Mbit/s 的对称数据传输；FTTB/FTTC 技术将是宽带接入的发展方向。

6.10 从数据网到三网融合

我们知道，电话网、计算机网和有线电视网 3 大网络的规模都很大，它们各自都有其优点和不足。随着通信技术、计算机技术、信号处理技术和智能技术的发展，这 3 大网络都在快速演变。如今，电话网形成了宽带基础传输网，有线电视网建成了 SDH 传送系统，计算机网也建设了独立的宽带基础网。"三网"的基础网以不同的形式支持 IP 宽带网络。应该指出的是，IP 技术的进一步发展为"三网"融合提供了可能，而 IP 技术从数据网的角度看来，无非是采用了一种数据包格式，利用分组（包）交换的方式，并通过通信技术与计算机技术的有机融合具体实现，为用户提供全面综合的网络服务。

6.10.1 三网融合概述

1. 什么是三网融合

三网融合是指将原本由交换网提供的语音、IP 网提供的宽带数据、广电网提供的视频业务通过个公共的承载和接入平台实现。这里公共的承载平台是 IP 承载网，公共的接入平台也是基于 IP 的，现在一般指 PON 网络（EPON 或 GPON 接入网）。三网融合的示意图如图 6-47 所示。

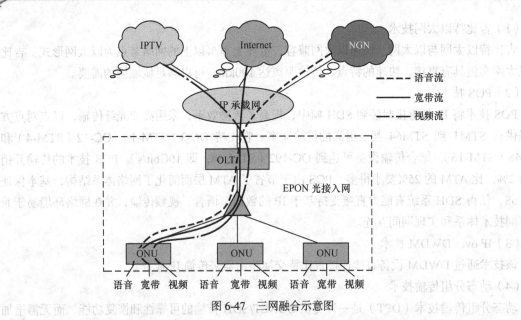
图 6-47 三网融合示意图

三网融合对带宽的要求如表 6-6 所示。

表 6-6   "三网融合" 对带宽的要求

说　明	2007～2009 预测	2010～2012 预测
业务所需带宽（下行）	HDTV：6～12Mbit/s	HDTV：5～7Mbit/s
	SDTV：2～3Mbit/s	SDTV：2～3Mbit/s
	视频通信：400kbit/s	视频通信：0.5～1Mbit/s
	上网业务：2～4Mbit/s	上网业务：4～8Mbit/s
	网络游戏：300kbit/s	网络游戏：500kbit/s～1Mbit/s
业务所需带宽（上行）	视频通信：300kbit/s	视频通信：500kbit/s～1Mbit/s
	上网业务：300kbit/s	上网业务：700kbit/s
	视频监控：1Mbit/s	视频监控：1Mbit/s
	IPTV：50kbit/s	IPTV：100kbit/s
	网络游戏：300kbit/s	网络游戏：500kbit/s
总计接入带宽（下行）	13Mbit/s～20Mbit/s	20Mbit/s～20Mbit/s
总计接入带宽（上行）	2Mbit/s	＞4Mbit/s

2．三网融合的内在含义

所谓三网融合，主要是指高层业务应用的融合，表现为技术上趋向一致、网络层上可以实现互联互通、业务层上互相渗透和交叉、应用层上趋向统一的 TCP/IP 通信协议。三网融合的概念可以从多种角度和层次去观察和分析，其中可以涉及技术融合、业务融合、市场融合、产业融合、终端融合、网络融合乃至各行业监管和政策方面的融合。

（1）技术融合

电话通信技术、数据通信技术、移动通信技术、有线电视技术及计算机技术相互融合，出现了大量的混合各种技术的产品，如支持语音的路由器及提供分组接口的交换机等。

（2）网络融合

传统独立的网络，如固定与移动网、语音和数据网开始融合，逐步形成一个统一的网络。

（3）业务融合

未来电信网的业务形式是数据和语音两种业务的融合，同时，图像业务也会成为未来电信业务的有机组成部分，从而形成语音、数据、图像 3 种在传统意义上完全不同的业务模式的全面融合。大量语音、数据、视频融合的业务，如 VOD、VoIP、IP 智能网、Web 呼叫中心等业务不断广泛应用，网络融合使得网路业务表现更为丰富。

（4）产业融合

网络融合和业务融合必然导致传统的电信业、移动通信业、有线电视业、数据通信业和信息服务业的融合，例如数据通信厂商、计算机厂商开始进入电信制造业，传统电信厂商大量收购数据设备厂商。

6.10.2　三网融合的基本结构及业务

1．网络结构

网络是用来传送业务的，不同的网络结构往往适于传送不同的业务信号，而不同的业务信号也往往要求不同的网络结构来支持。三网融合的基本网络结构如图 6-48 所示。

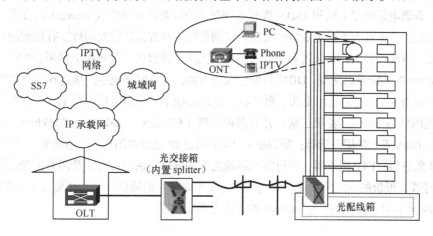

(a)

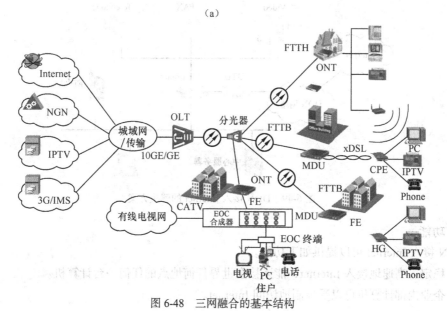

图 6-48　三网融合的基本结构

2．三网融合支持的业务

① 支持语音、宽带、视频业务，可选支持 TDM（E1）业务和 CATV 业务。

② EPON 提供语音业务时应支持 VoIP 方式，ONU 设备应提供语音接口（POTS 口），在 ONU 侧完成语音业务的分组化并支持相应的信令功能。

③ 语音业务可采用 SIP/H.248 协议，语音业务帧应标记为高优先级业务，以确保上行 VoIP 业务的传输质量，对语音业务建议采用严格优先级调度。

④ IPTV 业务可以充分发挥 PON 网络点到多点结构的特点，实现在 PON 系统中高效视频组播，使同一个组播组的用户共享一条流，从而提高下行带宽的利用率。

6.11 案例学习

6.11.1 DDN 接入 Internet 方案

1．接入优势

现在，普通电话拨号上网和 ISDN 拨号上网是客户经常使用的接入 Internet 的方式。拨号方式入网速度比较慢，而且有不稳定的情况发生。特别是对一些数据量较大的传输有很大的局限性，如图像、语音、视像等在实际运用过程中就有很大的困难。并且由于其每次上网所分配的是动态 IP，使许多 Internet 的功能难以实现。DDN 数据专线接入能以其稳定高速的连接达到优质的数据传输效果，使用户在 Internet 上的运用更快、更广泛、更得心应手。中国电信提供 DDN 线路将把企业的内部计算机网络与 Internet 实现互联；并有多种速度（64kbit/s、128kbit/s、256kbit/s、512kbit/s、1Mbit/s、2Mbit/s 等）供用户选择；所提供的 16 个固定 IP 地址供用户可任意设置自己的 Web 服务器、E-mail 服务器、FTP 服务器；并可实现异地之间的网络电话和传真以及网络视像会议的功能。24 小时的连线、低价的固定收费使用户大大降低了平时昂贵的通信费用，并提高了工作效率。

图 6-49 所示即为 DDN 接入 Internet 的解决方案。

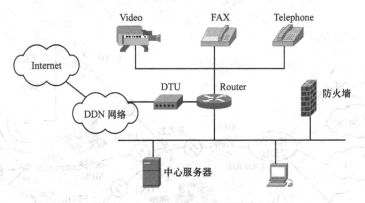

图 6-49 DDN 接入 Internet 的解决方案

2．功能

DDN 接入 Internet 可以提供如下功能。

● 稳定、高速地接入 Internet，能连接全世界任何地点的任何一台计算机。

● 企业内部计算机可以受控制地访问 Internet。

- 自建独立的电子邮件服务器，可提供 24 小时的连接收发企业域名的电子邮件服务。
- 可通过 WWW 服务器发布 Web 信息。
- 具有防火墙系统，可阻止非法访问和恶意攻击。
- 拥有 TELNET、FTP 等各种网络应用功能。
- 具有网络电话、传真、网络视像会议功能，节省企业的通信费开支。
- 用户可根据实际需求自由申请调整速率级别。
- 采用包月费方式，不用担心费用的超支，并无使用时间上的限制。

6.11.2 华为 IP 宽带城域网解决方案

面对迅猛发展的宽带网络建设需求，结合国内宽带发展的具体情况，华为推出了可运营可管理的 IP 宽带城域网解决方案。该方案以可运营、可管理为特征，以网络利润为建网出发点，针对不同的客户群，提供一站式的解决方案。华为 IP 城域网解决方案如图 6-50 所示。

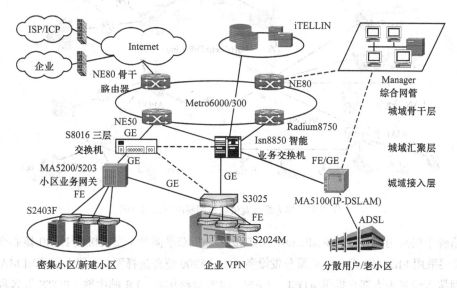

图 6-50 华为 IP 城域网解决方案示意图

城域网骨干层采用大容量的 NE80 核心交换路由器，它具备线速转发、完善的 Diffserv/Q_oS 机制、丰富的业务处理、支持 IP/MPLS 等特点；在汇聚层根据具体需求，可采用 ISN8850 智能业务交换机和大容量的三层交换机 S8016，具备灵活多样的用户管理和认证机制、网络级和用户级的安全管理机制、强大的业务选择和业务管理功能，使得整个 IP 宽带城域网具备了强大的可运营、可管理特征。在接入层，根据不同类型客户的需求，可采用 MA5200 电信级以太网接入设备或性能价格比较高的二层交换机 S3025、S2403 等来组网。用户可采用 VLAN、PPPoE 等方式接入 Internet。

由于网络具备了强大的可运营可管理、可维护特征，保证了网络运营商不仅可以向用户提供高速上网、LAN 互联等基本业务，还可以提供各种不同服务质量的增值业务，如 VOD、VPN、会议电视、远程教学及远程医疗等，使得 IP 网络具备了有偿使用、高利润、快回报等特点。

6.11.3　华为综合宽带城域网解决方案

宽带城域网建设的目的除了要满足用户的高速上网等基本业务，最主要的利润点在为各种大客户提供网络增值业务，如行政系统、大中企业、金融证券、智能小区、信息化酒店及大中院校等。不同的客户群，业务种类需求不同，服务质量保证要求也不相同。面对不同客户群的需求，华为推出了客户化的宽带综合网络解决方案，如图6-51所示。

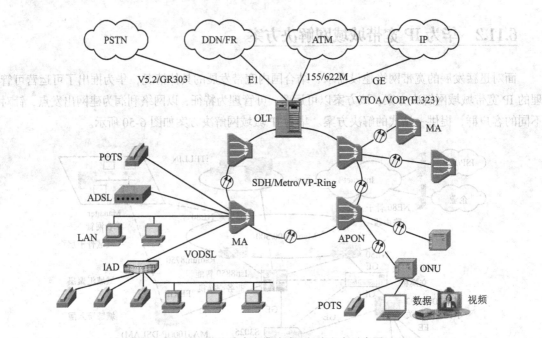

图 6-51　华为综合宽带城域网解决方案示意图

网络骨干层采用大容量的 Radium8750ATM/IP 一机双平面骨干交换机或 NE80 核心交换路由器，汇聚层采用 MD5500 多业务汇聚分发设备或 MA5200 业务选择网关；接入层采用 MA5100 综合以太网接入设备为大客户提供 ADSL、LAN、CES 电路仿真、FR 帧中继、POTS 等各种业务接口，提供高速上网、LAN 互连、VOD、VPN 和会议电视等业务。

针对不同客户群的特征，华为提出了客户化的解决方案：对新建智能小区或密集商业楼采用电信级以太网接入方式，实现强大的用户管理、业务管理和安全管理等功能；对于老小区的改造，可充分利用原有电缆采用 ADSL 方式；对于大中企业和金融机构，在采用以太网解决网络互连的同时，采用 CES、FR 方式接入用户原有的的数据和语音业务，并可以做到宽带窄带业务的统一管理；对于酒店宾馆这一特殊的客户群，提出了信息化酒店解决方案；对于校园的宽带化建设，提出了宽带上网卡解决方案。这些不同的方案，满足了各类大客户的一站式解决方案需求。

6.11.4　NGN 的典型应用

为描述方便起见，本部分内容以华为公司下一代网络 NGN 平台 INS Ⅱ（SoftX inside）为例进行介绍。以下各业务内容可以在 INS Ⅱ平台上任意混合组网，一种业务的存在并不会对其他业务产生排斥作用。本部分内容并不探讨 INS II 的实际应用，而只是按部就班陈述 INS II 对业务的支持，以说明 NGN 网络之业务系统。在不同的应用场合，用户可以根据不同的要求对业务进行选择和裁减。

1. 传统电话业务

如图 6-52 所示，软交换 SoftX 通过 ATM/FE 口与 ATM/IP 网络连接；ATM/IP 网络下接若干个中继媒体网关 TMG8000/TMG8010；中继媒体网关下面可以接入网 AN，实现 V5 用户的接入；接传统 C&C08 交换模块，实现了窄带用户的接入。另外，TMG8000/TMG8010 也可以接入 SRM 模块，实现资源模块的接入，资源包括 FSK、CONF、DTR 和 MFC 等。TMG8000/TMG8010 也可以通过 No.1 或 No.7 信令与传统 PSTN 网络实现互连互通。

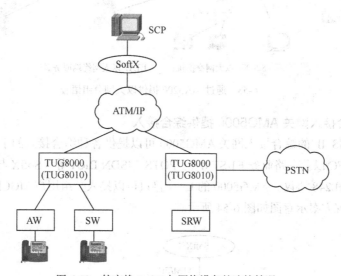

图 6-52　软交换 SoftX 与网络设备的连接情况

华为公司 INS II 解决方案提供对传统 PSTN/ISDN 业务的全面支持和继承，包括 CLASS 4 和 CLASS 5、智能 CS1 和 CS2 的全部内容。

2. 通过 MA5200 提供以太网分组语音

如图 6-53 所示，INS II 还可以通过 MA5200 接入分组用户话机，SoftX 与分组用户话机之间以 MGCP、H.323 或者 SIP 进行交互；或者接入 PC，由 PC 上的 Softphone 软件、Microphone、Speaker 完成话机功能。当采用 Softphone 时，在提供语音业务的同时还可以提供视频业务。分组终端的 IP 地址可以采用私网地址，而且可以动态分配。另外，终端设备的软件可以在线加载。

MA5200 接入的分组用户可以通过 VLAN+MAC+IP+DN 捆绑方式对端口进行认证，也可以通过 DN + PASSWORD 方式对端口进行认证，以克服端口出现盗打的违法行为。

MA5200 内嵌 MGCP/SIP/H.323 ALG，具有 NAT 功能。当内部分组语音用户采用私网 IP 地址时，可以完成私网 IP 与公网 IP 地址之间的转换，进而节省公网 IP 地址资源。

本局分组用户提供同 PSTN/ISDN 相同的业务，包括 Centrex 业务。PSTN/ISDN 用户与分组用户可以隶属于同一个 Centrex 群，并且可以通过统一的 Centrex 综合话务台或 Centrex 话务台进行管理。

MA5200 不仅可以提供分组语音用户的接入，还可以通过以太网接入数据用户。

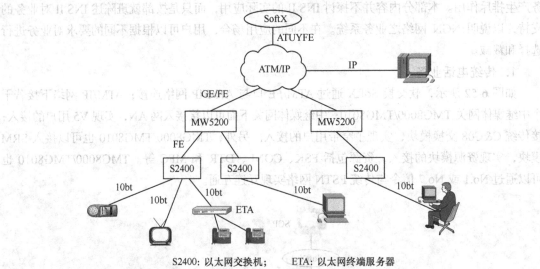

S2400：以太网交换机； ETA：以太网终端服务器

图 6-53 通过 MA5200 提供以太网分组语音

3．通过综合接入网关 AMG5000 提供综合接入

华为公司 INS II 的综合接入网关 AMG5000 可以提供各种综合接入的手段，包括数据业务 xDSL、LAN、HFC 以及电路业务 E1/STM-1、POTS、ISDN BRA 等。SoftX 与 AMG5000 之间的协议采用标准的 H.248 协议。AMG5000 的 LAN 接口可以接入分组用户 MGCP/SIP/H.323 用户。

综合接入实现方案示意图如图 6-54 所示。

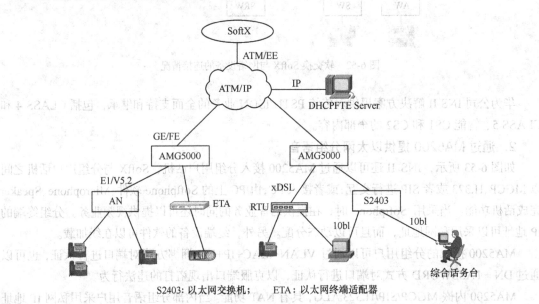

S2403：以太网交换机； ETA：以太网终端适配器

图 6-54 综合接入网关实现方案示意图

4．分组中继

（1）ATM 中继

利用现有 ATM 网络，可以实现分布式组网。如图 6-55 所示，局一和局二统一由一个 SoftX 进行控制。局一与局二之间以 ATM SVC/AAL1 连接，实现局间 ATM 中继功能，以节省电路资

源。若干局一与局二在不同地区，则可以采用不同的区号（即 INS II 的多区号功能）。

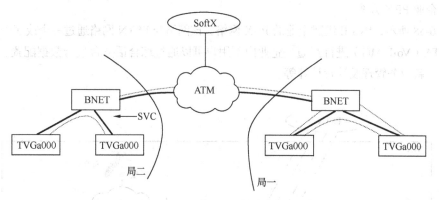

图 6-55　ATM 中继实现示意图

（2）IP 中继

如图 6-56 所示，两个 INS II 系统之间以 IP Trunk 中继连接，以达重用现有 IP 网络、节省电路资源和成本之目的。IP 中继也支持多区号功能。

5．分布式组网

分布在各个地区(深圳、重庆、上海)的 AMG5000下的用户（可以是 POTS/ISDN/Ephone 用户）统一由一个软交换 SoftX 控制，如图 6-57 所示。系统可以将分布在各个地区的用户群划分为多个虚拟局，每个局的国内号码拥有不同的区号（多区号方案）。虚拟局内呼叫直拨用户号码，虚拟局间呼叫直拨国内号码。本功能也用到了 IP Trunk 功能。

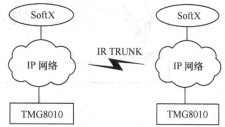

图 6-56　IP 中继实现示意图

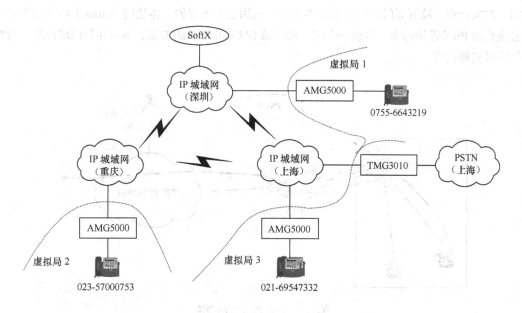

图 6-57　分布式组网示意图

241

6. 企业网解决方案

（1）企业 PBX 方案

如图 6-58 所示，INS II 组建企业的 PBX 网络，该网络与 PSTN 网络通过一个或多个具备 FXO 接口的 ETA（VoIP MG）进行互通。企业内部用户可以通过综合话务台进行数据配置、呼入呼出权限管理、新业务管理及计费计算等。

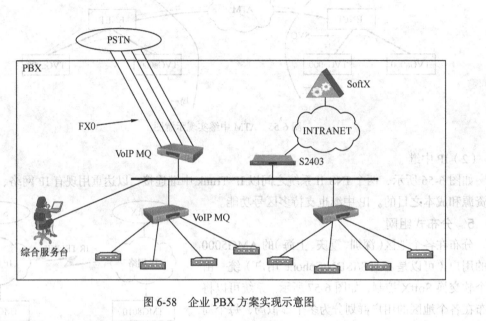

图 6-58　企业 PBX 方案实现示意图

（2）企业 PBX 旁路组网

如图 6-59 所示，INS II 还可以为企业现有的 PBX 提供旁路功能。企业 PBX 可以通过 ETA 的 FXS 接口接入 INS II 系统，利用 INS II 的 IP 宽带网络承载语音，以达到节省长途电路带宽之目的。对大企业、政府部门，可以采用本方案，利用企业内部的一体化的 Intranet 将分布在各个办公地点的 PBX 连接起来，形成一个统一的广域 IP Centrex 解决方案，不同办公区域的用户直拨短号即可实现通话。

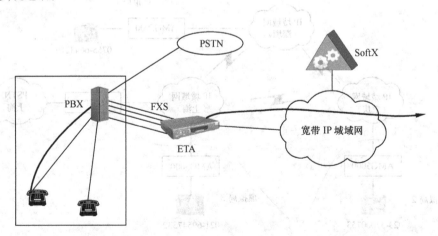

图 6-59　企业 PBX 呼叫旁路

思考题与习题6

6-1　填空题

（1）分组交换网中，_____负责全网的运行管理、维护和监测等功能。

（2）分组网与分组网之间互连的建议标准是_____建议。

6-2　解答题

（1）下图是两个终端通过分组交换网相连接的示意图，请填充图中空缺的内容。

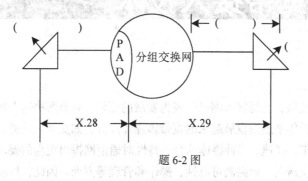

题 6-2 图

（2）以下特性属于数据网的哪种拓扑类型？

A. 可以容易地加入新设备

B. 控制通过中央设备进行

C. 在非目的节点间转发数据会消耗传输时间

D. 一个设备的失效不会导致整个网络的瘫痪

6-3　简答题

（1）决定一个通信系统是局域网、城域网还是广域网的因素有哪些？

（2）局域网中的互连设备如何应用？它们各自的功能是什么？

（3）什么是城域网？它在现代数据通信中的作用怎样？

（4）举例说明数据通信网在现实中的应用情况。

第7章
数据通信宽带接入技术

引言

数据通信的大力发展，使得接入网已经成为发展的瓶颈。只有解决这个问题，才会使通信技术更进一步。近年来迅速发展起来的宽带多媒体业务，如交互式业务、广播式业务以及其他业务，其宽带、高速、多种媒体综合的特性对通信网提出更高的要求，主要体现在大容量、高速、协议透明、通路高可靠性、操作和管理等方面。因此，目前数据通信发展的关键是宽带数据接入技术的发展。本章将主要介绍宽带接入技术的基本概念，xDSL技术、PON/EPON技术的基本概念及特点，以及未来宽带接入技术的发展方向。

学习目标

- 定义接入网的概念
- 讨论宽带接入技术的分类及应用场合
- 描述 ADSL 技术的基本原理
- 评估 xDSL 宽带接入技术的优缺点
- 列出 EPON 接入技术的特点
- 解释 EPON 的传输原理
- 说明常见的无线局域网标准
- 理解其他接入技术（如 LMDS 等）的原理
- 讨论 LMDS、WiMAX 的应用场合和特点

7.1 宽带接入网的提出

7.1.1 宽带接入网的历史背景

现代通信网包括核心网和接入网。接入网最早出现为电话网，自 1876 年电话发明之后，即出现了第一个接入网，就是电话的用户环路，随后一百年中几乎没有发生过本

质的变化。数字程控交换机（SPC）于 20 世纪 70 年代末开始大规模商业化，改善了双绞线对的质量，并使用户环路的投资成本最佳。

20 世纪 80 年代初，PCM（脉冲编码调制）技术已经成熟，光纤的使用已趋实用，单模光纤的潜在带宽可达 30 000GHz 以上。同时光纤的重量轻、体积小、易维护、耐腐蚀等特点使之具有运营维护的优越性。而最好的同轴电缆的带宽小于 1GHz，微波的全部带宽不超过 300GHz，因此 20 世纪 90 年代中期光纤接入网得到迅速发展，成为通信网建设的一个热点。

20 世纪 90 年代初又出现了几种以铜缆为基础的接入网新技术，它们对原有铜缆在衰减、群延时、线路码型等方面作了改进；例如用户线对增容技术、高速数字用户线（HDSL）技术、不对称数字用户线（ADSL）技术和甚高比特率数字用户线（VDSL）技术。

随着社会和技术的进步，信息技术发展的大趋势是电话、计算机、有线电视 3 种技术、产业乃至网络的融合，即所谓"三网合一"。它表现为业务层互相渗透交叉、应用层使用统一的通信协议，网络层互联互通，技术上趋向一致，因此接入网的发展趋势将是宽带化、多样化、光纤化和综合化。

7.1.2　宽带接入网的概述

1．接入网的概念

从整个电信网的角度，可以将全网划分为公用电信网和用户驻地网（Customer Premises Network，CPN）两大块。公用电信网又可划分为长途网（长途端局以上部分）、中继网（即长途端局与市话局之间以及市话局之间的部分）和接入网（即端局至用户之间的部分）3 部分。目前国际上倾向于将长途网和中继网合在一起，称为核心网（Core Network，CN）或转接网（Transit Network，TN）；相对于核心网的其他部分，则统称为接入网（Access Network，AN）。图 7-1 所示即为电信网的基本组成，从中可以清楚地看出接入网在整个电信网中的位置。

UNI：用户网络接口；　　　SNI：业务节点接口

图 7-1　电信网组成

2．宽带接入网的特点

① 接入网对于所接入的业务提供承载能力，实现业务的透明传送。

② 接入网对用户信令是透明的，除一些用户信令格式转换外，信令和业务处理的功能依然在业务节点中。

③ 接入网的引入不应限制现有的各种接入类型和业务，接入网应通过有限个标准化的接口与业务节点相连。

④ 接入网有独立于业务节点的网络管理系统（简称网管系统），该网管系统通过标准化接口连接电信管理网（TMN）。TMN 实施对接入网的操作、维护和管理。

3．接入网的定界

在电信网中，接入网的定界如图 7-2 所示，接入网所覆盖的范围可由图中的 3 个接口来界定，在用户侧通过用户网络接口（UNI）与用户终端设备相连，在网络侧通过业务节点接口（SNI）与业务节点（SN）相连，而管理方面则通过 Q3 接口与电信管理网（TMN）相连。

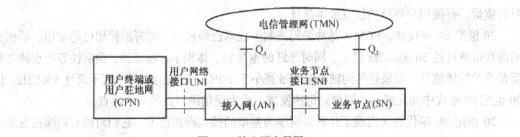

图 7-2　接入网定界图

7.1.3　接入网的技术应用

从技术发展来看，以数字用户线系列技术为代表的铜缆接入技术是一种重要改造手段，HFC 系统和非对称 Cable Modem 则是改造现有 CATV 网的试验性方案；但从发展来看，光纤接入，特别是宽带光接入辅以无线接入的手段将占主导地位。接入网的技术主要应用于以下几个方面。

1．xDSL

充分利用现有的巨大双绞线铜缆网来开放宽带业务是电话公司的主要竞争策略，非对称数字用户线（ADSL）系统就是一种比较理想的双绞线铜缆宽带接入技术。其下行单工信道速率可为 2.048Mbit/s、4.096Mbit/s、6.144Mbit/s、8.192Mbit/s，可选双工信道速率为 0kbit/s、160kbit/s、384kbit/s、544kbit/s、576kbit/s，目前已能在 0.5 芯径双绞线上将 6Mbit/s 信号传送 3.6km 之远。ADSL 所支持的主要业务是 Internet 和电话，其次才是点播电视业务，其最大特点是无需改动现有铜缆网络设施就能提供宽带业务。

2．混合接入技术

HFC（光纤同轴混合网）技术可使电话公司迅速提供宽带业务。HFC 在一个 500 户左右的光节点覆盖区域可以提供 60 路模拟广播电视、每户至少 2 路电话及速率至少高达 10Mbit/s 的数据业务。将来利用其 550MHz～750MHz 频段还可以提供至少 200 路 MPEG-2 的点播电视业务以及其他双向电信业务。有线接入网发展的一个重要趋势是 FTTC 与 HFC 融合，进而向 FTTC 发展。

3．光纤接入技术

SDH 已经在核心网得到广泛应用。目前，带宽需求和技术都已显示有必要把 SDH 技术上的巨大优势带进接入网领域，使 SDH 的功能和接口尽可能靠近用户。在接入网中应用 SDH 的主要优势如下。

① 对于要求高可靠、高质量业务的大型企事业用户，SDH 可以提供理想的网络性能和业务可靠性。此时可以直接用 SDH 系统以点到点或环形拓扑形式与用户相连。

② 可以增加传输带宽，改进网管功能。

4．无线接入技术

无线接入可分为移动接入与固定接入两种。其中移动接入又可分为高速和低速两种。高速移动接入一般可用蜂窝系统、卫星移动通信系统、集群系统等。低速接入系统可用 PGN 的微小区和毫微小区，如 CDMA 的 WILL、PACS、PHS 等。固定接入是从交换节点到固定用户终端采用无线接入。

主要的宽带固定无线接入技术有 3 类，即已经投入使用的多路多点分配业务（MMDS）、直播卫星系统（DBS）以及正在做现场试验的本地多点分配业务（LMDS）。前两者已为人所熟知，而 LMDS 则是刚刚兴起，近来才逐渐成为热点的新兴宽带无线接入技术。

5．以太网接入技术

随着技术成本的持续下降、电信市场的日益开放以及以 IP 为代表的数据业务的爆炸式增长，网络的带宽与容量再次成为热门话题和紧缺商品。以美国为代表的发达国家的骨干网正向超高速和超大容量的方向发展，高达 160Gbit/s（16×10Gbit/s）的波分复用系统已投入应用。

以下章节将针对上述主要应用逐一进行介绍。

7.2　xDSL 接入技术

数字用户线技术是 20 世纪 80 年代后期的产物，是采用不同调制方式将信息在现有的公用电话交换网（PSTN）引入线上实现高速传输的技术（包括 HDSL、ADSL 及 VDSL 等）。学术上将这一系列有关铜双绞线传送数据信号的新技术统称为 xDSL 技术，其中的 X 由取代的字母而定。

7.2.1　HDSL 技术

1．概述

HDSL（高比特率数字用户线）是 ISDN 编码技术研究的产物。1988 年 12 月，Bell core 首次提出了 HDSL 的概念。1991 年，Bell core 制定了基于 T1（1.544Mbit/s）的 HDSL 标准，欧洲电信标准学会（Eur ope Telecommunications Standards Institute，ETSI）也制定了基于 E1（2Mbit/s）的 HDSL 标准。

2．HDSL 系统的基本构成

HDSL 系统的基本构成如图 7-3 所示。

图 7-3　HDSL 系统的构成

图 7-3 中规定了一个与业务和应用无关的 HDSL 接入系统的基本功能配置，由两台 HDSL 收发信机和两对（或三对）铜线构成。两台 HDSL 收发信机中的一台位于局端，另一台位于用户端，可提供 2Mbit/s 或 1.5Mbit/s 速率的透明传输能力。位于局端的 HDSL 收发信机通过 G.703 接口与交换机相连，提供系统网络侧与业务节点（交换机）的接口，并将来自交换机的 E1（或 T1）信号转变为两路或三路并行低速信号，再通过两对（或三对）铜线的信息流透明地传送给位于用户端的 HDSL 收发信机。位于用户端的 HDSL 收发信机则将收到的来自交换机的两路（或三路）并行低速信号恢复为 E1（或 T1）信号送给用户。在实际应用中，用户端机可能提供分接复用、集中或交叉连接的功能。同样，该系统也能提供从用户到交换机的同样速率的反向传输。所以，HDSL 系统在用户与交换机之间建立起了 PDH 一次群信号的透明传输信道。

3．HDSL 关键技术

（1）线路编码

终端设备产生的数字信号通常是单极性不归零（NRZ）的二进制信码，这种信号一般不适于在二线用户环路上直接传送。这是因为单极性不归零（NRZ）信码与二线用户环路的传输特性不匹配。在二线用户环路上，线路信号的常用码型有 HDB3 码、2B1Q 码和 CAP 码。

（2）回波抵消

在 HDSL 系统中，回波抵消技术是一项不能缺少的关键技术。由于 HDSL 系统中的线路传输速率提高，于是要求回波抵消器中的数字信号处理器（Digital Signal Processor，DSP）的处理速度更快，以适应信号的快速变化。同时，由于线路特性引起信号拖尾较长，便要求回波抵消器具有更多的抽头。

（3）码间干扰与均衡

由于用户线路的传输带宽限制和传输特性较差，会使接收信号发生波形失真。从发送端发出的一个脉冲到达接收端时，其波形常常被扩散为几个脉冲周期的宽度，从而干扰到相邻的码元，形成所谓的码间干扰。如果线路特性是已知的，这种码间干扰可以用均衡器来消除。均衡器能够对线路的衰减频率失真和时延频率失真予以校正，也就是说，将线路的非平直衰减频率特性和非平直时延频率特性分别校正为平直的，从而消除其所产生的码间干扰。

（4）性能损伤

影响 HDSL 系统性能的主要因素有两个，一是 HDSL 系统内部两对双绞线之间产生的近端串话，它将随线路频率的增高而增大；二是邻近线对上的 PSTN 信令产生的脉冲噪声，这种噪声有时较大，甚至会使耦合变压器出现饱和失真，从而产生非线性效应。

（5）传输标准

关于 HDSL 系统的传输标准，目前主要有两种不同规定，一种是美国国家标准学会制定的；另一种是欧洲电信标准学会制定的。我国目前主要参考欧洲电信标准学会标准。

7.2.2　ADSL 与 ADSL2+技术

1. 概述

不对称数字用户线（Asymmetric Digital Subscriber Line，ADSL）是一种利用现有的传统电话线路高速传输数字信息的技术。ADSL 技术是由 Bellcore 的 Joe Lechleder 于 20 世纪 80 年代末首先提出的。该技术将大部分带宽用来传输下行信号（即用户从网上下载信息），而只使用一小部分带宽来传输上行信号（即接收用户上传的信息），这样就出现了所谓不对称的传输模式。ADSL 这种不对称的传输技术即符合 Internet 业务下行数据量大、上行数据量小的特点。

2. ADSL 的技术特点

ADSL 系统的主要特点是"不对称"，这正好与接入网中图像业务和数据业务的固有不对称性相适应。ADSL 技术的主要优点如下。

① 可以充分利用现有铜线网路，只要在用户线路两端加装 ADSL 设备即可为用户提供服务。

② ADSL 设备随用随装，无需进行严格的业务预测和网路规划，施工简单，时间短，系统初期投资小。

③ ADSL 设备拆装容易、灵活，方便用户转移，较适合流动性强的家庭用户。

④ 充分利用双绞线上的带宽。ADSL 以先进的调制技术，利用一般电话线路上未用到的频谱容量，产生更大、更快的数字通路，提供高速的远程接收或发送信息。

⑤ 双绞铜线可同时供普通电话业务（Plain Old Telephone Service，POTS）的声音和 ADSL

数字线路使用。因此，在一条 ADSL 线路上可以同时提供个人计算机、电视和电话频道。

3. ADSL 的系统结构

（1）系统构成

ADSL 系统构成如图 7-4 所示，它是在一对普通铜线两端各加装一台 ADSL 局端设备和远端设备而构成。除向用户提供一路普通电话业务外，还能向用户提供一个中速双工数据通信通道（速率可达 576kbit/s）和一个高速单工下行数据传送通道（速率可达 6～8Mbit/s）。

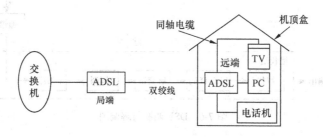

图 7-4　ADSL 系统构成图

（2）传输带宽划分

ADSL 基本上运用频分复用（FDM）或回波抵消（EC）技术，将 ADSL 信号分割为多重信道。简单地说，一条 ADSL 线路（一条 ADSL 物理信道）可以分割为多条逻辑信道。如图 7-5 所示即为这两种技术对带宽的处理。由图 7-5（a）可知，ADSL 系统是按 FDM 方式工作的，POTS 信道占据原来 4kHz 以下的电话频段，上行数字信道占据 25kHz～200kHz 的中间频段（约 175kHz），下行数字信道占据 200kHz～1.1MHz 的高端频段。

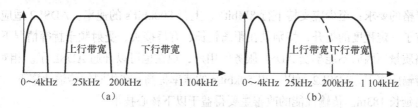

图 7-5　ADSL 频分复用信道划分

由图 7-5（b）可见，回波抵消技术是将上行带宽与下行带宽产生重叠，再以局部回波消除的方法将两个不同方向的传输带宽分离。这种技术也用在一些模拟调制解调器上。

（3）ADSL 的调制技术

ADSL 不仅吸取了 HDSL 的优点，而且在信号调制、数字相位均衡、回波抵消等方面采用了更为先进的器件和动态控制技术。图 7-6 所示为 DSL 调制解调器发送与接收端的流程图。可以说，所有的调制技术都具备了此流程图中各个步骤的功能，在实体芯片组的设计中，通常将这些步骤予以模块化后，再合并到芯片组中。

发送端输入位经过调制以后，转换成为波形送入信道；接收端接收了从信道送来的波形，解调后将波形还原为先前的位。其间经过了加扰、FEC 编码、交错、调制、整波、补偿、解调、解交错、FEC 译码以及解扰环节。

（4）ADSL 的传输方式

像其他传输方式一样，ADSL 也是一个"按帧传输方式"。与其他帧不同的是，ADSL 帧中的位流可以分割，一个 ADSL 物理间信道最多可同时支持 7 个逻辑承载通道，其中 4 个是只能供下行方向使用的单工信道（AS0～AS3），3 个是可以传输上行与下行数据流的双向（双工）承载通道（LS0～LS2），它们在 ADSL 物理层标准中定义为次信道。

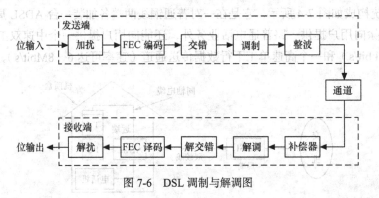

图 7-6　DSL 调制与解调图

4．ADSL2/ADSL2+

2002 年 7 月，ITU-T 公布了 ADSL 的两个新标准（G.992.3 和 G.992.4），即 ADSL2。2003 年 3 月，在第一代 ADSL 标准的基础上，ITU-T 制定了 G.992.5，也就是 ADSL2plus（ADSL2+）。作为在 ADSL 基础上发展起来的新技术，ADSL2/2＋与 ADSL 相比具有多方面的优势，可以帮助运营商解决在 ADSL 网络运营中所遇见的一系列问题，特别是 ADSL2/2＋在传输、编码调制等方面更是采用了大量的新技术。由此也使得 ADSL2/2＋在未来市场上具有更广阔的应用前景。ADSL2 的主要技术特性如下。

相比于 ADSL 8Mbit/s 的最高速率，ADSL2 的最高速率可达 12Mbit/s。G.992.3 标准对 ADSL2 的速率有严格的要求：至少应支持下行 8Mbit/s、上行 800kbit/s 的速率。ADSL2 适应较差线路环境的能力有了一定程度的提升，特别是在距离较长、有桥接头、受射频干扰等情况下，这样，过去由于线路质量原因而不能享受 ADSL 服务的用户，现在也可以开通 ADSL 了。相对于 ADSL，在相同的传输距离下，ADSL2 可以获得 50kbit/s 的速率提高；在相同的传输速率下，ADSL2 可以使传输距离延长 183m。传输性能的改善主要得益于以下核心技术。

- 多线对捆绑技术。
- RE-ADSL2 环路距离进一步延长。
- 动态调整的省电模式。
- 细分化的信道管理。
- 速率自适应技术。

除以上特点外，ADSL2 还具有实时性能监控、调制解调器初始化过程规范化、互联互通的能力增强及快速启动等特性。

7.2.3　VDSL 技术

近一两年来，基于电话铜缆的高速数据传送技术——VDSL（甚高速数字用户线）得到了芯片供应商、设备制造商和网络运营商的广泛关注，其芯片和设备进展很快，应用范围也在不断推广。

1．VDSL 系统构成

（1）参考模型

VDSL 的系统结构也与 ADSL 很相似，其参考模型如图 7-7 所示。VDSL 局端设备与用户端设备之间通过普通电话铜缆（U_1-C 与 U_2-R 参考点之间）进行点对点传输。

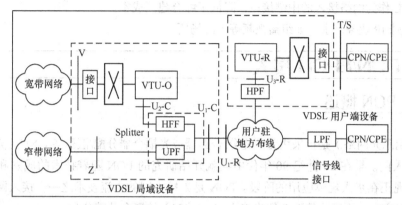

图 7-7　VDSL 系统参考模型

（2）频段划分和传送能力

VDSL 使用的频谱较宽，最高可达 12MHz。这一频谱范围可被分割为若干下行（DS）和上行（US）频段，国际上常用的频段划分方式（Band Plan）主要有 Plan997、Plan998 两种。Plan998 根据北美的业务需求划分，主要面向非对称业务；而 Plan997 根据欧洲的业务需求划分，主要面向对称业务。

（3）线路编码

VDSL 的线路编码（调制技术）有 QAM（正交幅度调制）和 DMT（离散多音频）两种。QAM 技术相对简单，进展较快；芯片已比较成熟，相应的设备在国内外进行了比较广泛的试验和试商用，设备成本也在不断降低。DMT 技术理论上性能更好，但实现较复杂，功耗较高，目前商用化设备很少。两种技术各有特点，究竟哪一种会在今后占主导地位，目前尚不明朗。

2．VDSL 技术的特点

（1）高速传输

短距离内的最大下传速率可达 55Mbit/s，上传速率可达 19.2Mbit/s，甚至更高。目前可提供 10Mbit/s 的上、下行对称速率。

（2）上网、打电话互不干扰

VDSL 数据信号和电话音频信号以频分复用的原理调制于各自频段，互不干扰，用户上网的同时可以拨打或接听电话，避免了拨号上网时不能使用电话的烦恼。

（3）独享带宽、安全可靠

VDSL 利用电信公司深入千家万户的电话网络，先天形成的星形结构的网络拓扑构造，骨干网络采用电信公司遍布全城全国的光纤传输，独享 10Mbit/s 带宽，信息传递快速可靠安全。

（4）安装快捷方便

在现有电话线上安装 VDSL，只需在用户侧安装一台 VDSL Modem。最重要的是，无需为宽带上网而重新布设或变动线路。

（5）价格实惠

VDSL 业务上网资费构成为基本月租费+信息费，不需要再支付上网通信费（即电话费）。

3. VDSL 应用方向

① 酒店客户（包括个别小区须建立网络社区服务）由于有内部 VOD 系统，需要大于 1.5Mbit/s 的带宽。

② 部分企业（特别是网吧）需要对称高带宽的专线接入或者互连。

③ VDSL 作为网络接入的中继接口，降低了综合建网成本。

④ 有特殊 IP 业务需求（如组播视频等）的场所。

7.3 PON/EPON 接入

7.3.1 PON 概述

PON（无源光网络）是指采用无源光分/合路器或光耦合器分配/汇聚各 ONU（光网络单元）信号的光接入网。早在 20 世纪 90 年代中期就开始研究的 PON 随着技术的成熟和用户对高带宽需求的出现正在步入规模应用的阶段。PON 是光接入网的主流技术之一。接入网的光纤化是接入网的发展方向，下面将简要介绍光接入网（OAN）的概念及其分类。

光接入网的概念出现于 1996 年通过的 ITU-T G.982。根据 G.982 的定义，光接入网是共享相同网络侧接口并由光接入传输系统所支持的接入链路群，由一个光线路终端（OLT）、至少一个光分配网（ODN）、至少一个光网络单元（ONU）及适配设施（AF）组成。根据 OLT 到各 ONU 之间是否存在有源设备，光接入网又可分为无源光网络（PON）和有源光网络（AON），前者采用无源光分路器，后者采用有源电复用器（基于以太网、PHD、SDH 或 ATM 等技术）。PON 的功能参考配置如图 7-8 所示。

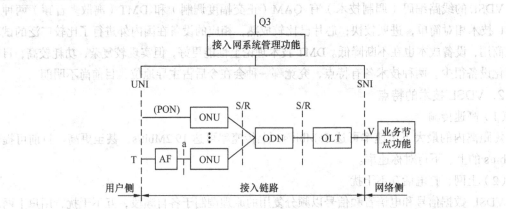

图 7-8　PON 的功能参考配置

OLT 的作用是为光接入网提供网络侧与业务节点（对于窄带业务，业务节点设备就是本地交换机）之间的接口，并经一个或多个 ODN 与用户侧的 ONU 通信。OLT 与 ONU 的关系为主从通信关系。OLT 可以位于交换局内，也可以位于远端。

ODN 为 OLT 与 ONU 之间提供光传输手段，其主要功能是完成光信号的功率分配任务。ODN 是由光缆、无源光器件（如光连接器和光耦合器）等组成的无源光馈线、配线网，一般呈树形分支结构。

ONU 的作用是为光接入网提供直接或远端的用户侧接口，处于 ODN 的用户侧。其主要功能是终结来自 ODN 的光信号，处理光信号，并为用户提供业务接口。

AF 为 ONU 和用户设备提供适配功能，它可以包含在 ONU 内，也可以完全独立。

7.3.2　PON 的无源光器件

通常，人们称不发光、不对光放大和不产生生光电转换的光器件为光无源器件。光无源器件的种类繁多，主要有光纤连接器、光耦合器、波分复用器、光隔离器、光衰减器、光开关和光调制器等。

光耦合器是 PON 中至关重要的无源光器件。PON 的许多优势正是由于它的无源光功率分路、合路功能而体现出来的。本书中光耦合器指在一定波长范围内对光信号功率"耦合"实现光功率合路或分路的无源光器件，而不包括按光信号的波长进行信号分路或合路的波分复用器。

按照光耦合器的端口形式，光耦合器分为星形和树形两大类。输入端口数与输出端口数相等的为星形耦合器；不相等的为树形耦合器。在 PON 中经常应用的是树形耦合器，光耦合器在下行方向作光功率分路用，在上行方向作光功率合路用。按工作带宽来分类，耦合器则分为单工作窗口的窄带耦合器、单工作窗口的宽带耦合器和双工作窗口的宽带耦合器。按制作光耦合器的材料来分类，光耦合器主要有光纤耦合器和波导耦合器。目前价格比较低廉、应用比较普遍的是光纤耦合器。PON ODN 中的光分/合路器也都是光纤耦合器。

7.3.3　PON 的多址接入技术

由于 PON 采用点对多点的拓扑结构，所以必须采用点对多点多址接入协议使众多的 ONU 或 ONT 来共享 OLT 和主干光缆。下面将对各种多址接入技术进行分析比较。

1．时分多址接入

这里以树形分支结构为例说明 PON 信号传输的特点。树形分支结构决定了各个 ONU 之间必须以共享媒质方式与 OLT 通信。下行方向（OLT 到 ONU）通过 TDM 广播的方式发送信息数据给各 ONU，并用特定的标识来指示各时隙是属于哪个 ONU 的；载有所有 ONU 的全部信息的光信号功率在光分路器处被分成若干份再经各分支光纤到达各 ONU，各 ONU 根据相应的标识收取属于自己的下行信息数据（即时隙），其他时隙的信息数据则被丢弃。上行方向（ONU 到 OLT）通过 TDMA 方式实现接入，各 ONU 在 OLT 的控制下，只在 OLT 指定的时隙发送自己的信息数据；各 ONU 的时隙在光合路器处汇合，PON 系统的测距和多址接入控制保证上行各 ONU 的信息数据不发生冲突。

2．波分多址接入

波分多址（WDMA）PON 网络的关键技术是密集波分复用技术。尽管密集波分复用技术已经成熟，并在骨干网和城域网上应用，但 WDMA PON 的成本对于接入网环境仍太高。目前无论企业用户还是居民用户都没有这么宽的带宽需求，也无法承受其高昂的价格，所以我们认为 WDMA PON 在未来几年内还不适合在接入网环境中应用。

3．副载波多址接入

副载波多址接入（SCMA）是利用不同频率的电载波（相对光载波来说是副载波）来复用和解复用不同用户的信息数据流，然后这些副载波再去强度调制光载波，产生模拟的光信号。根据电副载波调制光载波的方式，SCMA 又分为单通道和多通道的 SCMA。单通道 SCMA 是指每一副载波（被要传输的用户信息数据所调制）调制—光波长的光信号强度，而所有的被副载波调制的光信号在光合路器处合在一起，接收端光信号由光电探测器转换成电信号后通过中心频率为各个副载波的带通滤波器，并进一步通过鉴相解调出信息数据。

4．码分多址接入

码分多址接入（CDMA）在光接入网上的应用，按其编解码信号是先以光的形式还是先以电的形式转换到光域而分为光 CDMA 和电 CDMA 的光传输两大类。

对比上面 4 种多址接入技术，我们可以看出，技术成熟度比较高、成本相对低廉的是 TDMA 和 SCMA，而 TDMA 又具有适合动态带宽分配、应用灵活的优势，因而目前 PON 系统都采用这种 TDMA 技术。

7.3.4　EPON

1．EPON 的概念

EPON（Ethernet Passive OpticalNetwork，以太网无源光网络）是 PON 技术中最新的一种，由 IEEE 802.3 EFM（Ethernet for the First Mile）提出。EPON 是一种采用点到多点网络结构、无源光纤传输方式、基于高速以太网平台和 TDM 时分 MAC 媒体访问控制方式提供多种综合业务的宽带接入技术。

2．EPON 的系统结构

EPON 接入网的总体结构如图 7-9 所示；其由 OLT、ONU 组成，采用树形拓扑结构。

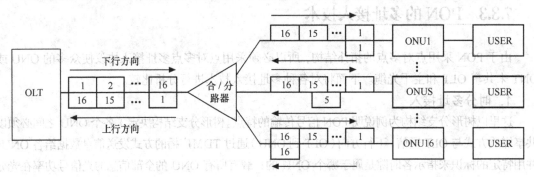

图 7-9　EPON 结构图

OLT 放置在中心局端，分配和控制信道的连接，并有实时监控、管理及维护功能。ONU 放置在用户侧，OLT 与 ONU 之间通过无源光合/分路器连接。

3．EPON 的拓扑结构

OLT 和 ONU 之间可以灵活组建成树形、环形、总线型、以及混合型拓扑，如图 7-10～图 7-14 所示。

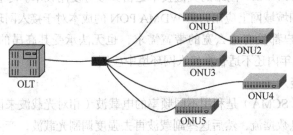

图 7-10　树形拓扑

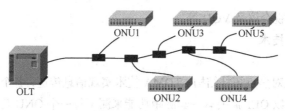

图 7-11　总线型拓扑

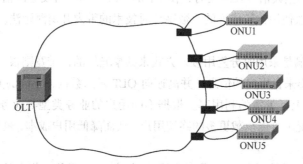

图 7-12　环形全保护的拓扑

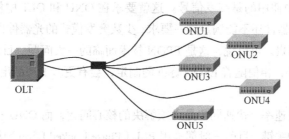

图 7-13　主干路带保护的树形拓扑

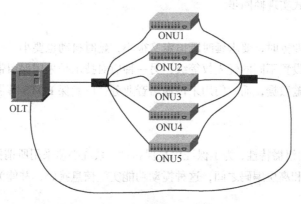

图 7-14　主、支路带保护的树形拓扑

4．EPON 的技术优势

EPON 融合了 PON 和以太网产品的优点，形成以下主要优势。

① 高带宽。EPON 采用复用技术，能够提供高达 1Gbit/s 的上下行带宽。

② 低成本。EPON 系统不采用昂贵的 ATM 设备和 SONET 设备，大大简化了系统结构。EPON 采用标准的以太网接口即可以利用现有的价格低廉的以太网络设备，可升级性比较强，只要更换终端设备就可以升级到高速率。

③ 实现综合业务。EPON 不仅能综合现有的有线电视、数据、语音业务，还能兼容未来业务

如数字电视、VoIP、电视会议及 VOD 等。

5. EPON 的关键技术

（1）测距

因为 EPON 采用点对多点拓扑结构、TDMA 技术实现信息传送，各个 ONU 与 OLT 之间的逻辑距离是不相等的，所以 OLT 需要有一套测距功能来测试每一个 ONU 与 OLT 之间的逻辑距离，并据此来指挥 ONU 调整其信号发送延时，使不同距离的 ONU 所发送的信号能在 OLT 处准确地复用在一起。目前一般使用比较成熟的、数字计时技术的带内开窗测距法。

（2）带宽分配

上行信道中的传输是采用时分复用接入方式来共享光纤的，带宽则根据 ONU 的需要由 OLT 分配。各个 ONU 收集来自用户的信息，并高速向 OLT 发送数据，不同的 ONU 发送的数据占用不同的时隙，提高了上行带宽的利用率。根据不同用户的业务类型与业务特点合理分配信道带宽，在带宽相同的情况下可以承载更多的终端用户，从而降低用户成本，最有效地利用网络资源。

（3）光器件

由于 EPON 上行信道是所有 ONU 分时复用的，每个 ONU 只能在指定的时间窗口内发送数据，所以 EPON 上行信道中使用的是突发信号。这就要求在 ONU 和 OLT 中使用支持突发信号的光器件，现有的大部分光器件还不能满足这一要求，少数突发模式的光器件也只能工作在 155Mbit/s 的速率上，而且价格昂贵。可以说，这是 EPON 技术面临的一大问题。目前已有厂商正在研制满足 EPON 要求的光器件，相信随着 EPON 标准的制定，会有更多的产品出现。

（4）时钟提取

对于实现系统的高速率，快速同步是必须解决的核心问题，而 ONU 和 OLT 以及上下行比特码的时钟一致是其中的关键。目前一般都采用 PLL（Phase Locked Loop）从下行信号中提取时钟，利用帧同步字检测方式实现帧同步。

（5）传输质量

传输语音和视频业务时，要求延时既恒定又很小，延时抖动也要小。一种应对方法是对不同服务质量要求的信号设置不同的优先权等级；另一种应对技术是采用保留带的方法，提供一个开放的高速通道，不传输数据，而专门用来传输语音业务，以确保 POTS 等需要保证响应时间的业务能得到高速传送。

（6）搅动

由于 PON 固有的组播特性，为了保证信息保密性，系统必须采用所谓搅动的保护措施。该措施介于传输系统扰码和高层编码之间，这种搅动功能实施信息扰码，并能为信息保密提供保证。

（7）安全问题

在点对多点的模式下，EPON 的下行信道以广播的方式发送给相连接的所有 ONU，每个 ONU 都可以接收 OLT 发送给所有 ONU 的信息，就产生了一些安全隐患，所以必须对发送给每个 ONU 的下行信号进行加密。加密算法主要有 DES（Data Encryption Standard）、AES 等，相比而言，AES 更为理想。

6. EPON 的应用

10G 以太网标准 IEEE 802.3ae 已经发布，意味着以太网可进入城域网和广域网领域。而用于局域网的 10GBase-T 和 10GBase-CX4 的补充标准也已经在 2002 年底启动，如果接入网也采用电信运营级的以太网技术 EPON，将形成从局域网、接入网、城域网到广域网全部是以太网的结构，可以大大提高整个网络的运行效率。

7.4　无线局域网

7.4.1　无线局域网的基本概念

WLAN（无线局域网）一般指的是遵循 IEEE 802.11 系列协议的无线局域技术的网络。IEEE 802.11 协议组包括 IEEE 802.11、IEEE 802.11a、IEEE 802.11b、IEEE 802.11g 等一系列协议，这些协议由国际电气和电子工程师协会（IEEE）制定，经过多年的发展已经逐渐成为事实上的行业标准。目前无线局域网领域的典型标准是 IEEE802.11 系列标准和 HiperLAN 系列标准。

- 蓝牙（BlueTooth，BT）。
- 红外数据（IrDA）。
- 家庭射频（HomeRF）。
- 超宽带（Ultra-WideBand，UWB）。
- Zigbee。

IEEE 802.11 系列标准指由 IEEE 802.11 标准任务组提出的协议族，包括 IEEE 802.11、IEEE 802.11a、IEEE 802.11b 和 IEEE 802.11g 等。IEEE 802.11 和 IEEE 802.11b 用于无线以太网（Wireless Ethernet），其工作频率大多在 2.4GHz 上，IEEE 802.11 传输速度为 1～2Mbit/s；IEEE 802.11b 的速率为 5.5～11Mbit/s，并兼容 IEEE 802.11 速率。IEEE 802.11a 的工作频率在 5～6GHz，使用正交频分复用（Orthogonal Frequency Division Multiplex，OFDM）技术使传输速率可以达到 54Mbit/s。IEEE 802.11g 工作在 2.4GHz 频率上，采用 CCK、OFDM、PBCC（分组二进制卷积码，Packet Binary Convolutional Code）调制，可提供 54Mbit/s 的速率并兼容 802.11b 标准。

HiperLAN 是 ETSI 开发的标准，包括 HiperLAN1、HiperLAN2、设计为用于户内无线骨干网的 HiperLink 以及设计为用于固定户外应用访问有线基础设施的 HiperAccess 等 4 种标准。HyperLAN1 提供了一条实现高速无线局域网连接、减少无线技术复杂性的快捷途径，并采用了在 GSM 蜂窝网络和蜂窝数字分组数据网（CDPD）中广为人知并广泛使用的高斯最小移频键控（GMSK）调制技术。最引人注目的 HiperLAN2 具有与 IEEE 802.11a 几乎完全相同的物理层和无线 ATM 的 MAC 层。

7.4.2　无线局域网的组成原理

无线局域网的物理组成或物理结构如图 7-15 所示，由站（Station，STA）、无线介质（Wireless Medium，WM）、基站（Base Station，BS）或接入点（Access Point，AP）以及分布式系统（Distribution System，DS）等几部分组成。

1．站（点）

站（点）也称主机或终端，是无线局域网最基本的组成单元。网络就是进行站间数据传输的，我们把连接在无线局域网中的设备称为站。站在无线局域网中通常用作客户端，它是具有无线网络接口的计算设备。无线局域网中的站是可以移动的，因此通常也称为移动主机或移动终端。无线局域网中的站之间可以直接相互通信，也可以通过基站或接入点进行通信。在无线局域网中，站之间的通信距离由于天线的辐射能力有限和应用环境的不同而受到限制；我们把无线局域网所能覆盖的区域范围称为服务区域（Service Area，SA），而把由无线局域网中移动站的无线收发信机及地理环境所确定的通信覆盖区域（服务区域）称为基本服务区（Basic Service Area，BSA），也常称为小区（Cell），它是构成无线局域网的最小单元，在一个 BSA 内的移动站彼此之间相互联系。相互通信的一组主机组成了一个基本业务组（Basic Service Set，BSS）。由于考虑到无线资源的利用率和通信技术等因素，BSA 不可能太大，通常在 100m 以内，也就是说同一 BSA 中的移动站之间的距离应小于 100m。

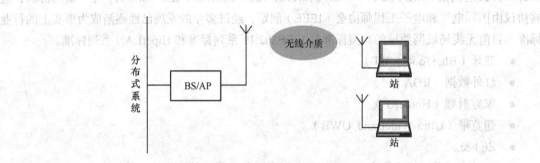

图 7-15　无线局域网的物理结构

2．无线介质

无线介质是无线局域网中站与站之间、站与接入点之间通信的传输介质。在这里指的是空气，它是无线电波和红外线传播的良好介质。无线局域网中的无线介质由无线局域网物理层标准定义。

3．无线接入点

无线接入点（AP，简称接入点）类似蜂窝结构中的基站，是无线局域网的重要组成单元。无线接入点是一种特殊的站，它通常处于 BSA 的中心，固定不动。

无线接入点也可以作为普通站使用，称为 AP Client。

4．分布式系统

一个 BSA 所能覆盖的区域受到环境和主机收发信机特性的限制。为了覆盖更大的区域，我们就需要把多个 BSA 通过分布式系统连接起来，形成一个扩展业务区（Extended Service Area，ESA），而通过 DS 互相连接起来的属于同一个 ESA 的所有主机组成一个扩展业务组（Extended Service Set，ESS）。分布式系统是用来连接不同 BSA 的通信信道，称为分布式系统信道（Distribution System Medium，DSM）。DSM 可以是有线信道，也可以是频段多变的无线信道，这样在组织无线局域网时就有了足够的灵活性。在多数情况下，有线 DS 系统与骨干网都采用有线局域网（如 IEEE 802.3）。而无线分布式系统（Wireless Distribution System，WDS）可通过 AP 间的无线通信（通常为无线网桥）取代有线电缆来实现不同 BSS 的连接。

7.4.3　介质访问控制方法

总线型局域网在 MAC 层的标准协议是 CSMA/CD，即载波侦听多点接入/冲突检测（Carrier Sense Multiple Access with Collision Detection）。但由于无线产品的适配器不易检测信道是否存在冲突，因此 IEEE 802.11 全新定义了一种新的协议，即载波侦听多点接入/避免冲撞 CSMA/CA(with Collision Avoidance)。

一方面，载波侦听，查看介质是否空闲；另一方面，避免冲撞，通过随机的时间等待，使信号冲突发生的概率减到最小，当介质被侦听到空闲时，优先发送。不仅如此，为了系统更加稳固，IEEE 802.11 还提供了带确认帧 ACK 的 CSMA/CA。在遭受其他噪声干扰，或者侦听失败时，信号冲突就有可能发生，而这种工作于 MAC 层的 ACK 此时能够提供快速的恢复能力。

7.4.4　无线局域网的拓扑结构

无线局域网的拓扑结构可从几个方面来分类。根据物理拓扑分类，有单区网（Single Cell Network，SCN）和多区网（Multiple Cell Networks，MCN）；从逻辑方面，无线局域网的拓扑主要有对等式、基础结构式和线形、星形、环形等；从控制方式方面来看，无线局域网可分为无中心分布式和有中心集中控制式两种；从与外网的连接性来看，无线局域网主要有独立无线局域网和非独立无线局域网。

BSS 是无线局域网的基本构造模块，有两种基本拓扑结构或组网方式，分别是分布对等式拓扑和基础结构集中式拓扑。

1．分布对等式拓扑

分布对等式拓扑网络是一种独立的 BSS（IBSS），它至少有两个站，是一种典型的、以自发方式构成的单区网。在可以直接通信的范围内，IBSS 中任意站之间可直接通信而无需 AP 转接，如图 7-16 所示。由于没有 AP，站之间的关系是对等的（Peer to Pee）、分布式的或无中心的。由于 IBSS 网络不需要预先计划，随时需要随时构建，因此该工作模式被称为特别网络或自组织网络（Ad Hoc Network）。采用这种拓扑结构的网络各站点竞争公用信道，当站点数过多时，信道竞争成为限制网络性能的要害，因此比较适合于小规模、小范围的无线局域网系统。

2．基础结构集中式拓扑

在无线局域网中，基础结构（Infrastructure）包括分布式系统媒体（DSM）、AP 和端口实体，同时它也是 ESS 的分布和综合业务功能的逻辑位置。除 DS 外，一个基础结构还包含一个或多个 AP 及零个或多个端口。因此，在基础结构无线局域网中至少要有一个 AP，只包含一个 AP 的单区基础结构网络如图 7-17 所示。AP 是 BSS 的中心控制站，网中的站在该中心站的控制下与其他站进行通信。

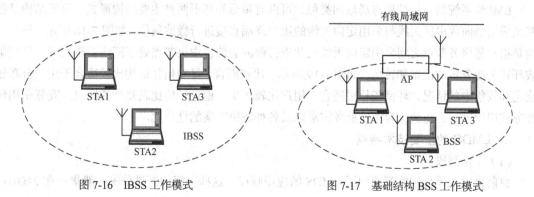

图 7-16　IBSS 工作模式　　　　图 7-17　基础结构 BSS 工作模式

259

7.4.5　无线局域网的应用

无线局域网的应用非常广泛，应用方式也很多。从总体上分类，无线局域网主要有室外应用和室内应用两类。公共无线局域网接入（Public Access）是近两年来发展起来的新的应用模式，它借助于现有的广域网络，如中国电信的公共数据网、公共移动网（GSM、GPRS、cdma2000-1X等），构成广大区域的无线 ISP；当前的构造方式主要是在热点（Hotspots）场所部署无线局域网。

无线局域网有 3 类应用方式，即无线局域网接入、网络无线互联和定位。前两类应用已经比较普遍，而无线局域网定位应用是近两年才发展起来的，是与无线广域网的定位类似的一种应用方式。无线局域网定位不仅可以单独应用，而且可以将其与其他应用结合起来，进一步促进无线局域网的应用。

7.5　其他接入技术

7.5.1　LMDS 技术

1．LMDS 的基本概念

LMDS（Local Multi-point Distribution Service）定位为宽带固定无线接入技术，其中文名称为本地多点分配业务系统。LMDS 这几个字母的含义如下所述。

- **L（本地）**：指在一个小区的覆盖区域内，在其频率范围限度内，信号的传播性。目前在城市进行的网络试验显示，LMDS 基站发射机的范围最大达 5km。
- **M（多点）**：由基站到用户的信号以点对多点或广播方式发送，而由用户到基站的信号回传则以点对点的方式传送。
- **D（分配）**：指信号的分配方式，它可同时包括语音、数据、Internet 服务和视像业务，将不同的信号分配到不同的用户站（接收设备）。
- **S（业务）**：指网络运营者与用户之间在业务上是提供与使用关系，即用户从 LMDS 网络所能得到的业务服务完全取决于网络运营商对网络业务的选择。

第一代 LMDS 设备为模拟系统，没有统一的标准。目前通常所说的 LMDS 为第二代数字系统，主要使用 ATM（异步传输模式）传送协议，具有标准化的网络侧接口和网管协议。

2．LMDS 系统的拓扑结构

LMDS 系统的拓扑结构与局域网类似，可以有星形和环形两种主要结构形式。星形结构是指基站采用全向或扇区天线与采用定向天线的用户终端直接进行微波通信，如图 7-18 所示。环形结构是指相邻服务节点之间采用定向天线彼此进行微波通信，中央节点处于网络枢纽位置，负责微波环路上业务量的汇聚和转接，如图 7-19 所示。比较而言，星型拓扑结构比较适合于用户分布较确定和较集中的情况，环型拓扑更适合于用户比较稀少、地理环境比较复杂的情况。究竟采用何种方式组织网络，需要综合考虑业务需求以及各种解决方案的性价比。

3．LMDS 的主要技术特点

（1）工作频段

目前世界上不少国家都规划了 LMDS 的应用频段，这些国家的频谱分配一般集中在 24GHz，

26GHz，28GHz，31GHz 和 38GHz 等几个频段，其中 27.5GHz～29.5GHz 最为集中，差不多 80% 的国家都将本国的频谱分配在这一频段之内。

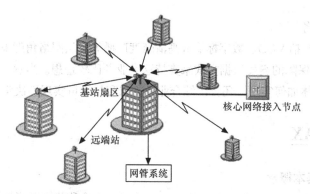

图 7-18　星形 LMDS 系统拓扑结构

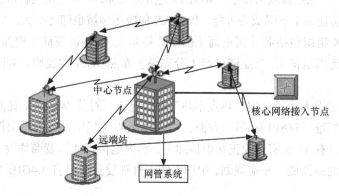

图 7-19　环形 LMDS 系统拓扑结构

（2）多址方式

LMDS 下行主要采用 TDM（时分复用）的方式将信号向相应扇区广播，每个用户终端在特定的频段内接收属于自己的信号。这里要说明的是，多址方式指基站设备采用何种办法正确接收来自本扇区内多个远端用户的信号。目前各厂家主要采用 TDMA 和 FDMA 两种方式中的一种，也有个别厂家声称可以同时支持这两种方式。

（3）调制方式

目前各厂家普遍支持的调制方式为 QPSK（四相相移键控），也有不少厂家支持 16QAM（正交振幅调制），甚至 64QAM。

4．LMDS 的应用

归纳起来，LMDS 技术主要有如下一些应用。

（1）租用线业务

租用线业务（Leased Lines Service）提供用户终端至网络的 E1 或部分 E1（$N \times 64$kbit/s）、帧中继（FR）连接等，主要应用于 PABX（用户自动交换机）连接及基于专线的广域网连接等。

（2）突发数据业务

这类业务的应用包括 Internet、Intranet 以及局域网互联等，主要面向企业、SOHO（Small Office，Home Office）以及居民用户等。

（3）交换语音业务

这类业务主要为传统的语音和 ISDN 通信提供接入，网络接口可以是 V5.2 或其他符合标准的接口。

（4）数字视频业务

这类业务的应用包括 VOD、数字标清或高清晰度广播等。从网络角度来说，考虑到业务的不对称性，采用有 QoS 保障的突发数据方式来支持这类业务比较理想。当然，采用租用线的方式也能支持这类业务，具体如何实现，还要由综合业务需求和技术可实现性决定。

7.5.2 WiMAX

1．WiMAX 的基本概念

WiMAX（World Interoperability for Microwave Access）全称为全球微波接入互操作性，是基于 IEEE 802.16 标准的无线城域网技术。WiMAX 组织从 2001 年开始制定标准，并对芯片、设备进行认证，规模经济使成本下降成为可能，WiMAX 的应用领域也随之扩大。

现在，WiMAX 组织包括芯片制造商（例如英特尔）、设备供应商（例如阿尔卡特）、电信运营商（例如 BT 英国电信），产业链已经十分完整。参照 WiFi 的经验，WiMAX 的规模应用为期不远。

我国在经历了建设无线局域网"热点不热"的情况下，对待 WiMAX 显然更为理性。一方面力推局域网中国标准（WAPI）；另一方面，在 WiMAX 论坛中，国内厂家仅华为、中兴、润讯 3 家企业加入，另有 3～5 家企业正在申请加入，国内电信行业运营商均没有参加。目前，中国已经对 WiMAX 的频段做了相应规划，中国无线电管理委员会已将 3.4GHz 频段预留，可用于发展 WiMAX。

2．WiMAX 网络的架构和特点

IEEE 802.16 协议族定义了 WiMAX 网络的空中物理层和 MAC 层接口，旨在为城域网的接入层提供基于 IP 的、具备端到端 QoS 保障的无线接入。目前已定制的两大系列标准包括 IEEE 802.16-2004（即 802.16d）和 IEEE 802.16-2005（即 802.16e），前者面向固定式宽带无线接入，后者侧重于移动性和便携性。

从固定式 WiMAX 系统主体来看，它包括基站（Base Station，简称 BS）、用户站（Customer Premise Equipment，简称 CPE）以及网管等主要部分，构成点到多点的星型拓扑结构。基站和用户站之间的空口遵循 IEEE 802.16d 规范，定位于最后 1km 的接入，结构简洁，标准清晰。端到端网络架构分为两部分，即 WiMAX 接入网以及核心网和应用，如图 7-20 所示。

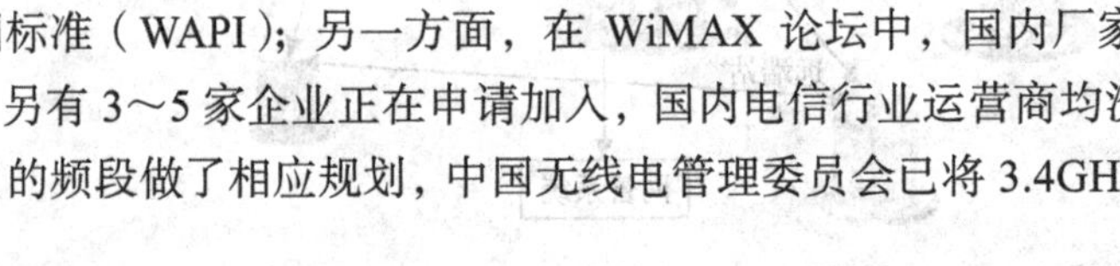

WiMAX 接入网				核心网和应用
用户终端	无线网络	回程/汇聚网	无线接入控制和管理	A（应用服务器）
	基站	DSL、微波、光传输、电信及以太网等	无线接入控制器、DNS、DHCP、AAA、HA	B (NGN/IMS)
				C（互联网）

图 7-20 基于 WiMAX 接入的端到端网络架构

3．WiMAX 的技术优势

（1）实现更远的传输距离

WiMAX 所能实现的 50km 的无线信号传输距离是无线局域网所不能比拟的，网络覆盖面积是 3G 发射塔的 10 倍，只要少数基站建设就能实现全城覆盖，这样就使得无线网络应用的范围大大扩展。

（2）提供更高速的宽带接入

WiMAX 技术在链路层加入了 ARQ 机制，减少了到达网络层的信息差错，大大提高了系统的业务吞吐量。WiMAX 采用 OFDM（正交频分复用技术）编码，所能提供的最高接入速度是 70Mbit/s，这个速度是 3G 所能提供的宽带速度的 30 倍。对无线网络来说，这的确是一个惊人的进步。

（3）提供优良的最后 1km 网络接入服务

作为一种无线城域网技术，它可以将 Wi-Fi 热点连接到互联网，也可作为 DSL 等有线接入方式的无线扩展，实现最后 1km 的宽带接入。WiMAX 可为 50km 线性区域提供服务，用户无需线缆即可与基站建立宽带连接。

（4）QoS 保证

WiMAX 可以向用户提供具有 QoS 保障的数据、视频、语音业务。WiMAX 可以提供 3 种等级的服务，即 CBR（Constant Bit Rate）、CIR（Committed Information Rate）、BE（Best Effort）。CBR 的优先级最高，任何情况下，网络操作者与服务提供商以高优先级、高速率及低延时为用户提供服务，保证用户订购的带宽；CIR 的优先级次之，网络操作者以约定的速率提供，但速率超过规定的峰值时，优先级会降低，还可以根据设备带宽资源情况向用户提供更大的传输带宽；BE 的优先级更低，这种服务类似于传统 IP 网络的尽力而为的服务，网络不提供优先级与速率的保证。

（5）开销及投资风险较小

设备的互用性使运营商能从多个设备制造商处购买 WiMAX Certified 设备，稳定的基于标准的平台将激发各层、网络管理、天线等技术的创新，从而改善运营费用的问题。

（6）系统容量的可升级性

新增扇区简易，灵活的信道规划使容量达到最大化，允许运营商根据用户的发展逐渐升级扩大网络。灵活的信道带宽规划适用于多种频率的分配情况。从单个用户到数以百计的用户，MAC 层协议都可以保持高效的分配机制。

（7）较高的安全性

WiMAX 系统安全性较好。WiMAX 空中接口专门在 MAC 层上增加了私密子层，不仅可以避免非法用户接入，保证合法用户顺利接入，而且提供加密功能，充分保护用户隐私。

4．WiMAX 的工作模式

（1）点对多点宽带无线接入

点对多点的应用可以适应于固定、游牧和便携模式。在 xDSL 或者 Cable 接入方式难以覆盖的地方，WiMAX 将是最有竞争力的替代方案。与 DSL 等有线接入相比，WiMAX 技术较少受距离和社区用户密度的影响；对于一些临时性的聚集地，例如展会和体育赛场，WiMAX 可以发挥快速部署的灵活性，这一点尤其适合未来在奥运项目中应用。

（2）点对点无线宽带接入

点对点无线宽带接入主要用于点对点的方式进行无线回传和中继服务。点对点无线宽带接入不仅大大延伸了 WiMAX 网络的覆盖范围，而且可以为运营商的 2G/3G 网络基站以及无线局域网热点提供无线中继传输，同时可以用于企业网的远程互联和接入。

（3）蜂窝状组网方式

WiMAX 基站可以组成与现有 GSM/CDMA 网络相似的蜂窝状网络。采用基于 IEEE 802.16e 标准的系统，可提供稳定、高质量的移动语音服务以及高带宽的移动数据业务。利用 WiMAX 每比特成本低的特点，为手持终端用户提供经济、方便的移动宽带无线服务。

在目前 WiMAX 技术发展还不完全成熟的情况下，其发展前景还存在一些不确定的因素，例如 WiMAX 要适应各个国家的频谱划分就是一件很不容易的事。但可以肯定的是，WiMAX 技术将为中国信息产业带来机遇和挑战，对它的深入研究将为这一行业的发展奠定坚实的基础，为高速网络用户和提供商都开创广泛的发展前景。

7.6 案例学习

7.6.1 基于 ADSL 的家庭网络和办公网络

从 20 世纪 90 年代中后期，家庭和办公室计算机接入 Internet 经历了 19.6kbit/s～56kbit/s 的电话拨号 PSTN、128kbit/s 的"一线通"ISDN、256kbit/s～1 024kbit/s 的 Cable Modem 共享 HFC 有线电视网、10Mbit/s～100Mbit/s 共享的光纤+局域网、512kbit/s～2 048kbit/s 的 ADSL 等接入技术。随着人们对接入技术低成本、高速率、易安装的追求，ADSL 逐渐成为家庭和分支办公室接入 Internet 的首选。

1. 基于 ADSL 的家庭网络

ADSL 宽带接入技术具有很多优点，如可直接利用现有的用户电话线，安装简单，节省投资；可提供 1Mbit/s～2Mbit/s 的网络带宽，支持 VOD 服务；上网、打电话可同时进行，上网时不需要另交电话费，资费较低。将 ADSL Modem 的外线接口与电话分离器的数据口连接，ADSL Modem 的内线接口直接与计算机上的网卡（或 USB 网卡）连接，即可组成家庭局域网，如图 7-21 所示。

图 7-21　基于 ADSL 的家庭网络

用户端 ADSL 设施包括数据/语音分离器、ADSL Modem、电话机、计算机等。分离器的作用是把语音信号分离出来供电话使用，并阻止电话对带宽信号的干扰。多数分离器一侧有一个标记为 LINE 的端口，用于连接入户的电话线；另一侧有两个端口，标记为 PHONE 的端口用于连接电话机，标记为 DSL 的端口用于连接 ADSL Modem。如果将电话机连接到 DSL 端口或分离器的前端，都将影响上网质量，甚至无法上网。

2. 基于 ADSL 的办公网络

组建一个办公网络，要求用最少的投资，获得最大效益，并且能实现网络办公的两大主要功能，即资源共享（共享文档、应用程序和打印机等）和共享接入带宽。

常用的 ADSL 共享上网方式有服务器共享和路由器共享。如果不想单独用一台计算机作为服务器，就需要一个带有路由功能的 ADSL Modem。这种具有路由功能的 ADSL Modem 可作为一台主机，由 Modem 提供 NAT（将内网 IP 地址转换为公网 IP 地址）功能。将 Modem 的 DSL 端口直接连到集线器，集线器连接办公计算机，其他接口连接同于家庭网络，如图 7-22 所示。

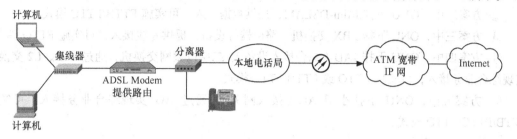

图 7-22　基于 ADSL 的办公网络

图 7-22 所示的组网方案的核心设备是提供路由功能的 ADSL Modem。它可提供以太网端口（用于直接连接用户终端设备或交换机、集线器）及广域网端口（连接电话外线）。ADSL Modem 内置 PPPoE 拨号模式，局域网用网内地址，地址分配可以采用静态配置或 DHCP 动态配置的方法。如果采用动态分配的方式，ADSL Modem 必须具备 DHCP 功能，并且为打开状态。通过使用交换机或集线器，可以实现多台计算机的共享上网。

该方案中，若 ADSL Modem 不具备路由功能，则需要在 ADSL Modem 和集线器之间连一个小型的桌面路由器，该路由器可提供 NAT 功能和 DHCP 功能。

7.6.2　基于 EPON 的接入网

实际构建接入网时，可根据用户的需求和规模的不同采取不同的光接入技术方案。根据用户原有的网络基础、采用 EPON 可提供的资金、新建 EPON 要承载的业务等需求，EPON 可采取 5 种实施方案，如图 7-23 所示。

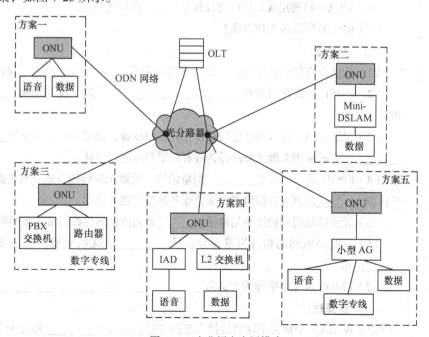

图 7-23　企业用户应用模式

① 方案一中，ONU 提供 FE（以太接口）、POTS（普通电话接口）等用户接口，可实施 FTTO 模式。

② 方案二中，ONU 下挂 Mini-DSLAM，提供数据接入，可实施 FTTB/FTTC 模式。

③ 方案三中，ONU 下挂 PBX 交换机、路由器等设备，提供专线接入，可实施 FTTO 模式。

④ 方案四中，ONU 下挂 IAD（综合接入设备）、二层以太网交换机，通过 IAD、L2 交换机实现综合业务接入，可实现 FTTO 或 FTTB/FTTC 模式。

⑤ 方案五中，ONU 下挂小型 AG（接入网关），通过 AG 实现综合业务接入，可实现 FTTB/FTTC/FTTO 模式。

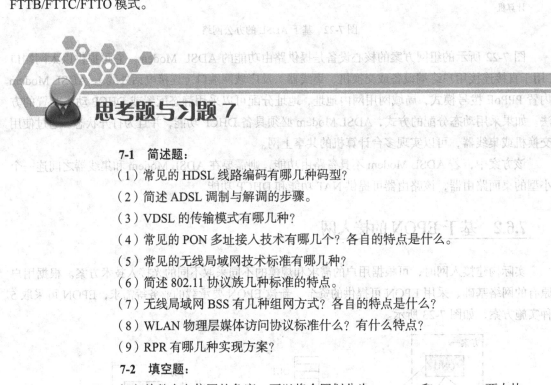

思考题与习题 7

7-1 简述题：

（1）常见的 HDSL 线路编码有哪几种码型？

（2）简述 ADSL 调制与解调的步骤。

（3）VDSL 的传输模式有哪几种？

（4）常见的 PON 多址接入技术有哪几个？各自的特点是什么。

（5）常见的无线局域网技术标准有哪几种？

（6）简述 802.11 协议族几种标准的特点。

（7）无线局域网 BSS 有几种组网方式？各自的特点是什么？

（8）WLAN 物理层媒体访问协议标准什么？有什么特点？

（9）RPR 有哪几种实现方案？

7-2 填空题：

（1）从整个电信网的角度，可以将全网划分为_____和_____两大块。

（2）HDSL 关键技术包括_____、_____、码间干扰与均衡、_____和_____。

（3）根据 OLT 到各 ONU 之间是否存在有源设备，光接入网又可分为_____和_____，前者采用无源光分路器，后者采用有源电复用器。

（4）EPON 是一种采用_____网络结构、无源光纤传输方式，基于高速以太网平台和_____控制方式提供多种综合业务的宽带接入技术。

（5）无线局域网一般指的是遵循_____系列协议的无线局域技术的网络。

（6）无线局域网的物理组成部分包括_____、无线介质、基站或接入点和_____等。

（7）LMDS 这几个字母的含义为_____。

7-3 选择题：

（1）WiMAX 全称为全球微波接入互操作性，是基于_____标准的无线城域网技术。

A．IEEE 802.3　　　B．IEEE 802.4　　　C．IEEE 802.16　　　D．IEEE 802.12

（2）接入技术中，弹性分组数据环是_____。

A．RPR　　　　　　B．WLAN　　　　　C．IEEE　　　　　　D．WiMAX

（3）MSTP（基于 SDH 的多业务传送平台）是指，基于_____平台，同时实现 TDM、ATM、以太网等业务的接入、处理和传送，提供统一网管的多业务节点。

A．ATM　　　　　　B．SDH　　　　　　C．以太网　　　　　D．微波

通信机房

通信机房是电信运营商、增值服务提供商放置通信设备的物理空间，它是人类通信应用所有构想和梦想的主要载体。通信机房的规模根据每个机房实际放置的设备体积、规模而定。对于电信公司各个主要分支机构（如国内各省电信公司的省会城市和一级城市）的主干网机房，由于涉及全省范围甚至几个省范围的核心交换和路由，规模很大，有的占据几层楼，数万平方米；而有的机房，如移动通信基站控制器所在的机房，可能在某个住宅顶楼，规模一般很小，只有几平方米。

电信机房设备密度较高，对建筑物的承重能力要求也比较高，机房内还要求采用防静电地板，机房的四壁都有墙内防电磁干扰措施。机房空调采用大功率、下送风空调，具有恒温、恒湿、送风装置。很多正规标准的电信机房都采用先进的门禁系统、计算机控制的电子感应锁，能自动识别客户身份并记录客户进入时间等详细资料，针对进入机房内的不同空间，还可以设置不同等级的门卡。核心设备要考虑数据的灾难备份，一般把互为设备的两套系统安装在分布于异地的两个机房内，相互之间通过光纤环路连接。

机房监控

通信机房监控属于工业自动化范畴，是指对机房的温度、湿度、电源动力装置、电机、消防、门禁等机房环境和设施进行监测和报告的系统的总称。机房监控一般情况下可监测的对象有配电系统、UPS、发电机、空调、温湿度、漏水监测、漏油监测、消防系统、门禁以及其他防盗设备。通过对机房动力及环境的集中监控，可以实现对机房遥测、遥信、遥调的管理功能，为机房高效的管理和安全运营提供保证。

电信设备

电信设备要长时间不间断运行，因此散热、通风都是产品设计的要点。电信设备在机架上安装，有的则自带机架。电信设备有自身的寿命，一般来说，运营商是按照 5～8 年左右的时间做折旧推销的，因此电信设备的标称值也在 8 年左右，但是实际上使用年限可能会超过这个数值。

工控机和服务器

工控机是一种特殊的 PC 服务器，一般是存放重要数据或用作设备管理的，在通信机房里和其他通信设备一样，保持 24 小时开机状态。工控机和服务器运行着各种操作系统，如 Windows、Linux、UNIX、Solaris 或者其他系统，并在此基础上运行各种应用软件，如管理、监控、计费、数据库、查询、搜索及备份等应用系统。

线缆

设备之间的连接都采用线缆。在洲际或是省份、城市之间一般采用光缆或海底光缆。在城市内部，程控交换机通过多种方式连接用户的电话机或企业的电话交换机，如大对数电缆、光纤等。而在机房内，设备连接采用的种类更加丰富。比较常用的线缆有电话双绞线、以太网双绞线、光纤跳线（尾纤）、V.35 线缆及同轴电缆等。

DDF、ODF 与 MDF

DDF（数字配线架）用于电缆的转接。不同的 DDF 架会有不同的接头类型，比如电话线、BNC 或 RJ-48。两台电信设备之间 E1 的连接，一般都不是用线缆直接将两个接口连接起来，而是把设备的接口都通过线缆连接到 DDF 架上，在 DDF 架上用"跳线"将所需连接的端口"对接"起来。

ODF（光纤配线架）用于光纤的转接。ODF 的接头有单模和多模之分。与 DDF 相比，所有带有光接口的设备，其光接口之间一般也不是直接连接起来的，而是先都连接到 ODF 架上，然后在 ODF 上用"跳线"将所需连接的端口"对接"起来。

MDF 是总配线架，适用于大容量电话交换机设备的配套，用以接续内外线路；还具有测试以及保护局内设备和人身安全的作用。

电源、电池和 UPS

通信机房的设备都需要供电，而供电采用的方式就是电源或者电池。电源是任何通信设备的生命线，但谁也不能保证任何的供电是 100%稳定的。为了让设备不会因电源问题受到影响，一般情况下，电信机房都采用如下所述三级电力保障。

- 引入电应用两路不同局向的市电专线。
- 应采用两路四冲程柴油发电机（或油机）。
- 采用两台并机 UPS，容量足够大，后备支持 4 小时以上。

[1] 乐光新等. 数据通信原理[M]. 北京：人民邮电出版社，1988.

[2] 汪润生等. 数据通信工程[M]. 北京：人民邮电出版社，1990.

[3] 汤吉群等. 数据通信技术[M]. 北京：人民邮电出版社，1999.

[4] 杨世平等. 数据通信原理[M]. 北京：国防科技大学出版社，2001.

[5] 倪维祯. 数据通信原理[M]. 北京：中国人民大学出版社，2000.

[6] 毛京丽等. 数据通信原理[M]. 北京：人民邮电出版社，2000.

[7] 李旭. 数据通信技术教程[M]. 北京：机械工业出版社，2001.

[8] 汪一鸣等. 计算机通信与网络教程[M]. 北京：电子工业出版社，2000.

[9] 巴继东. IP 技术与综合宽带网[M]. 北京：北京邮电大学出版社，2000.

[10] 陶智勇等. 综合宽带接入技术[M]. 北京：北京邮电大学出版社，2002.

[11] 曹志刚. 现代通信原理[M]. 北京：清华大学出版社，2000.

[12] 赵红等. 从局域网到宽带网[M]. 上海：浦东电子出版社，2002.

[13] 刘立柱. 新世纪通信技术简明教程[M]. 北京：人民邮电出版社，2002.

[14] 中国人民解放军总装备部军事训练教材编辑委员会. 数据通信技术[M]. 北京：国防工业出版社，2001.

[15] 王胜杰. 电脑网络与数据通信[M]. 北京：中国铁道出版社，2002.

[16] 郭士秋. IP 协议体系[M]. 北京：人民邮电出版社，2001.

[17] 潘新民等. 计算机通信技术[M]. 北京：电子工业出版社，2002.

[18] Ray Horak. Communications Systems & Networks[M]. Second Edition.

[19] William Stallings. Business Data Communications, Fifth Edition[M]. Prentice Hall, 2000.

[20] Willianiam A.Shay. Understanding Data Communications & Networks[M]. Second Edition，1999.

[21] Behrouz Forouzan. Introduction to Data Communications and Networking[M]. Second Edition, McGraw-Hill, 1998.

[22] William Stallings. Data and Computer Communications[M]. Sixth Edition, Prentice Hall, 2000.

[23] Gary B.Shelly, Thomas J.Cashman, Juay A.Hill. Business Data Communications[M]. 1997.

[24] Gillert .Raymond. Data Communications. Sixth Edition, 1999.

[25] 谢希仁.计算机网络（第 4 版）[M].北京：电子工业出版社，2003.

[26] 杨波等.大话通信——通信基础知识读本[M].北京：人民邮电出版社，2009.